华为系列丛书

# 华为
# HCIA-Datacom
# 认证指南

周亚军　编著

U0217871

电子工业出版社·
**Publishing House of Electronics Industry**
北京·BEIJING

## 内 容 简 介

本书是通过华为网络技术职业认证 HCIA-Datacom（考试代码为 H12-811）的权威学习指南，旨在帮助广大读者全面掌握考试内容，顺利通过考试。本书共 19 章，内容涉及但不限于网络基础、华为网络操作系统 VRP 操作、二层网络技术及其实现、三层网络技术及其实现、OSPF 及其实现、广域网技术及其实现、NAT 技术及其实现、IPv6 网络及其实现等。网络技术是一门复杂的应用科学，为了更好地帮助广大读者，特别是网络工程师全面掌握实际使用和操作技能，每章都以小结的形式简明扼要地给出了重点，大部分章还配备了案例分析练习题，使读者可以迅速地通过华为 HCIA 认证考试。

本书不仅适合所有华为 HCIA 应试人员阅读，同时也可以供需要全面了解 IPv4 和 IPv6 技术的网络管理人员和网络工程开发人员参考。相信书中对协议细节的讲解和对网络实例的探讨会让读者获益匪浅。

**图书在版编目（CIP）数据**

华为 HCIA-Datacom 认证指南 / 周亚军编著. —北京：电子工业出版社，2021.7
（华为系列丛书）
ISBN 978-7-121-41608-8

Ⅰ. ①华… Ⅱ. ①周… Ⅲ. ①企业内联网—指南 Ⅳ. ①TP393.18-62

中国版本图书馆 CIP 数据核字（2021）第 141204 号

责任编辑：满美希　文字编辑：宋　梅
印　　刷：涿州市般润文化传播有限公司
装　　订：涿州市般润文化传播有限公司
出版发行：电子工业出版社
　　　　　北京市海淀区万寿路 173 信箱　邮编：100036
开　本：787×980　1/16　印张：24.25　字数：559 千字
版　次：2021 年 7 月第 1 版
印　次：2025 年 1 月第 11 次印刷
定　价：99.00 元

# 前　　言

本书为乾颐堂网络实验室军哥（周亚军）等编著的《华为 HCNA 认证详解与学习指南》一书的升级版，升级的内容主要包括 SDN（Software Defined Network，软件定义网络）、网络编程与自动化以及 WLAN（Wireless Local Area Network，无线局域网），这是近几年网络技术发展的热点。本书的主旨非常简单：迎合新时代网络技术的发展，让读者对新兴技术有一定的了解，为后续更深层次的认证（华为 HCIP 和 HCIE）打好基础。

华为公司作为一家世界五百强企业，涉及的产业越来越多，但其最核心的业务还是基于网络通信的，其网络方面的认证，这几年已经逐渐有成为国内 No.1 的趋势。当然，这主要还要归功于作为领头认证的顶尖级别的华为 HCIE 认证有所建树。华为的 eNSP 软件是一款正在逐步完善的华为设备仿真软件，在本书中，绝大部分案例内容都来源于此，它也可以作为一款网络工程师在日常设计网络、规划网络、模拟网络过程中非常实用的软件，请读者好好利用。当然，该软件还存在很多弊端，而华为正在逐步改善并更新版本。

网络技术是非常复杂的，虽然业界在近几年提出了 SDN，力图实现网络简单化和可编程化，而现实是要掌握和利用好 SDN 技术，没有深层次的网络知识几乎是不可能的，所以坚实的网络基础是非常重要的，而这些基础正是从初级的知识开始积累的，笔者相信在这方面本书可以帮助读者。当然，也希望广大网络工程师在查阅本书的同时利用好互联网，它才是全球最大的图书馆。知识是无穷无尽的，互联网正是它的载体。学无前后，达者为先！

## 本书特色

本书清晰地描述了华为职业认证框架，扩展性地讲解了华为数据通信方向 HCIA-Datacom 认证知识体系，通过精准的案例演示说明了知识点和现网常用知识。

图文结合是本书的另一大特色。本书借助大量网络拓扑来讲解、演示华为 HCIA 知识，理论与实践相结合，使读者可快速而精准地掌握知识，是备考华为 HCIA-Datacom 认证的必读图书。

依据时代要求，本书在原有经典网络协议之上加入了无线网络基础（含 WiFi 6）知识、软件定义网络基础以及自动化运维基础。笔者预期，2021 年年底新版华为 HCIE 将会相应增加软件定义网络技术和自动化运维技术。

本书作者是具有十多年网络工作经验和 12 年以上教学经验的专业网络技术教学和认证培训的讲师，本书从更加简练和实用的角度介绍华为网络技术，去繁就简，可使读者快速掌握相关知识。

## 作者心语

界定是否为 Paper HCIE 的标准是什么？是一颗 HCIE 的心，能配置、能排错；是一颗无往不利、勇于查阅的心，这就是 HCIE 的心，否则就是 Paper HCIE！

这其中包含了很多学习的方法（多配置和排错）和学习的态度（查阅），成为华为的最高级 HCIE 认证工程师其实并不遥远，读者完全可以从 HCIA 开始积累，其中的很多知识点就是 HCIE 认证必考的内容，如生成树、VLAN 接口类型、PPP、OSPF 等。也就是说，本书其实已经包含了很多 HCIE 认证考试的要点。谨以此书献给李大宝宝和周小宝宝，谢谢你们的默默奉献。

## 适用读者

本书适用于准备参加 HCIA-Datacom 认证考试的学员。面向对象为希望成为数通工程师的人员和希望通过 HCIA-Datacom 认证和更高认证的广大朋友。本书是"华为系列丛书"的第一本认证指南，后续我们还会推出华为数通 HCIP 级别、HCIE 级别的认证指南。本书在讲解理论知识的同时也涵盖了很多案例详解，以便更好地帮助读者顺利通过华为初级认证，即 HCIA 认证。网络是复杂的，要想在一个领域有所建树，打好基础非常重要，笔者看到过很多好高骛远的例子，不注重基础知识的学习会影响后期技术水平的提高。笔者相信本书对大家打好基础、通过认证考试具有重要的促进作用；对网络管理人员和维护人员的工作和学习也会起到重要的指导作用。

周亚军

# 关于作者

周亚军（安德）

大部分学员口中的军哥，CCIE、HCIE 讲师中的"段子王"，课上幽默、课下严谨的典范，是所属实验室乾颐堂的劳模讲师、51CTO 金牌讲师，他的良好口碑是通过孜孜不倦的服务和平易近人得来的。

网络技术畅销书作者，已出版的经典网络技术畅销书有《思科 CCIE 路由交换 v5 实验指南》《思科运营商 CCIE 认证实现指南》《华为 HCNA 认证详解与学习指南》《网络工程师红宝书：思科华为华三实战案例荟萃》，这些图书对读者学习和掌握网络技术大有帮助。

华为 HCIEv2.0 通过第一人，思科路由交换和运营商互联网专家。在他带领的乾颐堂大路由组中，通过 IE 认证（思科 CCIE 认证和华为 HCIE 认证）的学员超过 700 人，其他的 NA 级别、NP 级别学员不计其数。他拥有自己的思科华为实验室，以专业的教育方式培养了大批专家级学员，每年有 300 名左右的学员通过互联网专家级职业认证，并顺利走上专业的工作岗位。

周亚军老师主持的众多大型企业培训名录：神华集团有限责任公司（世界 500 强企业）、国家电网有限公司（世界 500 强企业）、中国联通有限公司上海分公司、索尼（中国）有限公司无锡分公司、思科（世界 500 强企业）上海区下一代 CCNP 网络技术培训、思科"思蜀援川"项目。周亚军老师曾担任某驻京部队网络技能比武导师（其指导的学员获得金牌），同时，他还是上海电子信息职业技术学院和上海信息管理学校的外聘专家讲师，中华人民共和国第一届职业技能大赛上海队网络项目管理执行教练（考生获得全国技术能手，入选网络项目管理国家队）。

关于周亚军老师的更多信息，读者可以从百度百科了解，链接：https://baike.baidu.com/item/周亚军，或者在百度百科中搜索周亚军老师的名字，选择"互联网讲师"。

# 目 录

第1章 华为认证体系与网络技术学习利器 ……………………………………………… 1

1.1 华为认证体系介绍 ………………………………………………………………… 1

1.2 使用 eNSP 搭建基础网络 ………………………………………………………… 2

    1.2.1 设置 eNSP 的基本方法 ……………………………………………………… 2

    1.2.2 使用 eNSP 搭建简单的端到端网络 ……………………………………… 6

    1.2.3 使用 Wireshark 捕获报文 ………………………………………………… 11

1.3 网络参考模型基础 ………………………………………………………………… 12

    1.3.1 网络参考模型的意义 ……………………………………………………… 12

    1.3.2 OSI 参考模型 ……………………………………………………………… 12

    1.3.3 TCP/IP 参考模型 ………………………………………………………… 16

1.4 小结 …………………………………………………………………………………… 17

1.5 练习题 ………………………………………………………………………………… 17

第2章 网络类型、传输介质和 VRP 基础 ……………………………………………… 18

2.1 局域网和广域网的区别 …………………………………………………………… 18

2.2 物理拓扑和逻辑拓扑 ……………………………………………………………… 19

2.3 传输介质和通信方式 ……………………………………………………………… 20

2.4 认识 VRP 系统 ……………………………………………………………………… 21

    2.4.1 什么是 VRP …………………………………………………………………… 21

    2.4.2 VRP 发展简史 ……………………………………………………………… 22

2.5 VRP 命令行基础 …………………………………………………………………… 23

    2.5.1 命令行视图 ………………………………………………………………… 24

    2.5.2 命令行功能和在线帮助 …………………………………………………… 25

2.6 登录和管理设备 …………………………………………………………………… 27

    2.6.1 通过 Console 端口登录和管理设备 ……………………………………… 27

    2.6.2 通过 Telnet 登录设备和管理设备 ………………………………………… 30

2.7 VRP 基本配置 ……………………………………………………………………… 31

    2.7.1 配置系统时钟 ……………………………………………………………… 31

    2.7.2 配置标题消息 ……………………………………………………………… 31

    2.7.3 命令行等级划分 …………………………………………………………… 32

2.8 VRP 文件系统 ……………………………………………………………………… 33

　　　2.8.1　VRP 文件系统简介 ································································ 33

　　　2.8.2　VRP 文件系统基本命令操作 ············································· 33

　　　2.8.3　配置文件管理 ···································································· 37

　　　2.8.4　配置文件重置 ···································································· 39

　　　2.8.5　指定系统启动配置文件 ······················································ 40

　2.9　VRP 系统升级与管理 ····································································· 41

　　　2.9.1　了解产品和 VRP 版本命名方式 ·········································· 41

　　　2.9.2　FTP 应用 ········································································· 45

　　　2.9.3　VRP 系统升级 ··································································· 45

　　　2.9.4　指定下次启动系统 ······························································ 47

　2.10　补丁文件激活和管理 ····································································· 48

　　　2.10.1　补丁分类 ········································································ 49

　　　2.10.2　上传并激活补丁 ······························································ 49

　2.11　小结 ·························································································· 49

　2.12　练习题 ······················································································ 50

第 3 章　以太网和交换机基础 ······································································· 51

　3.1　以太网简介 ················································································· 51

　　　3.1.1　冲突域 ············································································· 52

　　　3.1.2　广播域 ············································································· 52

　　　3.1.3　CSMA/CD 协议 ································································ 53

　　　3.1.4　半双工和全双工 ································································· 54

　3.2　以太网帧结构 ·············································································· 54

　　　3.2.1　MAC 地址 ········································································ 54

　　　3.2.2　以太帧格式 ······································································· 55

　3.3　交换网络基础 ·············································································· 59

　　　3.3.1　以太网交换机 ···································································· 59

　　　3.3.2　交换机的 3 种转发行为 ······················································ 60

　　　3.3.3　交换机转发原理 ································································· 61

　3.4　小结 ·························································································· 63

　3.5　练习题 ······················································································ 63

第 4 章　生成树协议（STP） ········································································ 65

　4.1　交换机环路问题分析 ····································································· 65

　4.2　STP 的选举 ················································································ 67

　　　4.2.1　根桥选举 ·········································································· 69

    4.2.2　根端口选举 ·································································· 70

    4.2.3　指定端口选举 ························································· 72

    4.2.4　替代端口选举 ························································· 73

    4.2.5　边缘端口 ································································· 74

    4.2.6　STP 端口角色及端口状态 ······································· 74

  4.3　STP 报文类型 ···································································· 75

    4.3.1　配置 BPDU 报文 ····················································· 75

    4.3.2　TCN BPDU 报文 ······················································ 76

    4.3.3　STP 收敛时间 ························································· 79

  4.4　STP 配置实例 ···································································· 81

    4.4.1　启用和禁用 STP ······················································ 81

    4.4.2　修改交换机 STP 模式 ················································ 82

    4.4.3　修改端口开销、控制根端口和指定端口的选举 ············· 84

    4.4.4　配置边缘端口 ························································· 85

  4.5　小结 ················································································ 86

  4.6　练习题 ············································································· 86

第 5 章　虚拟局域网（VLAN） ······················································ 88

  5.1　VLAN 的作用和工作原理 ···················································· 88

  5.2　VLAN 帧格式 ···································································· 91

  5.3　VLAN 链路和端口类型 ······················································ 92

    5.3.1　Access 端口 ··························································· 93

    5.3.2　Trunk 端口 ···························································· 94

    5.3.3　Hybrid 端口 ·························································· 95

    5.3.4　VLAN 划分方法 ······················································ 96

  5.4　VLAN 实验实例 ································································· 97

    5.4.1　VLAN 划分实例 ······················································ 97

    5.4.2　Access 端口和 Trunk 端口综合实验 ······························ 99

    5.4.3　Hybrid 端口综合实验 ··············································· 102

  5.5　小结 ·············································································· 106

  5.6　练习题 ··········································································· 107

第 6 章　IP 基础 ········································································· 109

  6.1　IP 报文介绍 ···································································· 109

    6.1.1　IP 地址格式 ························································· 111

    6.1.2　层次化的 IP 编址方案 ·············································· 112

6.1.3 特殊地址 ··························· 114

6.1.4 私有 IP 地址 ······················ 114

6.1.5 子网划分 ························· 115

6.1.6 配置 IP 地址实验实例 ··············· 118

6.2 ARP ································· 123

6.2.1 ARP 工作原理 ···················· 123

6.2.2 ARP 分类 ······················· 123

6.2.3 ARP 报文格式 ···················· 125

6.3 小结 ································· 125

6.4 练习题 ······························ 126

第 7 章 传输层协议 ························· 127

7.1 TCP ································· 127

7.1.1 TCP 特性 ······················· 127

7.1.2 TCP 报文格式 ···················· 127

7.1.3 TCP 会话的建立 ·················· 129

7.1.4 TCP 会话的终止 ·················· 131

7.1.5 TCP 的确认与重传 ················ 132

7.1.6 TCP 滑动窗口 ··················· 134

7.1.7 应用端口 ······················· 136

7.2 UDP ································ 136

7.2.1 UDP 特性 ······················ 136

7.2.2 UDP 报文格式 ··················· 137

7.3 小结 ································· 137

7.4 练习题 ······························ 137

第 8 章 IP 路由基础 ························ 139

8.1 数据转发原理 ························· 139

8.2 路由协议概述 ························· 140

8.3 路由选路原则 ························· 143

8.3.1 最长匹配原则 ···················· 144

8.3.2 路由优先级 ····················· 144

8.3.3 路由开销 ······················· 145

8.4 静态路由 ···························· 147

8.4.1 静态路由配置实例 ················· 147

8.4.2 默认静态路由配置 ················· 152

8.5　小结 ……………………………………………………………………………… 153

8.6　练习题 …………………………………………………………………………… 154

第 9 章　OSPF ……………………………………………………………………………… 155

9.1　OSPF 工作原理 ………………………………………………………………… 156

9.1.1　OSPF 和 RIP 的区别 …………………………………………………… 156

9.1.2　OSPF 区域分层结构 …………………………………………………… 157

9.1.3　OSPF 支持的网络类型 ………………………………………………… 159

9.1.4　OSPF 数据包类型 ……………………………………………………… 161

9.1.5　链路状态与 LSA ………………………………………………………… 163

9.1.6　OSPF 邻居与邻接 ……………………………………………………… 164

9.1.7　OSPF 邻居状态机变迁 ………………………………………………… 165

9.1.8　DR 与 BDR 选举 ……………………………………………………… 168

9.2　单区域 OSPF 配置实例 ………………………………………………………… 169

9.3　多区域 OSPF 配置实例 ………………………………………………………… 173

9.4　小结 ……………………………………………………………………………… 177

9.5　练习题 …………………………………………………………………………… 177

第 10 章　VLAN 间路由 …………………………………………………………………… 178

10.1　多臂路由实现 VLAN 间通信 ………………………………………………… 178

10.1.1　多臂路由简介 ………………………………………………………… 178

10.1.2　多臂路由配置实例 …………………………………………………… 179

10.2　单臂路由实现 VLAN 间通信 ………………………………………………… 182

10.2.1　单臂路由工作原理 …………………………………………………… 182

10.2.2　单臂路由配置实例 …………………………………………………… 183

10.3　三层交换机实现 VLAN 间通信及其应用 …………………………………… 186

10.4　小结 …………………………………………………………………………… 186

10.5　练习题 ………………………………………………………………………… 187

第 11 章　链路聚合 ………………………………………………………………………… 188

11.1　链路聚合原理及适用场景 …………………………………………………… 188

11.1.1　链路聚合名词解释 …………………………………………………… 188

11.1.2　链路聚合原理 ………………………………………………………… 188

11.1.3　链路聚合的应用场景 ………………………………………………… 190

11.2　链路聚合模式 ………………………………………………………………… 190

11.2.1　手工负载分担模式 …………………………………………………… 190

11.2.2　手工聚合链路实例 …………………………………………………… 191

11.3　LACP 基础 ································································· 194

　　11.3.1　LACP 模式出现的背景 ········································· 194

　　11.3.2　LACP 模式名词解释 ············································ 195

　　11.3.3　LACP 模式工作原理 ············································ 196

　　11.3.4　LACP 模式分类 ·················································· 197

11.4　二层链路聚合配置实例 ················································· 197

11.5　三层链路聚合配置实例 ················································· 202

11.6　小结 ········································································· 204

11.7　练习题 ······································································ 205

**第 12 章　无线局域网（WLAN）** ·············································· 206

12.1　WLAN 基础 ································································ 207

　　12.1.1　2.4 GHz 和 5 GHz 信道基础 ··································· 207

　　12.1.2　空间流和信道干扰 ··············································· 209

12.2　华为 WLAN 产品及其特性 ·············································· 210

12.3　WLAN 架构 ································································ 211

　　12.3.1　WLAN 基本概念 ················································· 211

　　12.3.2　WLAN 组网 ······················································ 212

12.4　CAPWAP ····································································· 213

　　12.4.1　AP 发现 AC 过程 ················································ 214

　　12.4.2　建立 CAPWAP 隧道 ············································· 215

12.5　无线数据转发方式 ······················································· 215

12.6　无线漫游 ··································································· 217

12.7　华为 WiFi 6 技术 ························································· 218

　　12.7.1　WiFi 6 核心技术 ·················································· 218

　　12.7.2　华为 WiFi 6 AP ··················································· 221

12.8　练习题 ······································································ 223

**第 13 章　网络地址转换（NAT）** ·············································· 224

13.1　NAT 基本工作原理 ······················································ 224

13.2　NAT 的实现 ································································ 226

　　13.2.1　静态 NAT 配置实例 ············································· 227

　　13.2.2　NAT 服务器配置实例 ············································ 231

　　13.2.3　Easy IP 配置实例 ················································· 233

13.3　练习题 ······································································ 234

第 14 章　广域网 ·················································································· 235

14.1　串行链路介绍 ············································································· 235

14.2　PPP ························································································· 237

14.2.1　PPP 应用场景 ······································································ 237

14.2.2　PPP 组件 ············································································ 238

14.2.3　PPP 数据帧格式 ··································································· 238

14.2.4　PPP PAP 认证 ······································································ 240

14.2.5　PPP CHAP 认证 ··································································· 242

14.3　练习题 ····················································································· 245

第 15 章　网络安全基础 ········································································ 246

15.1　访问控制列表（ACL） ·································································· 246

15.1.1　ACL 的工作原理与应用场景 ··················································· 246

15.1.2　基本 ACL 及其配置实例 ························································ 248

15.1.3　高级 ACL 及其配置实例 ························································ 257

15.1.4　基于时间的 ACL 及其配置实例 ··············································· 264

15.2　AAA ························································································ 267

15.2.1　AAA 基本概念 ····································································· 267

15.2.2　AAA 认证与授权 ·································································· 268

15.2.3　AAA 基本配置实例 ······························································ 269

15.2.4　小结 ·················································································· 273

15.3　练习题 ····················································································· 273

第 16 章　IPv6 和基础路由 ···································································· 275

16.1　IPv6 基础 ·················································································· 276

16.1.1　IPv6 地址格式 ····································································· 276

16.1.2　IPv6 地址分类 ····································································· 276

16.1.3　通过 EUI-64 计算 IPv6 地址 ··················································· 279

16.1.4　IPv6 报头 ··········································································· 281

16.1.5　IPv6 扩展报头 ····································································· 283

16.1.6　IPv6 无状态自动配置实现 ····················································· 285

16.1.7　IPv6 地址重复检测 ······························································ 287

16.2　IPv6 路由基础 ············································································ 289

16.2.1　OSPFv3 基础 ······································································ 289

16.2.2　OSPFv3 报文格式 ································································· 292

16.2.3　OSPFv3 基本配置实验 ·························································· 294

　　　16.2.4　OSPFv3 实例 ID 实验 ·············································· 298

　　　16.2.5　OSPFv3 认证 ························································ 300

　16.3　小结 ·········································································· 301

　16.4　练习题 ········································································ 302

第 17 章　SDN 基础 ··································································· 303

　17.1　SDN 架构 ···································································· 304

　17.2　华为 iMaster NCE 系统 ··················································· 305

　17.3　SDN 的转发实体技术 VXLAN ············································· 308

　　　17.3.1　VXLAN 基本概念 ·················································· 309

　　　17.3.2　VXLAN 数据封装与转发 ··········································· 310

　17.4　BGP EVPN ·································································· 312

　　　17.4.1　BGP EVPN 路由 ·················································· 313

　　　17.4.2　配置 BGP EVPN 实现 VXLAN 实例 ····························· 313

　17.5　练习题 ········································································ 320

第 18 章　网络编程与自动化基础 ····················································· 321

　18.1　什么是网络自动化 ··························································· 321

　18.2　基于编程实现的网络自动化概述 ············································· 322

　18.3　知名的 Ansible ······························································ 323

　18.4　Python 语言基础 ···························································· 323

　　　18.4.1　Python 语言的优缺点 ·············································· 324

　　　18.4.2　Python 在 Windows 系统下的运行环境 ························· 325

　　　18.4.3　Python 代码运行方式 ·············································· 327

　　　18.4.4　Python 编码规范 ·················································· 332

　　　18.4.5　Python 函数与模块 ················································ 334

　　　18.4.6　Python 的变量与赋值 ············································· 336

　18.5　Python 基础运维实例 ······················································ 337

　　　18.5.1　实验目的 ·························································· 337

　　　18.5.2　实验原理 ·························································· 337

　　　18.5.3　实验环境 ·························································· 338

　　　18.5.4　实验步骤 ·························································· 339

　18.6　练习题 ········································································ 341

第 19 章　HCIA 企业网综合实战 ····················································· 342

　19.1　网络拓扑描述 ································································ 342

　19.2　网络实施需求描述 ··························································· 343

19.3 网络配置与实施····················································································343

    19.3.1 配置 BORDER 接口实现 PPPoE 拨号连接·······················344

    19.3.2 配置单臂路由·············································································344

    19.3.3 配置两台核心交换机采用 Eth-Trunk 连接·····················345

    19.3.4 在交换机上创建 VLAN 并修改相连接口的模式··········347

    19.3.5 配置交换机的生成树模式·······················································352

    19.3.6 在路由器 BORDER 上配置 DHCP 服务·························354

    19.3.7 配置 NAT 功能·············································································358

    19.3.8 在路由器 BORDER 上配置默认路由·····························359

19.4 服务器相关配置和 PPPoE 服务器端配置·································363

    19.4.1 配置 DNS 服务器·······································································363

    19.4.2 配置 HTTP 服务器·····································································364

    19.4.3 配置 FTP 服务器·········································································365

附录 A 部分练习题答案·················································································369

# 第1章 华为认证体系与网络技术学习利器

## 1.1 华为认证体系介绍

依托华为公司雄厚的技术实力和专业的培训体系，华为认证考虑到不同客户对 ICT（Information and Communications Technology，信息与通信技术）不同层次的需求，致力于为客户提供实战性、专业化的技术认证。

根据 ICT 的特点和客户不同层次的需求，华为认证为客户提供了面向多个方向的三级认证体系。

近几年，华为认证发展非常迅速，整体上分为 IT（Information Technology，信息技术）和 CT（Communications Technology，通信技术）两大板块，其中，信息技术部分包括了万物互联、大数据、人工智能、云计算、云服务等技术；通信技术部分主要包括数据通信（Datacom）、无线技术、安全、软件定义网络（Software Defined Network，SDN）和数据中心等内容。本书重点介绍 Datacom。

华为职业认证概况如图 1-1 所示。本书重点介绍和学习 HCIA-Datacom 初级认证。

图 1-1 华为职业认证概况

## 1.2　使用 eNSP 搭建基础网络

eNSP（enterprise Network Simulation Platform）是华为官网提供的一款图像化网络设备仿真平台，主要对企业级路由器（AR 路由器）、交换机（3700 和 5700）、无线设备、终端设备提供仿真模拟，另外它的较新版本可以支持数据中心级别的 CE 交换机，本书后续章节有所涉及。eNSP 为广大用户学习华为网络技术提供了一个真实的操作平台。

现阶段华为官方已经不再提供 eNSP 软件下载，读者可以登录乾颐堂官网向客服注明读者身份后索要最新版本，截至本书交稿时，最新的 eNSP 版本为 V100R003C00SPC200。

### 1.2.1　设置 eNSP 的基本方法

#### 1. 下载较新版本的 eNSP

① 由于 eNSP 是通过 VirtualBox 打开虚拟机的方式来支持 AR 路由器的，建议使用 V100R003C00SPC200 自带的虚拟机版本而不要使用最新版本。

② 系统配置要求如表 1-1 所示。

表 1-1　系统配置要求

| 终端设备 | 项　目 | 最低配置 | 推荐配置 | 扩展配置 |
|---|---|---|---|---|
| 单机版 | CPU | 双核 2.0 GHz 或以上 | 双核 2.0 GHz 或以上 | 双核 2.0 GHz 或以上 |
| | 内存（GB） | 2 | 4 | $4+n$（$n>0$） |
| | 空闲磁盘空间（GB） | 2 | 4 | 4 |
| | 操作系统 | Windows XP Windows Server 2003 Windows 7/8/10 | Windows XP Windows Server 2003 Windows 7/8/10 | Windows XP Windows Server 2003 Windows 7/8/10 |
| | 最大组网设备数（台） | 10 | 24 | $24+10×n$ |
| 多机版（服务器端） | CPU | 双核 2.0 GHz 或以上 | 双核 2.0 GHz 或以上 | 双核 2.0 GHz 或以上 |
| | 内存（GB） | 2 | 4 | $4+n$（$n>0$） |
| | 空闲磁盘空间（GB） | 2 | 4 | 4 |
| | 操作系统 | Windows XP Windows Server 2003 Windows 7/8/10 | Windows XP Windows Server 2003 Windows 7/8/10 | Windows XP Windows Server 2003 Windows 7/8/10 |
| | 最大组网设备数（台） | 10 | 24 | $24+10×n$ |
| 多机版（客户端） | CPU | 双核 2.0 GHz 或以上 | 双核 2.0 GHz 或以上 | —— |
| | 内存（GB） | 1 | 2 | |
| | 空闲磁盘空间（GB） | 0.1 | 0.2 | |
| | 操作系统 | Windows XP Windows Server 2003 Windows 7/8/10 | Windows XP Windows Server 2003 Windows 7/8/10 | |

　　说明：在 eNSP 上每台虚拟设备都要占用一定的资源，每台计算机支持的虚拟设备数根据配置的不同而有差别。在表 1-1 中，$n$ 是整数，表示增加的内存大小。扩展配置的最大组网设备数可以根据内存增加而扩展，最大为 50。

### 2. 安装 eNSP

安装 eNSP 的步骤如下。

① 下载最新版本 eNSP 软件，在 Windows 系统中双击安装程序。

② 如图 1-2 所示安装语言——"中文(简体)"，单击"确定"按钮进入欢迎界面。

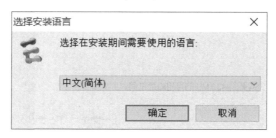

图 1-2　选择安装语言

③ 在图 1-3 中单击"下一步(N)"按钮继续安装 eNSP 软件。

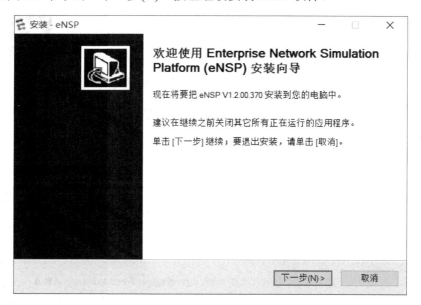

图 1-3　断续安装 eNSP 软件

④ 如图 1-4 所示，选择安装路径，单击"下一步(N)"按钮。

⑤ 如图 1-5 所示，设置 eNSP 程序快捷方式在开始菜单中显示的名称，然后单击"下一步(N)"按钮。

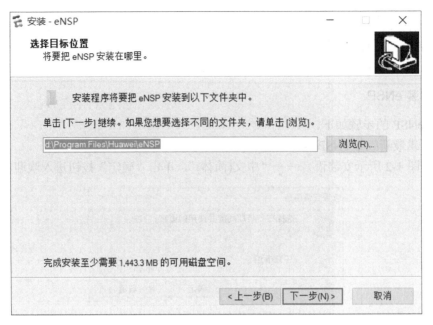

图 1-4　选择安装路径

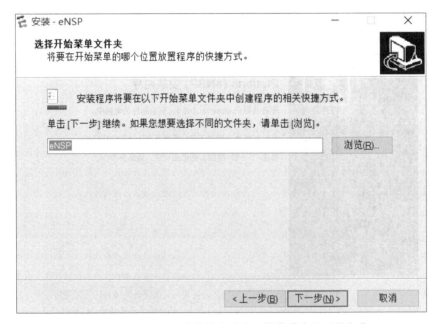

图 1-5　设置 eNSP 程序快捷方式在开始菜单中显示的名称

　　⑥ 选中创建桌面快捷图标(D)项，单击"下一步(N)"按钮，如图 1-6 所示，创建桌面快捷方式。

　　⑦ 如图 1-7 所示，选择需要安装的其他支持软件，然后单击"下一步(N)"按钮。

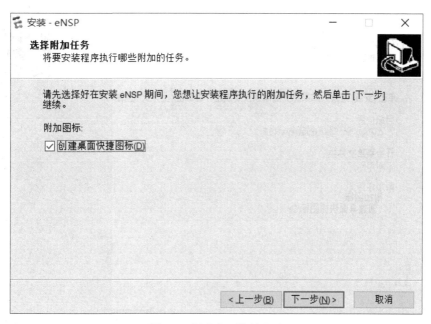

图 1-6　创建桌面快捷方式

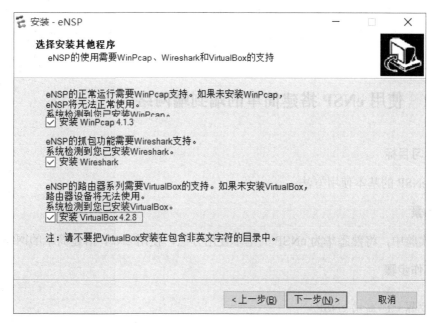

图 1-7　选择需要安装的其他支持软件

注释：如果之前已经安装过最新版本的 VirtualBox，在安装 eNSP 时则不要勾选相关项，否则会覆盖安装。

⑧ 如图 1-8 所示，确认安装信息后，单击"安装(I)"按钮，开始安装 eNSP。

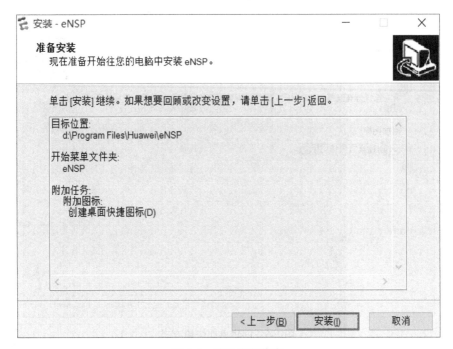

图 1-8　确认安装信息

安装完成后可以选择是否运行 eNSP 和是否显示更新日志，然后单击"完成"按钮完成安装。

## 1.2.2　使用 eNSP 搭建简单的端到端网络

### 1．学习目标

掌握 eNSP 的基本使用方法。

### 2．场景

在本实验中，将熟悉华为 eNSP 的基本使用方法，使用 eNSP 搭建简单的网络拓扑。

### 3．操作步骤

（1）步骤一：启动 eNSP

本步骤介绍 eNSP 的启动与初始化界面，通过使用 eNSP 能够帮助读者快速学习与掌握 TCP/IP 的原理知识，熟悉网络中的各种操作。

启动 eNSP 后，将看到如图 1-9 所示的 eNSP 初始界面，左侧面板中的图标代表 eNSP 所支持的各种产品型号，中间面板则包含了多种预设的网络场景样例。

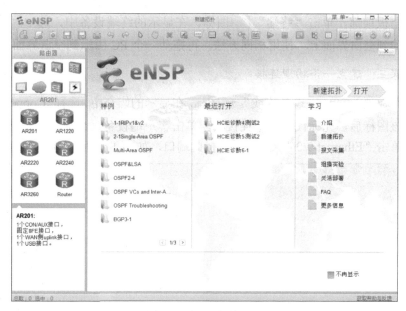

图 1-9　eNSP 初始界面

（2）步骤二：建立拓扑

单击窗口左上角的"新建拓扑"图标，如图 1-10 所示，创建一个新的实验场景。

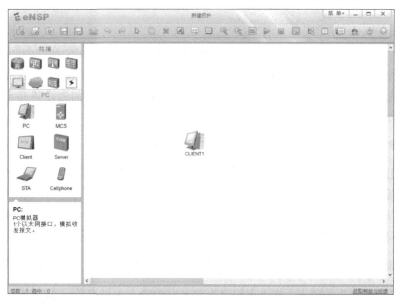

图 1-10　新建拓扑

在弹出的空白界面上搭建网络拓扑，练习组网，分析网络行为。在本示例中，需要使用两台终端建立一个简单的端到端网络。

在左侧面板顶部，单击"终端" 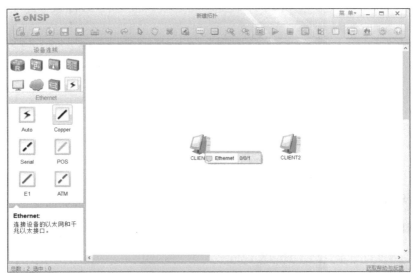 图标。在显示的终端设备中，选中"PC"图标，并将图标拖动到空白界面上。使用相同方法，再拖动一个 PC 图标到空白界面上。

（3）步骤三：建立一条物理连接

在左侧面板顶部，单击"设备连线" ⚡ 图标。在显示的媒介中，选择"Copper（Ethernet）"图标。单击该图标后，光标代表一个连接器。单击客户端设备，会显示该模拟设备包含的所有端口。单击"Ethernet 0/0/1"选项，连接此端口，如图 1-11 所示建立物理连接。

图 1-11　建立物理连接

单击另外一台设备并选择"Ethernet 0/0/1"端口作为该连接的终点，连线的两端显示的是两个红点，表示该连线连接的两个端口都处于 Down 状态，因为设备并未启动。分别右键单击每台设备之后选择"启动"，这一步类比给设备加电。

（4）步骤四：进入终端设备配置界面

右键单击一台终端设备，在弹出的如图 1-12 所示的属性菜单中选择"设置"选项，查看该设备的系统配置信息。

PC 设置属性窗口包含"基础配置""命令行""组播""UDP 发包工具"4 个选项卡，分别用于不同需求的配置，如图 1-13 所示。

（5）步骤五：配置终端设备

选择"基础配置"选项卡，在"主机名"文本框中输入主机名称。在"IPv4 配置"区域，选中"静态"选项按钮。在"IP 地址"文本框中输入 IP 地址。建议参照图 1-13 所示配置 IP 地址及子网掩码。配置完成后，务必单击窗口右下角的"应用"按钮。使用相同方法配置 CLIENT2。建议将 CLIENT2 的 IP 地址配置为 192.168.0.2，子网掩码配置为 255.255.255.0。

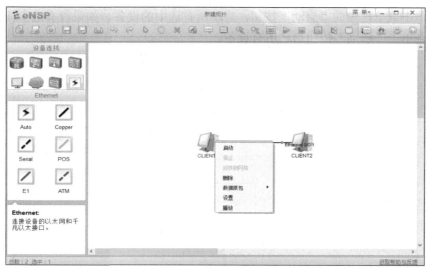

图 1-12　属性菜单

图 1-13　PC 设置属性窗口

（6）步骤六：启动终端设备

可以使用以下 3 种方法启动终端设备。

● 右键单击一台终端设备，在弹出的菜单中选择"启动"选项，启动该设备。
● 拖动光标选中多台设备，如图 1-14 所示，在右键单击显示的菜单中选择"启动"选项，启动所有选中的设备。

● 单击菜单栏中的"启动"按钮，启动所有选中的设备。如果没有选中任何设备，
则单击"启动"按钮启动所有设备。

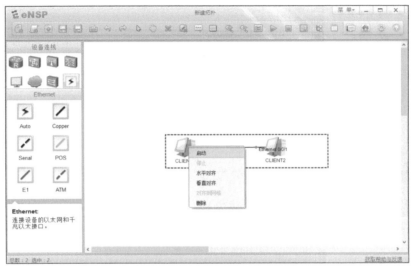

图 1-14　启动终端设备

终端设备启动后，线缆上的红点将变为绿点，表示该连接为工作状态。

（7）步骤七：测试端到端连通性

右键单击设备 CLIENT1，在弹出的菜单中选择"设置"选项，选择"命令行"选项卡，
输入命令行"ping 192.168.0.2"，如图 1-15 所示测试端到端连通性。结果表明 2 台终端能够
通信。

图 1-15　测试端到端连通性

## 1.2.3　使用 Wireshark 捕获报文

在安装 eNSP 过程中会选装 Wireshark 软件，生成流量之后，如图 1-16 所示，使用 Wireshark 捕获报文，生成抓包结果。从抓包结果中可以看到 IP 的工作过程以及报文中所有基于 TCP/IP 通信模型的详细内容，从而可进一步帮助读者了解通信过程和报文结构。

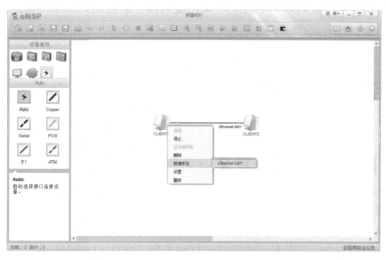

图 1-16　使用 Wireshark 捕获报文

右键单击设备图标，选择要捕获的报文结果，其数据通信结果如图 1-17 所示，该图显示了 2 台终端设备发送的数据报文。

注意：需要产生网络流量才会抓取到报文，比如进行 ping 操作。

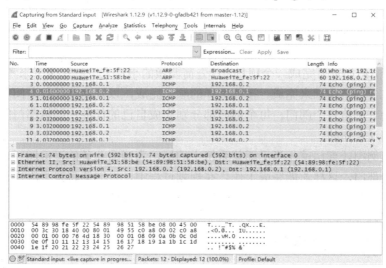

图 1-17　数据通信结果

Wireshark 程序包含许多针对所捕获报文的管理功能，其中一个比较常见的功能是过滤功能，可用来显示某种特定报文或协议的抓包结果。在菜单栏下面的“Filter”文本框里输入过滤条件，就可以使用该功能。最简单的过滤方法是在文本框中先输入协议名称（小写字母），然后按回车键。在本示例中，Wireshark 抓取了 ICMP 和 ARP 两种协议的报文。在“Filter”文本框中输入“icmp”或“arp”然后按回车键后，在回显中就将只显示 ICMP 或 ARP 报文的捕获结果。在后期的学习中，该功能可以帮助我们认识报文结构，了解网络工作原理。

## 1.3　网络参考模型基础

### 1.3.1　网络参考模型的意义

在网络刚刚问世时，只有同一个厂商生产的设备之间才能够通信。例如，设备使用者要么采用 DECnet 解决方案，要么采用 IBM 解决方案，两个厂商的设备之间无法互相通信。20 世纪 70 年代末，为了打破这种界限，ISO（International Organization for Standardization，国际标准化组织）开发了 OSI 参考模型（Open System Interconnection Reference Model，开放系统互联参考模型）。

OSI 参考模型的宗旨是帮助厂商生产可互相通信的网络设备和软件，让采用不同厂商生产设备的网络能够协同工作。OSI 参考模型是主要的网络架构和通信模型，描述了数据和网络信息如何通过网络介质从一台计算机的应用程序传输到另一台计算机的应用程序，OSI 参考模型对网络通信工作进行了分层。

为什么需要一个网络模型呢？

举个例子，假如需要完成一个项目，首先需要做的事情之一就是坐下来考虑下述问题：需要完成哪些任务、由谁来完成、按什么样的顺序完成，以及这些任务之间的相互关系。最终，任务会分派给各个部门，每个部门都分别完成自己的任务，虽然部门间是独立的，但同时也是相互合作的。

在这个案例中，部门就相当于通信系统中的层，为确保业务的正常运行，每个部门都必须信任其他部门，这样才能完成工作。在规划过程中，可能会将整个流程记录下来，以方便讨论操作标准，而操作标准将成为业务蓝图（参考模型）。

### 1.3.2　OSI 参考模型

OSI 参考模型是层次化的，具有分层模型的所有优点。OSI 参考模型的主要目的是让不同厂商的设备能够互相通信。

### 1．使用 OSI 参考模型的主要优点

① 降低复杂度：由难到简。

② 标准化端口：网络组成部分标准化，多厂商开发和支持。

③ 便于模块化设计：允许不同类型的网络硬件和软件相互通信。

④ 技术的互操作性：分层次的设计防止某层的变化影响其他的层次。

⑤ 简化网络教学。

OSI 参考模型将网络分为 7 层，表 1-2 描述了 OSI 参考模型各层功能。

**表 1-2　OSI 参考模型各层功能**

| 层 编 号 | 层 名 称 | 层 功 能 |
|---|---|---|
| 1 | 物理层 | 物理层定义了传输线缆和端口，实现比特流传输；实现传输介质承载物理信号（光／电信号）的转换，实现物理信号的发送和接收 |
| 2 | 数据链路层 | 在通过物理链路相连接的节点之间建立逻辑意义上的数据链路，在数据链路上实现数据的点到点或点到多点方式的直接通信 |
| 3 | 网络层 | 根据数据中包含的网络层信息，实现数据从任何一个节点到另外一个节点的传输 |
| 4 | 传输层 | 建立、维护和撤销端到端的数据传输，控制传输节奏的快慢，调整数据的排序等 |
| 5 | 会话层 | 在通信双方之间建立、管理和终止会话，确定双方是否应该开始进行某一方发起的通信等 |
| 6 | 表示层 | 提供各种用于应用层数据的编码和转换功能，确保一个系统的应用层发送的数据能被另一个系统的应用层识别 |
| 7 | 应用层 | 为用户应用软件提供丰富的系统端口 |

### 2．OSI 参考模型每层功能详细说明

（1）物理层

物理层有两项功能：发送和接收比特流。比特的取值只能为 0 和 1，使用数字值的莫尔斯电码。物理层实现了逻辑上的数据与可以感知和测量的光／电信号之间的转换。

（2）数据链路层

数据链路层提供数据的物理传输并进行错误通知、链路管理和流程控制。数据链路层使用硬件地址确保报文被传输到局域网中的正确设备，将来自网络层的报文转换为比特流通过物理层传输。在数据链路层会将报文封装成数据帧，并根据数据链路层封装协议添加帧信息，封装为对应的帧格式。通过数据帧中携带的信息可以标识物理设备的来源和目的地，同时工作在数据链路层的设备，可以通过这些信息实现数据帧的转发和过滤。

（3）网络层

网络层负责管理设备编址、跟踪设备在网络中的位置并确定最佳的数据传输路径。网

络层只在位于不同网络中的设备之间传输数据流。工作在网络层的协议有很多，如 IP、IPX、CLNP 和 Appletalk 等。目前的网络层通信协议就是我们熟悉的 IP。IP 有两个版本，分别是IPv4 和 IPv6。

（4）传输层

传输层将数据进行分段并重组为数据流，位于传输层的服务将来自上层应用的数据进行分段和重组并将它们合并到同一个数据流中，传输层提供了端到端的数据传输服务。TCP和 UDP 工作在传输层，TCP 是一种可靠协议，在传输数据前需要先建立连接，同时通过序列号、确认机制及重传机制保证数据的可靠性。而 UDP 是一种不可靠协议，传输数据前不需要建立连接，只负责数据发送，不能确保数据正确地被接收。TCP 虽然是可靠的，但是需要为可靠性机制付出更大的带宽开销；UDP 虽然是不可靠的，但是可以节省带宽（因为它的报头更小）。

（5）会话层

会话层负责在表示层之间建立、管理和终止会话，还对设备或节点之间的对话进行控制。比如操作系统就是会话层。

（6）表示层

表示层向应用层提供数据，并负责数据转换、编码和解码工作。从本质上来说，表示层是一个转换器，提供编码和转换功能。一种成功的数据传输方法会先将数据编码再进行传输，接收者收到数据后将数据解码以便读取。例如，上网时浏览网页、看视频、听音乐，这些数据都是在网络上一起传输的，那系统如何区分这些不同的数据呢？这就需要编码，不同的数据格式用不同的编码格式来封装，接收者收到数据后再通过解码来还原数据，交给对应的应用程序来处理，这样就实现了对数据的区分。

（7）应用层

应用层为应用程序提供了网络端口，如 HTTP、Telnet、SMTP、POP3、DNS 等应用程序。

发送者在发送数据时就好比给礼物打包装一样，数据发送者将数据从高层向底层进行数据封装，每经过一层就增加一层头部，在到达数据链路层后不仅要增加一层头部，还需要再追加一个 FCS 尾部，目的是校验数据帧头的完整性。OSI 参考模型发送方数据封装流程如图 1-18 所示。

接收者收到数据后，首先对数据帧头进行校验，校验数据帧在传递过程中是否被破坏过，如果校验结果不一致则丢弃数据帧；如果结果一致，则接收者对数据进行解封装操作，解封装的顺序是从底层向高层解封装。OSI 参考模型接收方数据解封装流程如图 1-19所示。

发送者

| | | | | | | 用户数据 | |
|---|---|---|---|---|---|---|---|

| 7 | 应用层 |
|---|---|
| 6 | 表示层 |
| 5 | 会话层 |
| 4 | 传输层 |
| 3 | 网络层 |
| 2 | 数据链路层 |
| 1 | 物理层 |

| | | | | | L7<br>HDR | 用户数据 | |
| | | | | L6<br>HDR | L7<br>HDR | 用户数据 | |
| | | | L5<br>HDR | L6<br>HDR | L7<br>HDR | 用户数据 | |
| | | L4<br>HDR | L5<br>HDR | L6<br>HDR | L7<br>HDR | 用户数据 | |
| | L3<br>HDR | L4<br>HDR | L5<br>HDR | L6<br>HDR | L7<br>HDR | 用户数据 | |
| L2<br>HDR | L3<br>HDR | L4<br>HDR | L5<br>HDR | L6<br>HDR | L7<br>HDR | 用户数据 | FCS |
| 位 | | | | | | | |

HDR=报头

图 1-18　OSI 参考模型发送方数据封装流程

接收者

| | | | | | | 用户数据 | |
|---|---|---|---|---|---|---|---|

| 7 | 应用层 |
|---|---|
| 6 | 表示层 |
| 5 | 会话层 |
| 4 | 传输层 |
| 3 | 网络层 |
| 2 | 数据链路层 |
| 1 | 物理层 |

| | | | | | L7<br>HDR | 用户数据 | |
| | | | | L6<br>HDR | L7<br>HDR | 用户数据 | |
| | | | L5<br>HDR | L6<br>HDR | L7<br>HDR | 用户数据 | |
| | | L4<br>HDR | L5<br>HDR | L6<br>HDR | L7<br>HDR | 用户数据 | |
| | L3<br>HDR | L4<br>HDR | L5<br>HDR | L6<br>HDR | L7<br>HDR | 用户数据 | |
| L2<br>HDR | L3<br>HDR | L4<br>HDR | L5<br>HDR | L6<br>HDR | L7<br>HDR | 用户数据 | FCS |
| 位 | | | | | | | |

HDR=报头

图 1-19　OSI 参考模型接收方数据解封装流程

### 1.3.3　TCP/IP 参考模型

TCP/IP（Transmission Control Protocol/Internet Protocol）参考模型诞生于 20 世纪的 70 年代，它是当下实际的业界标准。TCP/IP 被 IETF 不断地充实和完善，TCP/IP 模型、TCP/IP 功能模型、TCP/IP 协议模型、TCP/IP 协议簇、TCP/IP 协议栈等说法经常被混用。TCP/IP 这个名字来自该协议簇中两个非常重要的协议，一个是 IP（Internet Protocol），另一个是 TCP（Transmission Control Protocol）。

图 1-20 所示为 TCP/IP 参考模型与 OSI 参考模型对比，TCP/IP 参考模型将网络分为四层，其中"网络访问层"对应的是 OSI 参考模型的数据链路层和物理层，并将 OSI 参考模型的会话层、表示层和应用层合并为"应用层"。TCP/IP 模型可以说是四层也可以说是五层，五层的 TCP/IP 参考模型使用最为广泛。

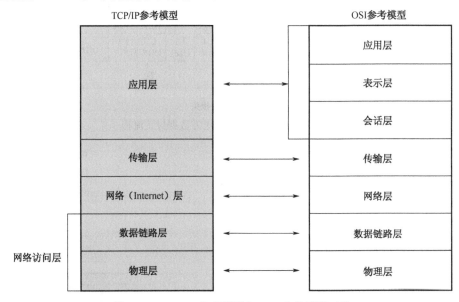

图 1-20　TCP/IP 参考模型与 OSI 参考模型对比

在 OSI 参考模型中，习惯把每层的数据单元都称为"协议数据单元（Protocol Data Unit，PDU）"，PDU 是每一层的单位。例如，第六层的数据单元称为 L6 PDU，第三层的数据单元称为 L3 PDU，其中 L 代表"层"。

在 TCP/IP 参考模型中，习惯将物理层的数据单元称为"比特（bit）"，把数据链路层的数据单元称为"帧（Frame）"，把网络层的数据单元称为"分组或包（Packet）"。对于传输层，习惯将通过 TCP 封装的数据单元称为"段（Segment）"，即"TCP 段（TCP Segment）"。对于应用层，通过 HTTP 封装的数据单元被称为"HTTP 报文（HTTP Datagram）"，通过 FTP 封装的数据单元被称为"FTP 报文（FTP Datagram）"，以此类推。

TCP/IP 参考模型封装数据的流程与 OSI 参考模型封装数据的流程一致，发送方从高层向底层封装数据，接收方收到封装数据后，从底层向高层解封装数据，将解封装后的数据交给应用层处理。

## 1.4　小结

　　本章简单介绍了华为职业认证体系。本书虽然定位为初级的华为 HCIA 认证，但读者需要了解的是，很多知识在华为的 HCIP 认证、HCIE 认证中需要。华为官方推出的 eNSP，是日后使用最多的一个工具，希望读者能熟练使用。透露一条消息，当下的数通 HCIE 实验考试就是使用 eNSP 来完成的，华为正在开发新版 eNSP，欢迎大家关注乾颐堂，来获得第一手的认证咨讯。另外，本章简单介绍了两个网络模型，即 OSI 参考模型和实际工业标准的 TCP/IP 参考模型，这些基本知识会慢慢构建读者的网络知识体系。需要提请读者注意，有时在初级网络工程师工作面试中面试官会考查被面试者对这两个网络模型及每层单位方面知识的掌握情况。

## 1.5　练习题

**选择题**

① 对数据流进行分段发生在 OSI 参考模型的＿＿＿层。
　　A．物理层　　　　　B．数据链路层　　　　C．网络层　　　　D．传输层

② 路由器运行在第＿＿＿层；局域网交换机运行在第＿＿＿层；以太网集线器运行在第＿＿＿层。
　　A．3、3、1　　　B．3、2、1　　　　C．2、3、1　　　D．3、3、2

③ 在封装数据时，下面＿＿＿顺序是正确的。
　　A．数据、帧、包、数据段、比特　　　　B．数据段、数据、包、帧、比特
　　C．数据、数据段、包、帧、比特　　　　D．数据、数据段、帧、包、比特

④ 确认、排序和流量控制是 OSI 参考模型＿＿＿的功能。
　　A．第二层　　　　　B．第三层　　　　　C．第四层　　　　D．第七层

⑤ OSI 参考模型的＿＿＿层提供了 3 种不同的通信模式：单工、半双工和全双工。
　　A．表示层　　　　　B．传输层　　　　　C．应用层　　　　D．会话层

# 第 2 章　网络类型、传输介质和 VRP 基础

在本章重点介绍网络类型和网络传输介质 VRP（Versatile Routing Platform，通用路由平台，即华为网络系统平台）的基础知识。虽然是基础知识，但恰恰是广大网络工程师在日常工作中使用最多、应用最广泛的知识，后续的学习都基于 VRP。

## 2.1　局域网和广域网的区别

LAN（Local Area Network，局域网）应该是网络工程师维护最多的网络了，关于局域网的一个狭义的定义是：LAN（局域网）是有限区域内相对距离较近的计算机和其他组件组成的网络。之所以说它狭义，是因为很多时候可能广域网也算是一个大的"局域网"，比如网络工程师的一个玩笑话"中国局域网"，意思是指再大的网络依旧是一个广义的局域网，这个比喻正如"地球村"的概念。常见局域网络实例如图 2-1 所示，在该图中多台交换机通过网络传输介质将多台终端（包括服务器、个人计算机和打印机等）连接起来。局域网中常见的要素有终端设备（计算机、服务器、打印机、iPAD 等）、互联设备（网卡、传输介质等）、网络设备（最常见的有路由器和交换机）以及操控网络设备的技术和协议（以太技术和 IP、ARP、DHCP 等）。

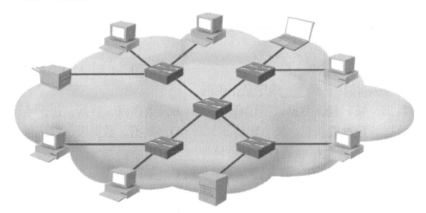

图 2-1　常见局域网实例

WAN（Wide Area Network，广域网）是一个地理位置更广泛的通信网络或者计算机网络，很多时候可理解为多个局域网的远程互联。广域网技术也非常多，比如后期我们将要

学习的 PPP 技术和 HDLC 技术等。通常认为广域网的传输速率要低于局域网的传输速率，网络工程师可以通过广域网技术将局域网［公司总部、分支机构、SOHO（Small Office，Home Office）网络等］连接起来。典型广域网实例如图 2-2 所示。

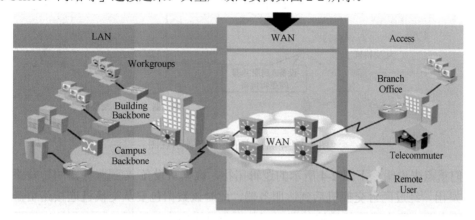

图 2-2　典型广域网实例

关于广域网技术分类有：专用的租用线路（如 T1 和 E1 链路）技术、交换式网络技术（电路交换和分组交换技术，如帧中继网络技术）、通过互联网承载的广域网技术（通过互联网宽带接入的 VPN 技术，如 PPPoE 和 IPSEC VPN 技术）等。

## 2.2　物理拓扑和逻辑拓扑

物理拓扑是指网络设备通过实际物理介质的连接方式，如设备 X1 和设备 X2 通过实际的光纤连接起来。常见的物理拓扑包括总线拓扑、星状拓扑和网状拓扑。逻辑拓扑是指在物理设备之间的流量经过的转发路径。逻辑拓扑（即流量的转发）并不一定和物理拓扑相同（而且大部分情况下是不同的）。读者不必把这些基础内容作为重点，在后续的学习中我们自然而然就可以知道它们的区别了。图 2-3 所示是几种典型的物理拓扑示意图，而图 2-4 所示是一个单臂路由的逻辑拓扑示意图，从图中可以看到，流量的转发和实际的物理拓扑完全不同。

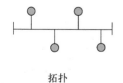

拓扑

星状拓扑

网状拓扑

图 2-3　几种典型的物理拓扑示意图

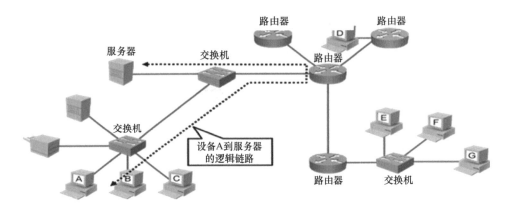

图 2-4　单臂路由的逻辑拓扑示意图

我们重点来说明一下图 2-4 所示的逻辑拓扑，数据从设备 A 到服务器的转发路径是从设备 A 发出，经过两台交换机后到达服务器，此时该数据包要从交换机连接路由器的端口发送到路由器，路由器再从该输入端口把数据包发送出去，数据包再次到达交换机，最后通过交换机被转发给服务器。读者可以看到，流量并未按照物理连线转发，而是依照转发规则定义的逻辑路径转发的，这就是逻辑拓扑和物理拓扑的区别。

## 2.3　传输介质和通信方式

在 2.2 节中，我们了解了物理介质，数据报文必须依赖物理介质来传输到达目的地，所以物理介质是真正的传输媒介。常见的传输介质有同轴电缆、双绞线和光纤等，当然读者可能用得最多的是 WiFi，它的介质为高频电磁波，又被称为射频。不同的传输介质具有不同的特性，这些特性直接影响通信的诸多方面，如线路编码方式、传输速度和传输距离等。

下面我们来了解一下常用的物理介质。

① 网线：双绞线，用于以太网。如图 2-5 所示是每个读者都见过的双绞线实物图。

图 2-5　双绞线实物图

② 光纤：用于以太网，相对网线，光纤的最大优势是远距离传输。如图 2-6 所示为不同连接头的光纤。

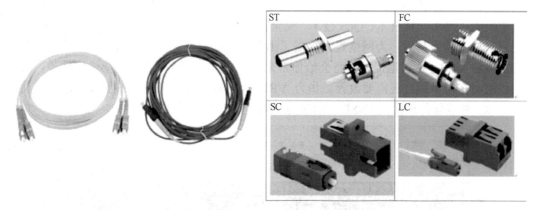

图 2-6　不同连接头的光纤

③ 同轴电缆：用于以太网（面临淘汰）。

④ 电磁波：在后续章节中讨论。

⑤ 串行链路。

不同的传输介质在物理特性方面的差距非常大，而且具备相当多的标准，在此就不一一列举了。本书中如非特殊说明，大部分配置实例都在 eNSP 上部署，所以，可以在 eNSP 上认识一些传输介质。eNSP 上模拟的物理介质如图 2-7 所示，该图展示了在 eNSP 初始界面左侧设备连线处看到的连线，这也是我们今后在学习中用到的主要传输介质。

图 2-7　eNSP 上模拟的物理介质

# 2.4　认识 VRP 系统

在本节中，我们将正式开始认识和学习操控华为的网络操作系统 VRP（Versatile Routing Platform，通用路由平台）。华为网络设备的最重要平台就是 VRP，在 VRP 上进行各种操作和优化是网络工程师的首要任务。

## 2.4.1　什么是 VRP

VRP（Versatile Routing Platform，通用路由平台）是华为路由器、交换机、防火墙等网络设备的通用网络操作系统，是一个类 Linux 系统。虽然它不是我们所见到的微软的 Windows 系列的操作系统，但它依旧是一个平台，一个稳定的、有效率的网络操作系统。VRP 以 TCP/IP 簇为核心，实现了数据链路层、网络层和应用层的多种协议功能，在操作系统中集成了路由交换技术、QoS 技术、安全技术和 IP 语音技术等数据通信功能，并以 IP 转发引擎技术作为基础，为网络设备提供了出色的数据转发能力。从现在开始，读者将每天都能接触 VRP，熟练地操控它将会给你带来很多乐趣。当然笔者还是要诚实地说，VRP 的编码逻辑在很多地方还需要改善。华为 VRP 示例如图 2-8 所示，该图展示了已经通过 SecureCRT 终端软件连接到 eNSP 上的华为 VRP，其软件版本号为 5.130。

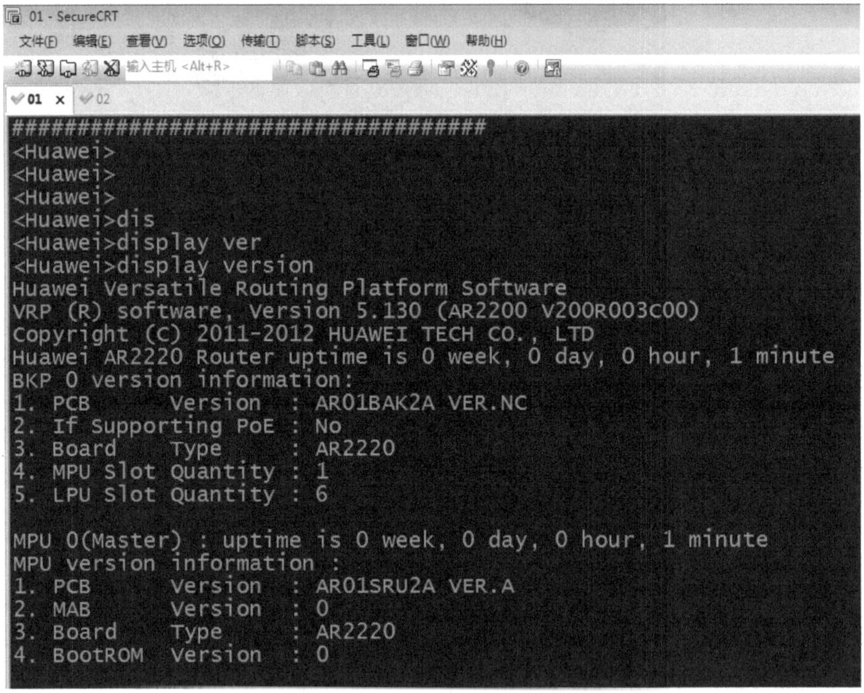

图 2-8　华为 VRP 示例

## 2.4.2　VRP 发展简史

华为 VRP 发展简史如图 2-9 所示。事实上，读者几乎不会再接触到 VRP1、VRP2 和 VRP3。如今的企业网络大都用 VRP5。比如，在今后的学习中常用的 AR 系列企业级路由器、X7 系列的企业级交换机都采用 VRP5；再如，图 2-8 所示示例也采用 VRP5。对于 VRP8，读者可以在一些数据中心级别的 CE 交换机设备上看到它的身影。VRP 软件在通用性上确实要大大优于其他厂商的相关产品，正如前文提到的，在路由、交换、安全、无线等领域都使用 VRP，这一点是非常值得称道的。

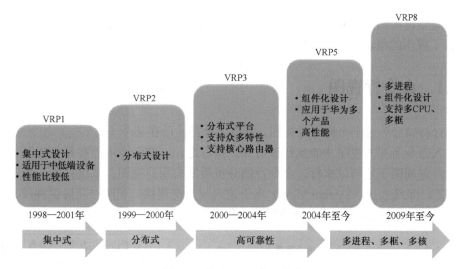

图 2-9　华为 VRP 发展简史

# 2.5　VRP 命令行基础

命令行界面（Command-Line Interface，CLI）是指可在设备上输入可执行指令的界面，通常不支持鼠标，用户通过键盘输入指令，设备接收到指令后，予以执行，这是一种最传统、最经典的控制网络设备的方式。

在 eNSP 上，当设备启动之后，读者通常看不到如同真实设备一样的启动界面，而是直接进入"Huawei>"界面。在真实设备上，读者可以看到华为的版权说明、中断提示、设备概况等内容，一般情况下需要用户输入 Console 管理密码（关于 Console 登录方式，将在后续章节中进行讨论），比如，Admin@huawei 就是一个常用的密码设置方式。AR201S 的开机界面如图 2-10 所示，该图展示了真实设备 AR 路由器的开机界面。

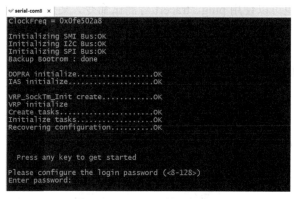

图 2-10　AR201S 的开机界面

另外需要说明的是，VRP 的命令非常多，因此如何分层管理就成为一个问题，于是 VRP 就有了视图的概念，读者可以把它理解为不同的用户界面。

## 2.5.1　命令行视图

命令行接口分为若干个命令行视图，所有命令都注册在某个（或某些）命令行视图下，必须先进入命令所在的视图才能执行该命令。换言之，一些命令不能在某些视图下执行，而必须在特定视图下才可以执行。命令行的分类通常有用户视图、系统视图、接口视图、协议视图等，系统视图（System View）用于进入或者配置接口视图以及协议视图。华为设备的视图示意图如图 2-11 所示，该图描述了华为设备的一个分层的视图体系。

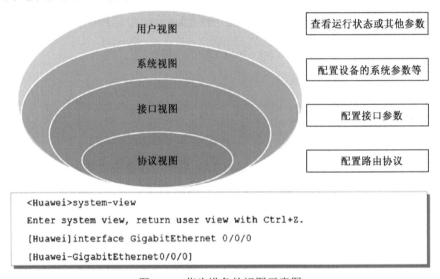

```
<Huawei>system-view
Enter system view, return user view with Ctrl+Z.
[Huawei]interface GigabitEthernet 0/0/0
[Huawei-GigabitEthernet0/0/0]
```

图 2-11　华为设备的视图示意图

在图 2-11 中，< >为用户视图，在该视图中读者可以使用验证命令 display 查看设备、协议、接口等状态，也可以使用 ping、tracert 等测试命令，某些命令如 reboot（重启）、reset 等重置状态的命令必须在用户视图应用。在用户视图中，reset 命令的参数要远远多于该命令，读者会在工作中会逐渐接触到这些内容，请慎用 reset 命令。

进入系统视图的命令为 system-view，而系统视图是 VRP 进入其他视图的基础，当然在系统视图中，读者也可以通过 display 命令来验证自己的配置，在下面的示例中，读者可以看到一个已经完成的常用配置，请读者自行练习以熟悉 VRP 的基本操作。

```
<Huawei>system-view
Enter system view, return user view with Ctrl+Z.
[Huawei]  //读者可以看到，[ ]代表系统视图，细心的读者可以观察到，除了用户视图，其他
图用[ ]来表示
```

[Huawei]interface GigabitEthernet 0/0/0　//从系统视图进入接口视图

[Huawei-GigabitEthernet0/0/0]ip add

[Huawei-GigabitEthernet0/0/0]ip address 10.1.1.1 24　//配置该接口的 IP 地址为 10.1.1.1，掩码长度为 24 位。读者不必着急，在后续章节中我们会讲解什么是 IP 地址，什么是掩码。细心的读者可以看到，示例中只是输入了"ip add"，其实此时还使用了 Tab 键，该键几乎是任何网络操作系统中的"补全"命令，可以把命令补充完整

[Huawei-GigabitEthernet0/0/0]quit　//quit 命令是 VRP 系统中的退出当前层级的命令，其实在很多时候仅仅输入"q"然后回车即可，读者可以看到在下一行会退出到系统视图

[Huawei]ospf　//OSPF 是我们后面要学习的一个非常重要的动态路由协议，此处仅作为一个示例，让读者可以观察到进入了协议视图

## 2.5.2　命令行功能和在线帮助

### 1. VRP 命令行执行和快捷操作

VRP 系统具备几千条命令行，每条命令的最大长度为 510 字符（当然读者几乎用不到这么长的命令），命令有关键字，而且关键字不区分大小写（所谓关键字是指 VRP 已经定义完毕，固定执行的命令）。本节将主要讨论 VRP 的快捷操作，这些快捷键是读者在今后的现网操作、HCIE 认证考试的实验中重要的加速配置手段（注意，需要在 SecureCRT 这个终端软件上执行对应命令），VRP 常用快捷操作如表 2-1 所示。

表 2-1　VRP 常用快捷操作

| 命　令 | 功　能 |
|---|---|
| Ctrl+A | 把光标移动到当前命令行的最前端 |
| Ctrl +E | 把光标移动到当前命令行的最尾端 |
| Ctrl +C | 停止当前命令的运行，命令并不执行 |
| Ctrl +Z | 直接回到用户视图 |
| Ctrl +] | 终止当前连接或切换连接，如终止 Telnet 连接等 |
| Ctrl +U | 删除整行命令行 |
| Backspace | 删除光标左边的第一个字符 |
| ←　or　Ctrl+B | 光标左移一位 |
| →　or　Ctrl+F | 光标右移一位 |
| Tab | 输入一个不完整的命令并按 Tab 键，就可以补全该命令；读者可以体验一下多按几次 Tab 键的输出 |

### 2. 命令行帮助命令

网络工程师可以在 VRP 的任何位置键入问号"？"来获取帮助，用以帮助选择正确的命令执行对应的操作，当然也可以帮助网络工程师记忆起需要输入的命令，是网络工程师无法离开的在线帮助命令（关于此处"在线"一词的解释，是指设备在线，即设备在

开启状态）。

帮助命令分为部分帮助命令和完全帮助命令。当然，这些分类并不重要，重要的是读者如何应用它们。部分帮助命令是指网络工程师"依稀"记得实现某种应用的部分命令，那么网络工程师就可以输入部分命令然后输入问号。比如，忘记了重置配置命令，但记得是 reset sa 类似的命令，那么就可以紧跟着输入问号来帮助回忆，例如：

```
<AR1>reset sa?
    sac                     SAC configuration
    saved-configuration     The configuration that has been saved
```

此时，网络工程师根据后面得到的内容进行简单的判断，应该选择 saved-configuration 参数。

而完全帮助命令是指在任意命令视图下，用户可以键入"？"获取该命令视图下所有的命令及其简单描述。如果输入一条命令关键字，后接以空格分隔的"？"，则列出全部关键字及其描述，我们依然使用 reset 命令来对此进行说明，可以在系统视图下输入该命令，然后获取帮助：

```
    [AR1]reset ?  //当用户键入问号时（注意问号和 reset 之间存在空格，而不是连续的），可以看
到重置的相关内容
    aaa            AAA
    access-user    User access
    ......
```

限于篇幅，此处省略部分内容，读者可以在 eNSP 上自行操作。

关于帮助命令，读者将在今后的学习和经验积累中慢慢得到灵感，它可以帮助我们快速地回忆命令或者选择对应的参数。部分帮助命令和完全帮助命令如图 2-12 所示，该图展示了帮助命令的组成实例。

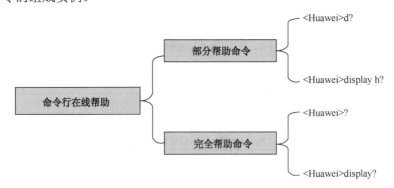

图 2-12　帮助命令的组成实例

请读者注意，关于"？"这个字符这里强调的是字符，它在后续的内容中并不一定充当帮助命令，而可能是某个名字的组成部分，关于这一点并不在本书讨论范围内，读者可

参阅正则表达式内容。路由器上的 VRP 模拟软件可以使用组合键 CTRL+T 键入 "?" 这个字符，而非表示问号（eNSP 上的交换机并不支持）。

# 2.6  登录和管理设备

在本节中，读者将学习如何登录和管理华为网络设备。华为设备上常用的登录方式有 "面对面" 管理方式和远程管理方式，"面对面" 是笔者的自创词，是指网络工程师需要把设备放在 "触手可及" 的范围内，即放在眼前来管理该设备，而当通过 "面对面" 管理方式完成一些基本内容之后，网络工程师就可以远程（即设备并不在眼前，比如网络工程师在办公室，而设备在 "遥远" 的机房）管理设备了。

① "面对面" 管理方式：通过 Console 端口管理设备；通过 Mini USB 管理设备。
② 远程管理方式：通过 Telnet 方式管理设备；通过 SSH 方式管理设备。

## 2.6.1  通过 Console 端口登录和管理设备

Console 端口几乎是所有大型网络厂商通用的 "面对面" 管理设备的重要工具，企业级别的网络设备都具备 Console 端口，其主要应用场景如下：

● 在出厂设备初始化时没有任何可管理的 IP 地址，不能远程登录和管理设备，只能通过 Console 端口管理设备。
● 当未设置远程登录配置时，只能用 Console 端口管理设备。
● 其他场景。

在华为设备上固化了 Console 端口，它是一个 RJ-45 标准的接口卡。华为 5700 交换机上固化了 Console 端口，图 2-13 展示了华为设备上的 Console 端口。

图 2-13  华为设备上的 Console 端口

网络工程师如果想连接 Console 端口，需要准备以下必要的设备和软件。

● Console 线缆：在购买华为设备时会自带该线缆。
● RS-232 转接头：通常网络工程师在调试设备时使用笔记本电脑，而笔记本电脑通常没有串行接口卡，此时就需要 RS-232 转接设备，将串行接口转接成 USB 接口。
● 安装转接设备的驱动程序：这些驱动程序在购买设备时自带，或者到设备的官网上下载对应的驱动程序安装即可。

● 　准备终端软件：网络工程师使用最多的可能是 SecureCRT 软件，而超级终端软件
　　这种"过时"软件已经不出现在 Windows 7 及其以上版本的系统中。
Console 线缆和转接头如图 2-14 所示，华为设备线缆通常为灰色。

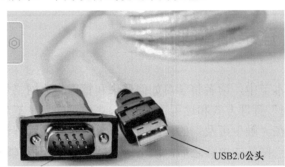

USB2.0公头

图 2-14　Console 线缆和转接头

　　这里还有最后一个问题，网络工程师如何知道使用哪个端口呢？还是计算机上只有一
个端口？事实上，网络工程师可以通过 Windows 系统的任务管理器看到相应端口：开始→
计算机→右键单击→管理→选取任务管理器，如果此时已经安装驱动程序，并且线缆已插
好，设备已开机，就可以发现对应的端口，之后读者就可以在 SecureCRT 中连接该端口。
请读者一定选择对应的 COM 端口（从任务管理器中看到的端口），通过终端软件连接
Console 端口，如图 2-15 所示连接设备。

图 2-15　通过终端软件连接 Console 端口

　　本书绝大部分操作是通过 eNSP 完成的，那么如何通过终端软件连接 eNSP 上的设备
呢？读者首先要找到 eNSP 上设备的端口号。事实上，eNSP 上的设备会默认从 2000 串行
端口号开始累加，即当设备增加时，端口号顺序按 2001、2002、2003 等增加，当然，读者
也可以如图 2-16 所示自定义串行端口号。

图 2-16　自定义串行端口号

第一个设备默认的端口号为 2000，当读者已经知道端口号之后，就可以如图 2-17 所示，通过终端软件连接 eNSP 上的设备。

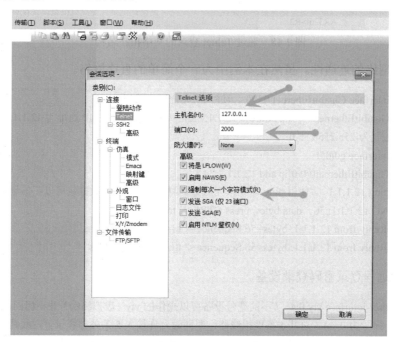

图 2-17　通过终端软件连接 eNSP 上的设备

通过 Console 登录华为设备，出于安全考虑可以设置密码认证登录：

```
user-interface con 0    //进入 Console 端口模式，华为设备只有一个 Console 端口，所以序号只能为 0
authentication-mode password    //设置认证模式为密码认证
```

> set authentication password cipher Huawei　//设置认证密码为 Huawei

有一个非常重要的问题需要读者注意，读者必须选中图 2-17 中"高级"区域中的"强制每次一个字符模式"，否则在用 Tab 键补全 eNSP 命令时会出现乱码。

## 2.6.2　通过 Telnet 登录设备和管理设备

Telnet 是最常用、最灵活的远程管理网络设备的协议，该协议使用的端口号为 23，如果在网络设备上已经开启了 Telnet 服务和必要配置，同时管理员能连接到该设备所在的网络，那么此时就可以远程登录和管理该设备了。比如，管理员在办公室就可以远程管理远在千里之外的分支机构的路由器，实现通过网络来远程管理设备的 Telnet 应用。通过 Telnet 登录的网络拓扑结构如图 2-18 所示，具体登录步骤如下所述。Telnet 是一种明文传输的协议，在安全性上不如 SSH。SSH 不在本章的讨论范围内。

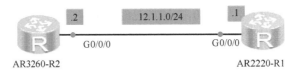

AR3260-R2　　　　　　　　　　　　　　　　AR2220-R1

图 2-18　通过 Telnet 登录的网络拓扑结构

① 保证网络的连通性。虽然在本例中为一个简单的直连网络。

> [R1]interface GigabitEthernet 0/0/0　//进入千兆位以太接口 0/0/0
> [R1-GigabitEthernet0/0/0]ip address 12.1.1.1 24　//配置该接口的 IP 地址为 12.1.1.1，掩码长度为 24 位，而不必配置为 255.255.255.0
> [R2]interface g0/0/0
> [R2-GigabitEthernet0/0/0]ip add 12.1.1.2 24
> [R2]ping 12.1.1.1　//使用 ping 命令来完成数据测试，如下表示数据包可以正常地到达路由器 R1
> 　　PING 12.1.1.1: 56　data bytes, press CTRL_C to break
> 　　Reply from 12.1.1.1: bytes=56 Sequence=1 ttl=255 time=140 ms
> 　　Reply from 12.1.1.1: bytes=56 Sequence=2 ttl=255 time=60 ms

② 设置远程登录密码登录设备。

> [R1]user-interface vty 0 4　//不同型号设备可以操作的 vty（虚拟终端）并不相同，此处进入用户虚拟终端端口，序号为 0~4，总共 5 条虚拟线路，即同时允许接入 5 条外部登录管理线路
> [R1-ui-vty0-4]set authentication password cipher Huawei　//设置密码为显式加密的 Huawei。注意：不同版本的 VRP 可能会在配置远程登录时稍有不同，请读者酌情配置
> [R1-ui-vty0-4]user privilege level 15　//设置登录用户的权限，默认为权限 0，该权限不允许用户登录到系统视图，此处将权限修改为最高级别 15 级

③ 完成以下测试，证明已经可以在路由器 R2 上通过网络远程登录路由器 R1。

```
<R2>telnet 12.1.1.1  //在用户视图远程登录对端，采用对端的 IP 地址
    Press CTRL_] to quit telnet mode
Login authentication
Password:  //键入密码，注意密码并不显示
<R1>system-view  //此时路由器 R2 成功使用 Telnet 登录路由器 R1，并可以进一步完成远程管理
```

# 2.7　VRP 基本配置

在本节中，我们将完成 VRP 最基本的一些配置，如配置系统时钟、登录提示消息等内容。

## 2.7.1　配置系统时钟

任何设备上的时间都是非常重要的，因为它可以帮助网络工程师实现查看日志、查看设备状态等重要功能，所以对时间的调整和校对是非常重要的。

华为设备在出厂时，默认的时区为协调世界时（Universal Time Coordinated，UTC），时间随着时区而改变，读者需要在调整时间之前先调整时区。

```
<R1>clock timezone BJ add 8  //调整时区为北京+8 区
<R1>clock datetime 0:40:15 2016-4-7  //设置时间，读者需要注意时间的格式
<R1>display clock  //验证时间已经调整完毕
2021-04-07 00:40:24
Thursday
Time Zone(BJ) : UTC+08:00
```

## 2.7.2　配置标题消息

当用户使用设备时，如果需要向用户提示当前设备提示信息或警告信息等，可以通过命令方式实现，在用户登录设备时将这些提示信息以标题形式显示出来。

通常使用以下 3 个标题信息参数。
- header 参数：用来设置当用户登录设备时在终端上显示的标题信息。
- login 参数：指定用户在登录设备认证过程中激活终端连接时显示的标题信息。
- shell 参数：指定当用户成功登录设备并已经建立会话时显示的标题信息。

header 的内容可以是字符串或文件名。当 header 的内容为字符串时，标题信息以第一个英文字符作为起始符号，以最后一个相同的英文字符作为结束符；在通常情况下，建议

使用英文特殊符号，并需要确保在信息正文中没有此符号。

在本书示例中，header 的内容是字符串。字符串可以包含 1~2000 个字符，包含空格。使用 header { login | shell } information text 命令能设置字符串形式的 header。

如果要设置文件形式的 header，则要使用 header { login | shell } file file-name 命令。file-name 参数指定了标题信息所使用的文件名，当登录后，该文件的内容将以文本的形式显示出来。

在如下实例中配置自定义而非文件的标题消息，读者可以观察到具体的作用（请读者先完成 2.6 节的 Telnet 远程登录）：

```
[R1]header login information "This is Head login Info Test From Qytang.com"   //配置远程用户登
录前的信息，引号内的内容为远程用户可以看到的内容
[R1]header shell information "This is Head Shell Info Test From Qytang.com"   //设置用户登录后
（即输入密码之后）可以看到的信息
```

在 R2 上完成测试工作：

```
<R2>telnet 12.1.1.1
  Press CTRL_] to quit telnet mode
  Trying 12.1.1.1 ...
  Connected to 12.1.1.1 ...
This is Head login Info Test From Qytang.com   //此内容为配置的登录时显示的提示信息
Login authentication
Password:
This is Head Shell Info Test From Qytang.com   //这些内容为配置的登录后显示的提示信息
```

## 2.7.3　命令行等级划分

系统将命令进行分级管理，以增加设备的安全性。设备管理员可以设置用户级别，一定级别的用户可以使用对应级别的命令行。默认情况下，命令级别分为 0~3 级，用户级别分为 0~15 级。用户 0 级为访问级别，对应网络诊断工具命令（ping 和 tracert 命令）、从本设备上访问外部设备的命令（Telnet 客户端）、部分 display 命令等。用户 1 级为监控级别，对应命令 0 级和 1 级，包括用于系统维护的命令以及 display 等命令。用户 2 级是配置级别，对应路由、各个网络层次的命令，用于向用户提供直接网络服务。用户 3~15 级是管理级别，对应命令 3 级，主要是用于系统运行的命令，对业务提供支撑作用，包括文件系统、FTP、TFTP、文件交换配置、电源供应控制、备份板控制、用户管理、命令级别设置、系统内部参数设置，以及用于业务故障诊断的 debugging 命令。如下展示了如何修改命令级别，在用户视图下执行 save 命令需要 3 级的权限：

```
[R2]command-privilege level 3 view user save
```

The command level is modified successfully

在具体使用中，如果我们有多个管理员账号，但只允许某个管理员保存系统配置，则可以将 save 命令的级别提高到 4 级并定义只有该管理员有 4 级权限。这样，在不影响其他用户的情况下，可以实现对命令的使用控制。

关于命令行级别的理解，读者可以参照表 2-2，该表展示了华为设备命令行级别。

表 2-2　华为设备命令行级别

| 用 户 等 级 | 命 令 等 级 | 名　　　称 |
| --- | --- | --- |
| 0 | 0 | 访问级 |
| 1 | 0,1 | 监控级 |
| 2 | 0,1,2 | 配置级 |
| 3～15 | 0,1,2,3 | 管理级 |

## 2.8　VRP 文件系统

### 2.8.1　VRP 文件系统简介

VRP 文件系统是华为 VRP 管理存放于存储器上的系统文件（如 VRP 的系统镜像）、配置文件等的系统，它是 VRP 正常运行的基础。现代流行的网络操作系统大都基于类 Linux 系统，VRP 也不例外，可以在 VRP 的文件系统中对存储器中的文件、目录进行查看、创建、删除、修改等操作。

掌握 VRP 文件系统的基本操作，可以帮助网络工程师对设备的配置文件和 VRP 系统文件进行高效快速管理。

对于华为设备，常见的存储设备包括 Flash 卡、SD 卡和 CF 卡。比如，华为 AR150 路由器支持 512 MB 的 Flash 卡。

通常的文件命名规则：用一系列的字符串组成文件名，不支持空格，也不区分大小写。文件名有两种表达方式：文件名和路径+文件名。

### 2.8.2　VRP 文件系统基本命令操作

本节将从几个方面去实际操作 VRP 软件，熟悉 VRP 的文件系统操作，读者可以采用 eNSP 进行操作。

### 1. 基本查询命令

VRP 系统命令的共同特点是"查看"，VRP 系统的查看命令如表 2-3 所示。

表 2-3　VRP 系统的查看命令

| 命　　令 | 功　　能 |
| --- | --- |
| pwd | 查看当前目录 |
| dir | 显示当前目录下的文件信息 |
| more | 查看文本文件的具体内容 |

dir 命令实验效果如图 2-19 所示。需要指出的是，在第二列即"Attr"列中，d 代表文件目录；r 代表可读；w 代表可写入。

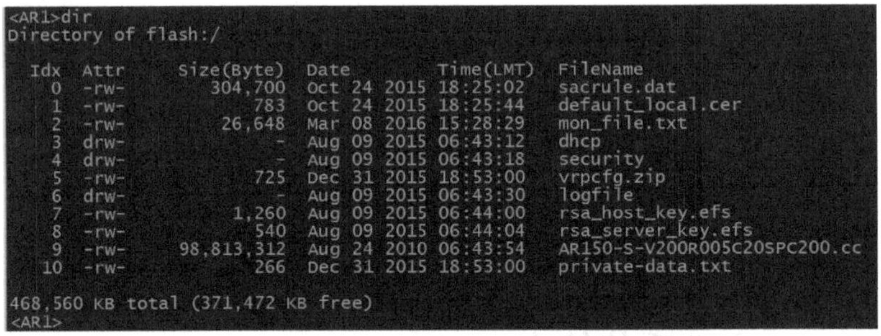

图 2-19　dir 命令实验效果

pwd 命令实验效果如图 2-20 所示。

图 2-20　pwd 命令实验效果

more 命令实验效果如图 2-21 所示。

图 2-21　more 命令实验效果

### 2. 目录操作

正如前边提到的，d 代表文件目录。常用目录操作命令如表 2-4 所示。

表 2-4　常用目录操作命令

| 命　　令 | 功　　能 |
| --- | --- |
| cd | 修改用户当前界面的工作目录或者进入新的目录 |
| mkdir | 创建目录 |
| rmdir | 删除目录 |

在图 2-21 中，我们进入了 DHCP 目录，现在如何退出当前目录呢？cd 命令实验效果如图 2-22 所示。

```
<AR1>pwd
flash:/dhcp
<AR1>cd ..
<AR1>pwd      输入cd ..从当前目录dhcp退出到上级
flash:               目录
<AR1>
```

图 2-22　cd 命令实验效果

mkdir 命令实验效果如图 2-23 所示，创建名为 test 的目录。

```
<AR1>mkdi
<AR1>mkdir Test
Info: Create directory flash:/test......Done
<AR1>dir
Directory of flash:/

  Idx  Attr     Size(Byte)  Date        Time(LMT)   FileName
   0   -rw-        304,700  Oct 24 2015 18:25:02    sacrule.dat
   1   -rw-            783  Oct 24 2015 18:25:44    default_local.cer
   2   -rw-         26,648  Mar 08 2016 15:28:29    mon_file.txt
   3   drw-              -  Aug 09 2015 06:43:12    dhcp
   4   drw-              -  Aug 09 2015 06:43:18    security
   5   -rw-            725  Dec 31 2015 18:53:00    vrpcfg.zip
   6   drw-              -  Aug 09 2015 06:43:30    logfile
   7   -rw-          1,260  Aug 09 2015 06:44:00    rsa_host_key.efs
   8   -rw-            540  Aug 09 2015 06:44:04    rsa_server_key.efs
   9   -rw-     98,813,312  Aug 24 2010 06:43:54    AR150-S-V200R005C20SPC200.cc
  10   -rw-            266  Dec 31 2015 18:53:00    private-data.txt
  11   drw-              -  Mar 08 2016 17:21:24    test

468,560 KB total (371,456 KB free)
<AR1>
```

图 2-23　mkdir 命令实验效果

rmdir 命令实验效果如图 2-24 所示，删除了刚刚创建的 test 文件夹。

```
<AR1>rm
<AR1>rmdir Te
<AR1>rmdir test/
Remove directory flash:/test? [Y/N]:y     VRP软件会提示，是否移除，请键入y
Info: Removing directory flash:/test...Done!
<AR1>dir
Directory of flash:/

  Idx  Attr     Size(Byte)  Date        Time(LMT)   FileName
   0   -rw-        304,700  Oct 24 2015 18:25:02    sacrule.dat
   1   -rw-            783  Oct 24 2015 18:25:44    default_local.cer
   2   -rw-         26,648  Mar 08 2016 15:28:29    mon_file.txt
   3   drw-              -  Aug 09 2015 06:43:12    dhcp
   4   drw-              -  Aug 09 2015 06:43:18    security
   5   -rw-            725  Dec 31 2015 18:53:00    vrpcfg.zip
   6   drw-              -  Aug 09 2015 06:43:30    logfile
   7   -rw-          1,260  Aug 09 2015 06:44:00    rsa_host_key.efs
   8   -rw-            540  Aug 09 2015 06:44:04    rsa_server_key.efs
   9   -rw-     98,813,312  Aug 24 2010 06:43:54    AR150-S-V200R005C20SPC200.cc
  10   -rw-            266  Dec 31 2015 18:53:00    private-data.txt

468,560 KB total (371,472 KB free)
<AR1>
```

图 2-24　rmdir 命令实验效果

### 3. 文件操作

文件操作命令通常包括复制、移动、重命名和删除文件等功能，如表 2-5 所示。

表 2-5　文件操作命令

| 命　　　令 | 功　　　能 |
|---|---|
| copy | 复制文件 |
| move | 移动文件 |
| rename | 重命名文件 |
| delete /unreserved | 删除 / 永久删除文件 |
| undelete | 恢复删除的文件 |
| reset recycle-bin | 彻底删除回收站中的文件 |

为了方便演示实例，先保存一个名为 ender.cfg 的文件：

```
<AR1>save Ender.cfg    //该命令的含义为保存名为 ender.cfg 的文件
Are you sure to save the configuration to Ender.cfg? (y/n)[n]:y    //输入 y
It will take several minutes to save configuration file, please wait.............
Configuration file had been saved successfully    //配置保存成功
```

请自行创建名为 test 的目录用于测试。

使用 copy 命令复制文件到 test 目录，copy 命令实验效果如图 2-25 所示。

图 2-25　copy 命令实验效果

使用 delete 命令删除目录下 ender.cfg 文件，移动根目录下的 ender.cfg 文件到 test 目录下，delete 命令和 move 命令实验效果如图 2-26 所示。

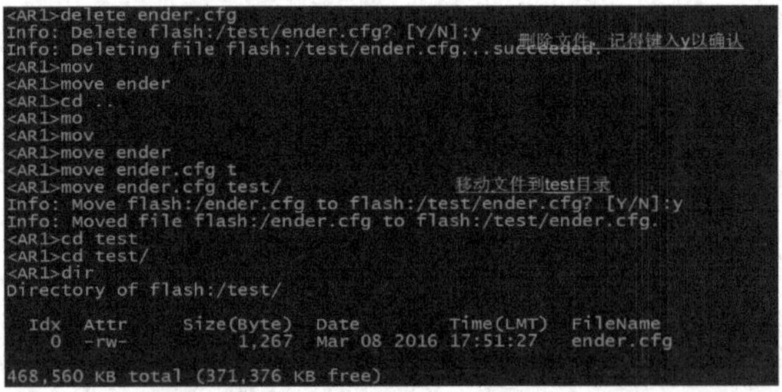

图 2-26　delete 命令和 move 命令实验效果

用 rename 命令重命名 ender.cfg 文件名为 qyt.cfg，然后用 undelete 命令恢复之前删除的 ender.cfg 文件，其实验效果如图 2-27 所示。

```
<AR1>rename ender.cfg qyt.cfg
Info: Rename flash:/test/ender.cfg to flash:/test/qyt.cfg? [Y/N]:y    重命名，不要忘记键入 y
Info: Rename file flash:/test/ender.cfg to flash:/test/qyt.cfg ......Done
<AR1>dir
Directory of flash:/test/

  Idx  Attr      Size(Byte)  Date        Time(LMT)   FileName
    0  -rw-           1,267  Mar 08 2016 17:51:27    qyt.cfg

468,560 KB total (371,376 KB free)
<AR1>und
<AR1>undelet
<AR1>undelete ender
<AR1>undelete ender.cfg
Info: Undelete flash:/test/ender.cfg? [Y/N]:y    恢复之前删除的文件，不要忘记键入 y
Info: Undeleted file flash:/test/ender.cfg.
<AR1>dir
Directory of flash:/test/

  Idx  Attr      Size(Byte)  Date        Time(LMT)   FileName
    0  -rw-           1,267  Mar 08 2016 17:56:51    ender.cfg
    1  -rw-           1,267  Mar 08 2016 17:51:27    qyt.cfg
```

图 2-27　rename 命令和 undelete 命令实验效果

用 reset recycle-bin 命令彻底删除回收站中的内容，当然，在此之前回收站中必须存在删除了的文件，该实验效果如图 2-28 所示。

```
<AR1>reset recycle-bin
Error: File can't be found    此时并不存在删除的文件
<AR1>del
<AR1>delete qyt
<AR1>delete qyt.cfg
Info: Delete flash:/test/qyt.cfg? [Y/N]:y
Info: Deleting file flash:/test/qyt.cfg...succeeded.
<AR1>reset recycle-bin
Info: Squeeze flash:/test/qyt.cfg? [Y/N]:y    清空回收站
Info: Clear file from flash will take a long time if needed...Done.
Info: Cleared file flash:/test/qyt.cfg.
<AR1>
```

图 2-28　reset recycle-bin 命令实验效果

## 2.8.3　配置文件管理

VRP 设备上的配置文件分为以下两种类型：

● 正在运行的配置文件；

● 保存的配置文件。

当前配置文件储存在设备的 RAM（类似于个人计算机的内存）中，网络工程师的任务就是操控和优化网络系统 VRP 的配置，配置完成后使用 save 命令保存当前配置到存储设备（Flash）中，形成保存的配置文件，这样 VRP 在下次启动之后就可以调用该配置文件来正常维护网络（如同修改完 Word 文件之后要保存到硬盘中一样）。保存的配置文件以".cfg"或".zip"作为扩展名（读者可以在 eNSP 的保存目录下看到类似的文件），存放在存储设备的根目录下。VRP 设备保存配置示意图如图 2-29 所示。

图 2-29　VRP 设备保存配置示意图

很多初学者经常犯的错误就是配置完设备后没有保存，导致设备重新启动后为空配置。

当设备启动时，会从默认的存储路径加载保存的配置文件（Saved-Configuration File）到 RAM 中。如果默认存储路径中没有保存的配置文件，则设备会使用默认参数进行初始化配置。

使用 VRP 演示一个保存过程：

```
<Huawei>system-view
[Huawei]sysname QYT-LAB    //修改设备名称
[QYT-LAB]quit
<QYT-LAB>save    //在用户模式下配置保存命令
The current configuration will be written to the device.
Are you sure to continue?[Y/N]y    //输入 y 以确认
Info: Please input the file name ( *.cfg, *.zip ) [vrpcfg.zip]:    //回车自动保存配置内容
```

查看当前配置也是一项非常重要的内容，它可以帮助网络工程师快速查看配置和定位错误以便进行验证。常用的快速验证配置命令如表 2-6 所示。

表 2-6　常用的快速验证配置命令

| 命 令 | 功 能 |
| --- | --- |
| display current-configuration | 显示当前配置文件 |
| display saved-configuration | 显示保存的配置文件 |
| display this | 显示当前模式的配置内容 |

下面通过几个基本实验来熟悉这些验证命令。

① 使用 display this 命令查看当前模式，如接口模式、协议模式下的命令，这几乎是网络工程师最常用的命令。

```
[QYT-LAB-GigabitEthernet0/0/0]display this    //快速验证接口模式下的配置，简写为 dis th
interface GigabitEthernet0/0/0
 ip address 10.1.1.1 255.255.255.0
return
```

② 使用 display current-configuration 命令查看当前所有的配置命令。读者可以按空格键一屏一屏地显示配置，也可以按回车键一行一行地显示命令去定位配置。

```
[QYT-LAB]display current-configuration
sysname QYT-LAB
aaa
  authentication-scheme default
  authorization-scheme default
```

③ 这里不得不提的是，现网调试以及在实验过程中，读者应尽可能地用如下的快速命令（display current-configuration configuration {内容}）定位配置。

```
[QYT-LAB]display current-configuration configuration aaa    //本例为快速定位 aaa 的配置
aaa
  authentication-scheme default
  authorization-scheme default
  accounting-scheme default
  domain default
  domain default_admin
  local-user admin password cipher OOCM4m($F4ajUn1vMEIBNUw#
  local-user admin service-type http
[QYT-LAB]display current-configuration configuration ospf    //本例为快速定位 OSPF 的相关配置
#
ospf 1
#
```

④ 验证保存的配置。为了方便读者辨别已保存的和未保存的配置，我们先修改一下设备的名称，然后查看保存的配置。

```
[QYT-LAB]sysname Ender-LAB
[Ender-LAB]display saved-configuration    //在修改完当前配置后，因为还没有保存，所以看到的
设备名称为 Ender-LAB，但保存文件的设备名称还是之前的 QYT-LAB
#
sysname QYT-LAB
#
aaa
  authentication-scheme default
```

## 2.8.4　配置文件重置

配置文件重置，即恢复设备初始化的配置或者出厂配置（即完成从有配置到空配置的

过程），该操作的目的是从空白完成配置或者从空白开始实验。

在下面的实验中，我们将把一台有配置的设备恢复为空配置。

```
<QYT-LAB>reset saved-configuration   //在用户视图清空保存的配置文件
Warning: The action will delete the saved configuration in the device.
The configuration will be erased to reconfigure. Continue? [Y/N]:Y   //"该配置将会被删除用于重
新配置，是否继续？"请输入 Y 以确认
<QYT-LAB>reboot   //键入重启命令，重新启动后设备才能清空配置
Info: The system is now comparing the configuration, please wait.
Warning: All the configuration will be saved to the configuration file for the next startup:,
Continue?[Y/N]:N   //此处非常容易出错，系统提示为"所有的配置将会保存到下次启动文件中，是否继
续？"请一定输入 N，否则无法实现效果，即不保存当前配置到设备
Info: If want to reboot with saving diagnostic information, input 'N' and then execute 'reboot save
diagnostic-information'.
System will reboot! Continue?[Y/N]:Y   //"系统将会重启！是否继续？"请一定输入 Y 以确认
```

此时，设备将会重启，重启完成后读者看到的界面将是一个空配置界面。

## 2.8.5　指定系统启动配置文件

系统启动配置文件，即设备启动时调用的配置文件，在默认情况下会调用根目录下的启动文件，而当设备有备份配置文件时，可以指定调用的配置文件，这样可以灵活地实施项目。

```
[Huawei]sysname Ender-LAB
<Ender-LAB>save ender.cfg   //在用户模式保存配置文件，配置文件名为 ender.cfg
Are you sure to save the configuration to flash:/ender.cfg?[Y/N]:   //回车
<Ender-LAB>dir   //查看确认该文件已经存在于 Flash 中
Directory of flash:/
    Idx   Attr    Size(Byte)   Date        Time         FileName
    x    -rw-          795   Mar 09 2016 17:22:46     ender.cfg
<Ender-LAB>startup ?   //指定启动时可以看到的参数，如许可授权、补丁、系统软件等参数
<Ender-LAB>startup saved-configuacration ender.cfg   //指定启动配置文件名，此处使用了前边保
存的名为 ender.cfg 的文件
Info: Succeeded in setting the configuration for booting system.
<Ender-LAB>save   //键入保存命令
The current configuration will be written to the device.
Are you sure to continue?[Y/N]y   //键入 y 以确认
Save the configuration successfully.
```

```
<Ender-LAB>reboot    //重启设备以观察是否会调用新的配置文件
Info: The system is now comparing the configuration, please wait.
Info: If want to reboot with saving diagnostic information, input 'N' and then execute 'reboot save
diagnostic-information'.
System will reboot! Continue?[Y/N]:y    //重启之后将会看到设备调用了指定的配置文件
<Ender-LAB>display startup    //使用查看命令查看设备重启后调用的配置文件
MainBoard:
    Configured startup system software:        NULL
    Startup system software:                   NULL
    Next startup system software:              NULL
    Startup saved-configuration file:          flash:/ender.cfg
    Next startup saved-configuration file:     flash:/ender.cfg    //下次启动时调用的配置文件
    Startup paf file:                          NULL
```

# 2.9　VRP 系统升级与管理

## 2.9.1　了解产品和 VRP 版本命名方式

在了解 VRP 版本命名之前，我们先来了解一下华为 AR 系列路由器和 X7 系列交换机的命名规则。每个系列的交换机都有明细的分类，如 5700HI（高级版）、5700EI（增强版）、5700SI（标准版）、5700LI（精简版）等，不同设备能够处理和支持的协议以及其性能都存在很大差异。

### 1. 路由器命名规则

图 2-30 所示为 AR150/AR160/AR200 系列路由器的命名规则。

$$\underset{\text{A}}{\text{AR}}\ \underset{\text{B}}{\text{1}}\ \underset{\text{C}}{\text{5}}\ \underset{\text{D}}{\text{7}}\ \underset{\text{E}}{\text{G}}\ \underset{\text{F}}{\text{-HSPA+7}}$$

图 2-30　AR150/AR160/AR200 系列路由器的命名规则

AR150/AR160/AR200 系列路由器名称中数字和字母含义如表 2-7 所示。

表 2-7　AR150/AR160/AR200 系列路由器名称中数字和字母含义

| A | 产 品 名 称 | AR—应用和接入路由器 |
|---|---|---|
| B | 表示硬件平台类型，目前有"1"和"2"两个硬件平台 | • 1—4 个 LAN 口<br>• 2—8 个 LAN 口 |

（续表）

| C | 与 B 组合表示同一平台下的不同主机系列 | 目前所定义的系列有：<br>• 15—4×FE LAN 接口主机系列<br>• 16—4×GE LAN 接口主机系列<br>• 20—8×FE LAN 接口主机系列 |
|---|---|---|
| D | 表示路由器主流、固定的上行接口类型 | • 1—FE 或者 GE<br>• 2—SA<br>• 6—ADSL-B/J<br>• 7—ADSL-A/M<br>• 8—G.SHDSL<br>• 9—VDSL over POTS |
| E | 表示路由器支持的其他接口标识（可选） | • E—支持主流上行接口增强（双上行或 DSL 两线对／四线对增强）<br>• F—支持 GE Combo 上行<br>• G—支持无线链路上行（GPRS 或 3G 或 LTE）<br>• V—支持语音接口<br>• W—支持 WiFi 接入 |
| F | 表示扩展信息位（可选） | • HSPA+7—表示 WCDMA HSPA+7 3G 制式<br>• C—表示 cdma2000 的 3G 制式<br>• D—表示直流款型<br>• P—表示支持 PoE<br>• L—表示 FDD-LTE 通用版，欧洲制式 |

AR1200/AR2200/AR3200 系列路由器的命名规则如图 2-31 所示。

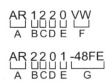

图 2-31　AR1200/AR2200/AR3200 系列路由器的命名规则

AR1200/AR2200/AR3200 系列路由器名称中数字和字母的含义如表 2-8 所示。

表 2-8　AR1200/AR2200/AR3200 系列路由器名称中数字和字母的含义

| A | 产品名称 | AR—应用和接入路由器 |
|---|---|---|
| B | 硬件平台系列编号 | 目前有 "1" "2" "3" 3 个系列，数字越大，性能越高 |
| C | 硬件平台类别 | 2—传统路由器 |
| D | 主机支持槽位及最大槽位数信息 | • AR1200 系列：D 位表示支持最大的 SIC 槽位数量<br>• AR2200/AR3200 系列：D 位表示支持最大的 XSIC 槽位数量 |

（续表）

| E | 主机固化上行接口 | • 1—FE/GE<br>• 2—E1/SA<br>• 4—支持 4 个 SIC 槽位数量 |
|---|---|---|
| F | 主机其他接口信息（可选） | • F—表示 FE LAN 接口<br>• L—表示简化版<br>• V—表示主机固有支持语音功能<br>• W—表示主机固有支持 WiFi 接入 |
| G | 主机扩展信息（可选） | • A—表示交流款型，默认配置，可以默认<br>• D—表示直流款型<br>• 48FE—固定的 48 个百兆位交换接口 |

### 2. 交换机命名规则

华为 X7 系列交换机（如 5700）有自身的命名规则，在这里，我们仅给出 5700 系列交换机命名规则，如图 2-32 所示。

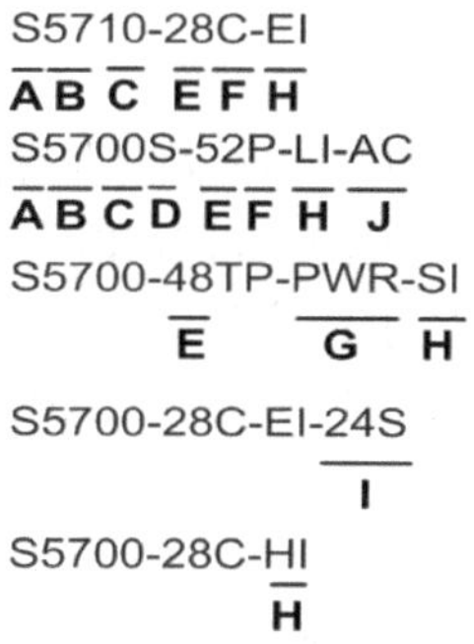

```
S5710-28C-EI
A B C  E F H
S5700S-52P-LI-AC
A B C D E F  H  J
S5700-48TP-PWR-SI
         E    G   H
S5700-28C-EI-24S
                I
S5700-28C-HI
          H
```

图 2-32　5700 系列交换机命名规则

5700 交换机扩展命名规则如表 2-9 所示。

表 2-9　5700 交换机扩展命名规则

| A | 表示设备为交换机 |
|---|---|
| B | 表示产品系列，其中"57"表示 57 系列 |
| C | 表示产品不同系列 |
| D | S—商业型号 |
| E | 表示最大可用端口数<br>S5700 系列设备支持的最大端口数不同，目前分别为 24、28、48、52 个 |
| F | 表示上行端口的类型，其中：<br>• C—表示设备支持插卡，上行端口为 2、4 或 8<br>• TP—表示上行端口为支持光口和电口的 Combo 端口<br>• P—表示上行端口为光口 |

（续表）

| | |
|---|---|
| G | 表示设备支持 PoE 供电 |
| H | 表示设备软件版本类型，其中：<br>● EI—表示设备为增强版本，包含某些高级特性<br>● SI—表示设备为基本版本，包含基础特性<br>● HI—表示设备是高级版本，包含高性能 OAM、内置 RTC 时钟等特性<br>● LI—表示设备是简化版本 |
| I | 表示下行端口的类型，24S 表示 S5700-28C-EI-24S 的 24 个下行端口为光口。如果没有该字段，说明所有的下行端口均为电口 |
| J | 表示设备的供电方式，其中：<br>● AC—表示设备为交流供电<br>● DC—表示设备为直流供电 |

近些年华为出品了一些更新的企业级路由器和交换机以适应新出现的 SD-WAN 网络和 VXLAN 技术，路由器主要有 6100 系列和 6200 系列路由器，交换机有 CloudEngine S5730 等交换机。

### 3．VRP 版本命名规则

VRP 的命名由 VRP 自身版本号和关联产品版本号两部分组成。华为 ARG3 路由器和 X7 交换机使用的 VRP 版本为 VRP5，VRP5 可以和不同的产品版本相关联。

随着产品版本增加，支持的特性也在增加。产品版本格式包含 V×××（产品码）、R×××（大版本号）、C××（小版本号）。如果 VRP 产品版本有补丁，则 VRP 产品版本号中还会包括 SPC 部分。

举例说明如下。

● Version 5.90（AR2200 V200R001C00）：VRP 版本为 5.90，产品版本号为 V200R001C00；

● Version 5.120（AR2200 V200R003C00SPC200）：VRP 版本为 5.120，产品版本号为 V200R003C00SPC200，此产品版本包含有补丁包。

我们来观察一个实际的 eNSP AR 系列路由器的命名，可以看到其版本号为 5.130（AR2200 V200R003C00）：

```
<Huawei>display version
Huawei Versatile Routing Platform Software
VRP (R) software, Version 5.130 (AR2200 V200R003C00)
```

接下来，我们将给出一个非常新的 VRP8 的版本显示，该设备为华为的 NE40 型号路由器的 VRP（基于 eNSP）：

```
<HUAWEI>display version
Huawei Versatile Routing Platform Software
VRP (R) software, Version 8.180 (NE40E V800R011C00SPC607B607)
```

既然 VRP 版本一直在更新换代，那么网络工程师就有必要了解如何升级 VRP 系统。这其实是一件经常发生的事情，因为网络设备一定会存在一些 BUG，而升级 VRP 系统就成为必然结果。

## 2.9.2　FTP 应用

### 1. FTP 应用——文件传输

FTP（File Transfer Protocol）是 TCP/IP 协议族中的一种应用层协议，称为文件传输协议。FTP 的主要功能是向用户提供本地和远程主机之间的文件传输。在进行版本升级、日志下载和配置保存等业务操作时，会广泛地使用到 FTP。FTP 采用两个 TCP 连接：控制连接和数据连接。

ARG3 系列路由器既可以作为 FTP Client，又可以作为 FTP Server。

大多数的 TCP 服务使用单个的连接，一般是客户向服务器的一个周知端口发起连接，然后使用该连接进行通信。但是，FTP 却有所不同，它使用双向的多个连接（即多通道协议），而且使用的端口很难预计。一般，FTP 采用如下两个连接。

- 控制连接（Control Connection）：使用服务器的 21 端口，生存期是整个 FTP 会话时间；
- 传输数据连接：使用服务器的 20 端口。

### 2. 工作模式

PORT 模式即主动模式，工作原理及步骤如下：

- FTP 客户端连接到 FTP 服务器的 21 端口，发送用户名和密码登录；
- 登录成功后使用命令查看或者准备索取数据；
- 客户端随机开放一个端口（端口号大于 1024），发送 PORT 命令到 FTP 服务器，告诉服务器客户端采用主动模式并开放端口；
- FTP 服务器收到 PORT 主动模式命令和端口号后，通过服务器的 20 端口与客户端开放的端口连接并发送数据。

## 2.9.3　VRP 系统升级

本节的重点任务是利用 FTP 备份或者升级 VRP 系统软件（或者 Flash 中的其他文件，比如 log 和配置文件等）。

### 1. 需要准备的内容

- FTP 软件：FileZilla（或者其他 FTP 软件），这是一个免费软件，请读者可从互联网下载；

- 真实设备：AR150 路由器（真实设备，模拟器无法完成相应实验）。

**2. 通过 FTP 从 VRP 系统备份系统软件**

备份软件是非常重要的工作，千万不能忘记（没有备份数据可能产生灾难性的后果）。从 VRP 上复制软件的本质是将 VRP 作为 FTP 服务器，将网络工程师的计算机作为 FTP 的客户端，前提是服务器和客户端可以通信，如图 2-33 所示，路由器的接口和客户端的网卡都配置了相应的 IP 地址并且可以通信。

VRP 的配置如下：

```
[AR1]interface Ethernet0/0/4
[AR1] ip address 10.1.1.1 255.255.255.0   //该接口用于与 PC 通信
[AR1]ftp server enable   //开启 FTP 功能
[AR1] local-user qyt password cipher %@%@ejDaG'+|e.."4A,"=S\-*%/e%@%@   //配置用户名 qyt
和密码
[AR1] local-user qyt privilege level 15   //该用户具备最高级别权限
[AR1] local-user qyt ftp-directory flash:   //FTP 共享文件的目录为 Flash 根目录
[AR1] local-user qyt service-type ftp   //用户 qyt 使用 FTP 服务
```

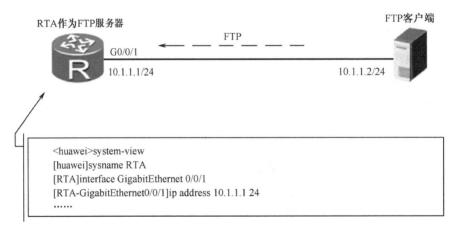

图 2-33　将 VRP 作为 FTP 服务器

打开 FileZilla 从服务器上复制文件，客户端可视化目录和下载文件如图 2-34 所示，该图表明客户端已经成功地从服务器（VRP）上下载了系统文件。

**3. 上传 VRP 系统文件到华为设备**

上传 VRP 系统文件的方法非常简单，只需要把事先准备好的文件上传到 VRP 系统即可，FileZilla 可以直接完成上传，如图 2-35 所示。

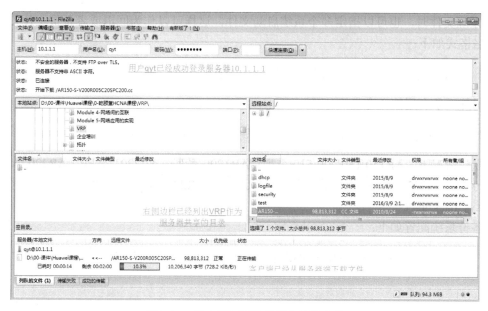

图 2-34　客户端可视化目录和下载文件

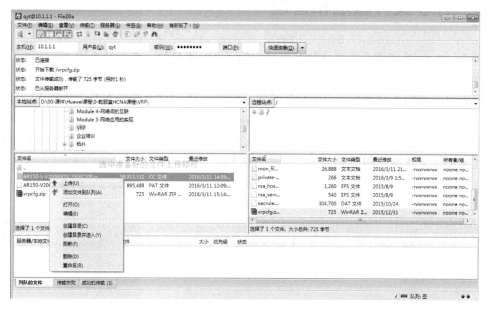

图 2-35　上传系统文件到 VRP

## 2.9.4　指定下次启动系统

在之前的章节中，我们演示过如何指定下次启动的配置文件。当在 VRP 上存在多个

VRP 系统文件时，也可以指定多个系统启动文件，这样可以作为回退或者备份文件使用，其命名格式如下：

　　　　startup system-software　　//配置系统下次启动时使用的系统软件

另外一条有用的命令是：

　　　　startup system-software backup　　//设置在系统启动时备份系统软件文件名

默认情况下，AR150/160/200/510 系列、AR1200 系列、AR2201-48FE、AR2202-48FE、AR2204 和 AR2220L 没有备份系统软件，AR2220、AR2240 和 AR3200 系列的备份系统软件为 sys_backup.cc。

备份系统配置如下：

　　　　<AR1>startup system-software Backup.cc backup　　//该系统文件并不存在，仅仅为了给读者一个演示

## 2.10　补丁文件激活和管理

补丁（Patch）通常是为了"修补"对应的 VRP 少量的、急需解决的"不完整"缺陷而存在的。在 IT 界，补丁是永远存在的，诸如读者熟悉的微软 Windows 补丁，而且通常补丁都有对应的版本号和补丁号去标识解决对应的问题。VRP 会发布对应的补丁，读者可以从 http://support.huawei.com/enterprise/softdownload 获得补丁（可能需要注册或者从华为代理商获得权限），找到对应的、正确的、适合的补丁去下载安装。从华为官网下载 AR 系列路由器补丁示意图如图 2-36 所示。

图 2-36　从华为官网下载 AR 系列路由器补丁示意图

### 2.10.1　补丁分类

① 常用的补丁有热补丁和增量型补丁，这两种补丁通常是影响较小的补丁。

② 根据补丁生效对业务运行的影响，补丁被分为热补丁和冷补丁。

- 热补丁（Hot Patch，HP）：补丁生效不中断业务，不影响业务运行，同时可以降低设备升级成本，避免升级风险。

- 冷补丁（Cold Patch，CP）：要使补丁生效需要重启设备，影响业务的运行。

③ 根据补丁间的依赖关系，补丁被分为增量型补丁和非增量型补丁。

- 增量型补丁：是指对在其前面的补丁有依赖性的补丁。一个新的补丁文件必须包含前一个补丁文件中的所有补丁信息，用户可以在不卸载原补丁文件的情况下直接安装新的补丁文件。

- 非增量型补丁：只允许当前系统安装一个补丁文件。如果用户安装完补丁之后希望重新安装另一个补丁文件，则需要先卸载当前的补丁文件，然后再重新安装并运行新的补丁文件。

### 2.10.2　上传并激活补丁

读者从华为官方获得补丁之后，可以通过"VRP 系统升级"的方法上传文件，在用 FTP 方式上传了 .pat 扩展名的补丁文件到 VRP 根目录后，利用命令 patch load ××××.pat all run 来激活该补丁，然后通过命令 display patch-information 来验证补丁是否正常运行。

```
<AR1>patch load ar150-v200r005sph016.pat all run   //激活该补丁
   This operation will take several minutes, please wait................
   Info: Succeeded in loading the patch on the master board...........
   Patch operation succeeded   //补丁操作成功
<AR1>display patch-information   //通过命令可以看到补丁文件正在正常运行
Patch version          :ARV200R005SPH016
Patch package name      :flash:/ar150-v200r005sph016.pat
The state of the patch state file is:Running
The current state is:Running
```

删除补丁的命令为 patch delete all。

## 2.11　小结

本章介绍了 VRP 系统以及一些基本的操作，比如补丁，请注意补丁在实际网络中往往能解决一些"不可思议"的问题，读者可以从华为官网下载一些补丁尝试升级。

## 2.12　练习题

**选择题**

① 激活补丁的命令是____。

 A. load patch        B. patch load

 C. startup patch        D. delete path all

② 删除补丁的命令是____。

 A. load patch        B. patch load

 C. startup patch        D. delete path all

③ FTP 可以使用的端口号有____。（多选）

 A. 20           B. 41

 C. 61           D. 21

④ 配置华为下次启动时调用系统软件的命令是____。

 A. startup patch       B. startup saved-configuration

 C. startup system-software    D. save

# 第 3 章 以太网和交换机基础

## 3.1 以太网简介

　　以太网是当下企业网、数据中心网络主流的高速网络。以太网是在 1972 年开创的，Bob Metcalfe（被尊称为"以太网之父"）被 Xerox 雇用为网络专家，Bob Metcalfe 来到 Xerox 公司的 Palo Alto 研究中心（PARC）的第一个任务是把 Palo Alto 的计算机连接到 ARPANET（Internet 的前身）上。1972 年年底，Bob Metcalfe 设计了一个网络，把 Palo Alto 的计算机连接起来。在研制过程中，因为该网络是以 ALOHA 系统（一种无线电网络系统）为基础的，而且连接了众多 Palo Alto 的计算机，所以 Metcalfe 把它命名为 ALTO ALOHA 网络。ALTO ALOHA 网络于 1973 年 5 月开始运行，Metcalfe 将该网络正式改名为以太网（Ethernet），这就是最初的以太网实验原型，该网络运行的速率为 2.94 Mbps，网络运行的介质为粗同轴电缆。1976 年 6 月，Metcalfe 和 Boggs 发表了题为《以太网：局域网的分布型信息包交换》的著名论文。1977 年年底，Metcalfe 和他的 3 位合作者获得了"具有冲突检测的多点数据通信系统"的专利，多点传输系统被称为 CSMA/CD（Carrier Sense Multiple Access with Collision Detection，载波侦听多路访问 / 冲突检测）系统。从此，以太网就正式诞生了。

　　20 世纪 70 年代末，涌现出了数十种局域网技术，以太网正式成为其中一员。1979 年，DEC（Digital Equipment Corporation）、Intel 公司与 Xerox 公司联盟，促进了以太网的标准化。1980 年 9 月 30 日，DEC、Intel 和 Xerox 公布了第三稿的《以太网——一种局域网：数据链路层和物理层规范 1.0 版》，这就是现在著名的以太网蓝皮书，也被称为 DIX（取 3 家公司名字的首字母组成的）版以太网 1.0 规范。如前所述，最初的实验原型以太网工作在 2.94 Mbps，而 DIX 规范定义的以太网工作在 10 Mbps。1982 年，DIX 联盟发布了以太网的第二个版本，即 Ethernet II。

　　20 世纪 90 年代初，出现了多端口网桥，用于多个 LAN 的互联。共享式以太网逐渐向 LAN 交换机发展。1993 年，Kalpana 公司使以太网技术有了另外一个突破——全双工以太网。全双工的优点很明显，可同时发送和接收数据，这在理论上可以使传输速度翻一番。

　　20 世纪 90 年代初，随着网络的发展，10 Mbps 的速率限制了一些大网络的运行，此时以太网受到了 FDDI（Fiber Distributed Data Interface，光纤分布式数据接口）技术的巨大冲击。FDDI 是一种基于 100 Mbps 光缆的 LAN 技术。1995 年 3 月，随着 IEEE 802.3u 规范的通过，快速以太网的时代来临了。1995 年年末，由于各厂商不断推出新的快速以太网产品，使快速以太网发展迎来了黄金时代。

1998 年，IEEE 发布了 IEEE 802.3z，这是 1000 Mbps 的以太网标准。

2002 年，10 Gbps 以太网标准 IEEE 802.3ae 正式发布。与 1000 Mbps 以太网相比，10 Gbps 以太网只支持全双工，当时只支持光纤作为传输介质，当下 40 Gbps、100 Gbps、400 Gbps 以太网已经被广泛应用。

### 3.1.1　冲突域

冲突域是一个以太网术语，指的是一种网络场景，即当物理网段中的一台设备传输数据时，该物理网段上的其他所有设备都必须进行侦听而不能传输数据，原因是如果同一个物理网段中的多个设备同时传输数据，将发生信号冲突（即两台设备的数字信号将在链路上相互干扰），导致数据无法正常传输，信号冲突对网络性能有严重的负面影响，因此需要避免网络中的信号冲突。

冲突域中的典型网络设备就是集线器，集线器是一种多端口的转发器，集线器的物理组网拓扑看上去是星状拓扑，但实际上它的内部转发机制是总线类型的。集线器在接收信号后对其进行放大或重建，然后将信号从除接收端口以外的其他端口转发出去，而不查看信号表示的数据。由于集线器的内部转发为总线形转发，所有的信号都在一条总线上发送。就好比一条单行道，所有的汽车都在上面跑一样，这样会造成信号的冲突，造成网络利用率下降。CSMA/CD（Carrier Sense Multipe Access with Collision Detection，载波侦听多路访问 / 冲突检测）协议打破了这一僵局，这是一种帮助设备均衡的共享带宽的协议，可以避免多台设备同时在网络介质上传输数据造成的冲突问题，CSMA/CD 协议工作原理将在后续章节进行详细介绍。

### 3.1.2　广播域

说到广播域，可以先举个简单的例子，比如在一个大教室中，所有的学生都在听老师讲课，老师讲课的内容班里的每一位同学都是可以听到的，而隔壁班的同学肯定是听不到的，原因是班级将学生进行了隔离。广播域也是同样的概念，将多台设备放到同一个组中就形成了广播域，在同一个广播域中的任何一台设备发送的广播帧，其他设备都可以收到。广播域过大会造成较大的故障域，难以管理和排错。同时在网络中会充斥着广播帧，造成网络利用率下降。广播域中的典型设备是交换机，交换机实现了冲突域的划分，每一个端口都是一个冲突域，但是交换机自身还是属于同一个广播域。那如何划分广播域呢？可以通过三层设备（如路由器）和二层 VLAN 技术划分广播域，减小广播范围。

### 3.1.3　CSMA/CD 协议

CSMA/CD 协议是一种在冲突域中避免数据信号冲突的协议，可以帮助设备更合理地利用带宽，CSMA/CD 协议的工作原理如下所述。

当主机想通过网络传输数据时，它首先会检查线路上是否有信号在传输。如果没有则该主机开始传输数据，但是这样还还够，该主机将持续地监视线路，确保没有其他主机在传输信号。如果检测到其他信号，该主机将发送一个拥塞信号，使网段上的所有主机都不再传输数据，检测到拥塞信号后，其他主机将会执行退避算法并启动一个随机的退避定时器，在该定时器有效期内不传输任何数据，当该定时器超时后会再次尝试传输数据。如果连续 15 次尝试传输数据都导致冲突，尝试传输数据的主机的定时器将超时。

CSMA/CD 协议的工作原理如图 3-1 所示。

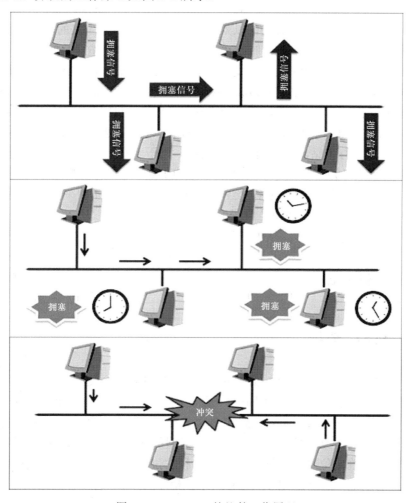

图 3-1　CSMA/CD 协议的工作原理

当以太网中发生冲突后，将出现以下情况：

- 发送拥塞信号，告诉所有设备发生了冲突；
- 冲突激活随机退避算法；
- 以太网网段中的每台设备都暂停传输数据，直到退避定时器到期；
- 当退避定时器到期后，所有设备的传输优先级都相同。

当 CSMA/CD 网络持续发送严重冲突时，将会导致以下结果：

- 延迟；
- 吞吐量降低；
- 拥塞。

### 3.1.4　半双工和全双工

半双工和全双工以太网是在最初的以太网规范 IEEE 802.3 中定义的，半双工的工作原理就像一条单行通道，在一条通道上同时发送和接收数据，这样会造成数据冲突。半双工以太网使用 CSMA/CD 协议来避免冲突，并支持在发生冲突时重传。CSMA/CD 协议避免冲突的方法是在同一时间点，只能发送或者接收数据。就像我们生活中的对讲机一样，同一时间只能说话或者收听。由于半双工存在冲突，网络利用率很低，只能利用 30%～40% 的带宽。

全双工相对于半双工来说就是一条双向通道，发送和接送是分开的，互不冲突。举个生活中的例子，就是打电话，听的同时还能说话。由于全双工不存在冲突问题，所以两个通道上的利用率都是 100%。例如，在采用全双工的 100 Mbps 以太网中，传输速率就是 200 Mbps，双向通道同时传输，传输速率也会成倍增加。如今半双工网络正逐渐消失，有些网络（比如 10 Gbps 网络）要求必须是全双工网络。

## 3.2　以太网帧结构

### 3.2.1　MAC 地址

MAC（Media Access Control，媒体访问控制）地址是一个硬件地址，并且 MAC 地址是全球唯一的，用来唯一标识以太网中的一台设备。它就像我们的身份证一样，每个人都有一个不一样的身份证号码，如果你想找到这个人，可以通过身份证号找到他。MAC 地址是以太网中的概念，原因是以太网是一种广播型的网络，在这个广播型网络中存在 $N$ 台设备，那如何准确定位网络的某一台设备并和它进行单独通信呢？这就需要一个能够唯一标识设备的地址，这就是 MAC 地址。有了 MAC 地址，可以在广播网中实现一对一的单播通信。

MAC 地址结构如图 3-2 所示。MAC 地址的长度为 48 位，被分为了两部分。前 24 位是一部分，其中第一位为 1 表示广播 MAC 地址；第二位为 1 表示是本地唯一 MAC 地址，如果为 0 表示全球唯一 MAC 地址。后面的 22 位是 OUI（Organizationally Unique Identifier，组织唯一标识符，又称厂商唯一代码）部分，用来表示网卡的厂商。OUI 部分需要网卡厂商向 IANA（The Internet Assigned Numbers Authority，互联网号码分配机构）注册申请，并且不能出现重复，这也是不存在重复 MAC 地址的原因。如果经常使用 Wireshark 进行抓包，你会发现借助 Wireshark 能分析出数据帧中的 MAC 地址是来自哪个厂商的，这是如何实现的呢？实际上，Wireshark 可通过 OUI 部分来映射厂商信息。后面的 24 位为第二部分，这部分内容是由网卡厂商自定义的。

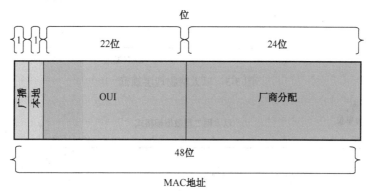

图 3-2 MAC 地址结构

在 MAC 地址中可以标识出 MAC 地址类型，是广播地址、组播地址还是单播地址。

① 广播地址：如果 MAC 地址中第一个字段的第一位被置 1，则该地址为广播 MAC 地址。

② 组播地址：如果第一个字节的最后一位被置 1，则该地址为组播地址。

③ 单播地址：如果第一个字节的最后一位被置 0，则该地址为单播地址。

注释：广播和组播 MAC 地址只能作为目的 MAC 地址使用，不能作为源 MAC 地址使用。

## 3.2.2 以太帧格式

在以太网中有两种数据帧封装格式，分别是 IEEE 802.3 和 Ethernet II（以太网二型）。以太网物理层规范如图 3-3 所示，该图展示了 IEEE 802.3 中定义的以太网物理层规范。

两种以太网数据封装结构如图 3-4 所示，该图描述了 IEEE 802.3 和 Ethernet II（以太网二型）两种协议的封装结构。

通过观察可以发现，Ethernet II 和 IEEE 802.3 数据结构很类似，无论 Ethernet II 还是 IEEE 802.3，数据帧的封装长度都是一样的，帧头为 14 字节，帧尾（FCS）为 4 字节，共计 18 字节，但是它们也有一些具体的区别，具体分析如下。Ethernet II 数据帧封装如图 3-5 所示。

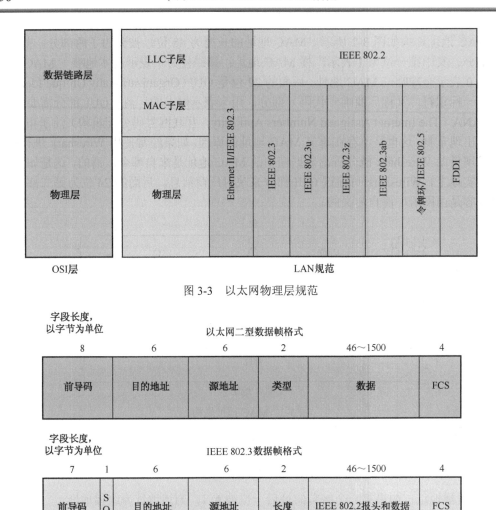

图 3-3　以太网物理层规范

图 3-4　两种以太网数据封装结构

图 3-5　Ethernet II 数据帧封装

## 1. 以太网二型（Ethernet II）数据帧格式

① 前导码：长度为 8 字节，为交替的 0 和 1，在每个分组的开头提供 5 MHz 的时钟信

号，让接收设备能够跟踪到来的比特流。

② 目的地址：长度为 6 字节，是接收者的 MAC 地址，标识数据帧的接收者。目的地址类型可以是单播 MAC 地址、组播 MAC 地址或者广播 MAC 地址，不同类型的 MAC 地址对应的接收者不同。单播 MAC 地址是一对一的通信，只有真正的接收者才能接收数据帧；组播 MAC 地址是一对多的通信，接收者需要先加入对应的组播组才会接收数据帧，非组播组成员不会接收；广播 MAC 地址也是一对多的通信，和组播 MAC 地址的区别在于广播 MAC 地址是针对所有设备的，同一广播域中的所有设备都能接收数据帧。

③ 源地址：长度为 6 字节，是发送者的 MAC 地址，标识数据帧的发送者，源地址类型只能使用单播 MAC 地址，不能使用组播或广播地址。

④ 类型：长度为 2 字节，用于标识网络层封装协议。常见的以太类型有：0x0800，代表 IPv4；0x86DD，代表 IPv6；0x0806，代表 ARP；0x8100，代表 IEEE 802.1q；等等。

⑤ 数据：长度为 46～1500 字节，是网络层可以填充的数据长度。

⑥ FCS：Frame Check Sequence，帧校验序列，长度为 4 字节。FCS 字段用于存储 CRC（Cyclic Redundancy Check，循环冗余校验）结果。接收者收到数据帧后会首先对数据帧头进行 CRC 校验，将校验结果和 FCS 中的内容进行对比，如果一致则接收数据帧，如果不一致则丢弃数据帧。

在采用 Wireshark 抓包时看不到前导码和 FCS（帧尾），这是由于网卡收到数据包后会先去掉前导码并对数据帧头进行 CRC 校验，只有校验正确才会将数据帧交给上层应用处理，之前的校验步骤都是由网卡驱动完成的，所以当采用 Wireshark 抓包时是看不到前导码和 FCS（帧尾）的。一般情况下，以太网二型数据帧承载业务数据。

**2．IEEE 802.3 数据帧格式**

IEEE 802.3 的数据帧格式和 Ethernet II 的数据帧格式类似，具体说明如下。

① 前导码：长度为 7 字节，为交替的 0 和 1，在每个分组的开头提供 5 MHz 的时钟信号，让接收设备能够跟踪到来的比特流。

② 帧起始位置分隔符（SOF）：长度为 1 字节，其值为 10101011，其中最后的两个 1 让接收者能够识别中间 0 和 1 交替模式，从而同步并检测到数据开头。

③ 目的地址：长度为 6 字节，是接收者的 MAC 地址，标识数据帧的接收者。作用和以太网二型数据帧中的目的 MAC 地址相同。

④ 源地址：长度为 6 字节，是发送者的 MAC 地址，作用和以太网二型数据帧中的源 MAC 地址相同。

⑤ 长度：长度为 2 字节，标识 IEEE 802.3 数据帧的长度。

⑥ IEEE 802.2 报头和数据：长度为 46～1500 字节，是 IEEE 802.2 报头和网络层可以填充的数据长度。

⑦ FCS：Frame Check Sequence，帧校验序列，长度为 4 字节。FCS 字段用于存储 CRC（Cyclic Redundancy Check，循环冗余校验）的结果。接收者收到数据帧后会首先对数据帧

头进行 CRC 校验，将校验结果与 FCS 中的内容进行对比，如果一致则接收数据帧，如果不一致则丢弃数据帧。

介绍完 IEEE 802.3 的数据帧结构，大家会发现一个问题，在 IEEE 802.3 的头部中并没有"以太网类型"字段，那么它是怎么来标识上层协议封装的呢？实际上，IEEE 802.3 是通过携带 IEEE 802.2 的报头来标识上层协议封装的。如图 3-6 所示描述了 IEEE 802.2 封装结构。

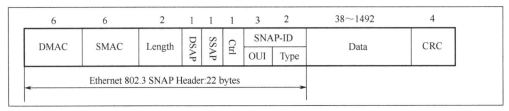

IEEE 802.3+IEEE 802.2**封装结构**

| IEEE 802.2 LLC Header | | | SNAP Extension | | Upper Layer Data |
|---|---|---|---|---|---|
| DSAP | SSAP | Control | OUI | Protocol ID | |
| 8 bit | 8 bit | 8 or 16 bit | 24 bit | 16 bit | multiple of 8 bit |

图 3-6　IEEE 802.2 封装结构

由图 3-6 可知，从 DSAP 开始到 Protocol ID 结束是 IEEE 802.2 的封装结构，IEEE 802.2 的封装分为两部分，分别是 IEEE 802.2 LLC（Logical Link Control，逻辑链路控制）头部和 SNAP（Subnetwork Access Protocol，子网访问协议）扩展。

① IEEE 802.2 LLC Header（IEEE 802.2 LLC 头部）长度为 3 字节，具体说明如下。

● DSAP（Destination Service Access Point，目的服务访问点）：1 字节，标识数据接收者的网络层逻辑地址（封装协议）；

● SSAP（Source Service Access Point，源服务访问点）：1 字节，标识数据发送者的网络层逻辑地址（封装协议）；

● Control（控制字段）：1 或 2 字节，用于标识数据格式，共有以下 3 种类型。

◆ U-fromat（Unnumbered format）PDU（无编号格式 PDU）：使用 1 字节的控制字段，标识用户无连接服务的 IEEE 802.2 无编号数据格式，通常数据格式被设置为 U-format；

◆ I-format（Information transfer format）PDU（信息传输格式 PDU）：使用 2 字节的控制字段填充序列号，标识面向连接的数据格式。

◆ S-format（Supervisory format）PDU（管理格式 PDU）：使用 2 字节的控制字段，标识在 LLC 中采用的管理数据格式。

② SNAP Extension（SNAP 扩展）长度为 5 字节，由 OUI 和 Type 两部分组成。

- OUI（Organizationally Unique Identifier，组织唯一标识符，又称厂商唯一代码）：通常等于 MAC 地址的前 3 字节，标识网卡厂商。
- Protocol ID（Ethernet Type）：标识网络层封装协议，作用和以太网类型字段相同。

也许读者会问，在 IEEE 802.2 的 LLC 头部中已经可以通过 DSAP 和 SSAP 标识上层的封装协议，那为什么还需要 SNAP 扩展呢？这是因为 LLC 的 SSAP 字段只有 1 字节，只能标识标准协议，像一些私有协议是无法标识的，这就需要通过 SNAP 扩展中的 OUI 和 Protocol ID 字段来标识厂商和上层协议。SNAP 扩展头部是可选的，只有在封装非标准协议时才需要 SNAP 扩展头部。IEEE 802.2 封装 PVST+协议报文结构如图 3-7 所示，该图显示了思科私有协议 PVST+的报文封装，IEEE 802.2 通过携带 SNAP 扩展头部来标识 PVST+私有协议。一般情况下，IEEE 802.3 的帧承载二层协议数据。

```
⊞ IEEE 802.3 Ethernet
⊟ Logical-Link Control
  ⊟ DSAP: SNAP (0xaa)
      1010 101. = SAP: SNAP
      .... ...0 = IG Bit: Individual
  ⊟ SSAP: SNAP (0xaa)
      1010 101. = SAP: SNAP
      .... ...0 = CR Bit: Command
  ⊟ Control field: U, func=UI (0x03)
      000. 00.. = Command: Unnumbered Information (0x00)
      .... ..11 = Frame type: Unnumbered frame (0x03)
    Organization Code: Cisco (0x00000c)
    PID: PVSTP+ (0x010b)
```

图 3-7　IEEE 802.2 封装 PVST+协议报文结构

# 3.3　交换网络基础

## 3.3.1　以太网交换机

交换机工作在 OSI 参考模型的数据链路层，以太网交换机的每一个端口都是一个冲突域，同时 1 台以太网交换机默认属于 1 个广播域。如果多台交换机通过线缆连接，会使广播域扩大。过大的广播域会造成以太网中充满了广播帧，造成带宽利用率下降，整体故障域变大，让网络变得更加复杂且不易维护。

冲突域和广播域的划分如图 3-8，在该图中所有设备都通过以太网交换机连接，你能算出这张图中有多少个冲突域，又有多少个广播域吗？

注释：图 3-8 中共计有 10 个冲突域和 1 个广播域，交换机之间的互连端口属于同一个冲突域。

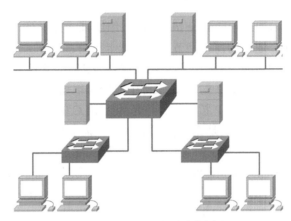

图 3-8　冲突域和广播域的划分

## 3.3.2　交换机的 3 种转发行为

交换机的基本作用就是用来转发数据帧，交换机收到数据帧后的转发方式共有 3 种：泛洪（Flooding）、转发（Forwarding）、过滤（Filter）。

### 1．泛洪

泛洪是指交换机把从某一个端口接收到的数据帧向除接收端口以外的其他端口转发出去。泛洪是一种点到多点的转发行为，交换机在以下几种情况下会泛洪数据帧：

- 收到广播数据帧；
- 收到组播数据帧；
- 收到未知的单播数据帧（未知的单播帧是指数据帧的目的 MAC 地址在 MAC 地址表中不存在的数据帧）。

### 2．转发

转发是指交换机把从某一个端口收到数据帧从另外一个端口转发出去，转发是一种点到点的转发行为。交换机转发数据帧流程是：交换机收到数据帧以后根据数据帧的目的 MAC 地址查看本地 MAC 地址表，如果 MAC 地址表中存在目的 MAC 地址，则将数据帧从目的 MAC 地址绑定的端口转发出去；如果 MAC 地址表中不存在 MAC 地址，则执行泛洪转发。

### 3．过滤

交换机在以下两种场景中会对数据进行过滤：

- 交换机收到数据帧后根据 MAC 地址表进行转发，不从其他端口泛洪数据帧；
- 交换机接收数据帧的端口和转发数据帧的端口是同一个端口，则丢弃数据帧不转发。

过滤数据帧如图 3-9 所示，该图展示了第二种过滤场景。

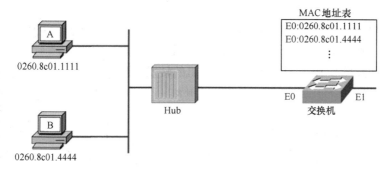

图 3-9 过滤数据帧

根据图 3-9，笔者对第二种过滤场景说明如下。

① 主机 A 访问主机 B，数据帧的目的 MAC 地址是主机 B 的 MAC 地址，源 MAC 地址是主机 A 的 MAC 地址，数据帧经过 Hub，Hub 将数据帧泛洪转发给主机 B 和交换机。

② 交换机收到数据帧后，学习源 MAC 地址，将源 MAC 地址绑定到 E0 端口，并根据目的 MAC 地址查 MAC 地址然后进行转发。由于当前交换机的 MAC 地址为空，交换机执行泛洪转发，将数据帧从除接收端口以外的其他端口转发出去。

③ 主机 B 收到数据帧后回复数据帧给主机 A，数据帧目的 MAC 地址是主机 A 的 MAC 地址，源 MAC 地址是主机 B 的 MAC 地址，数据帧再次经过 Hub，Hub 将数据帧转发给主机 A 和交换机。

④ 交换机收到数据帧后学习源 MAC 地址，并将源 MAC 地址绑定到 E0 端口，然后根据数据帧目的 MAC 地址查 MAC 地址表然后进行转发。由于交换机发现数据帧的出端口和接收数据帧的端口是同一个，说明存在环路，于是丢弃数据帧不转发，过滤数据帧。

### 3.3.3 交换机转发原理

以太交换机通过 MAC 地址表转发二层以太帧。

那么什么是 MAC 地址表呢？MAC 地址表就像一本通信录，记录了所有人的姓名和地址，通过这本通信录，可以找到想要联系的人。交换机通过学习数据帧的源 MAC 地址构建这本通信录（MAC 地址表），在这本通信录中，不仅要记录源 MAC 地址，还需要同时记录 MAC 地址来源的端口（以及对应的 VLAN），并将 MAC 地址与来源端口进行绑定。这样既知道了这个人的姓名（MAC 地址）也知道他的家庭住址（端口）。有了这本通信录，就可以转发数据帧了。交换机收到数据帧后，根据目的 MAC 地址（收件人姓名）查询通信录，找到收件人及其家庭住址（端口），将数据帧从端口转发出去。在该流程中，你一定会觉得交换机就是个快递员。没错，它就是个快递员，只不过快递的物品是数据帧。但是它也有它的苦恼，那就是交换机的通信录（MAC 地址表）能记录的数量是有限的，如果之前记录过的地址（MAC 地址）不存在了，那么交换机还需要继续在通信录中记录这个无效的地址（MAC 地址）吗？答案是肯定不会的，交换机会为每一条 MAC 地址都启动一个定时器，定时器的老化时间为 300 秒（可以更改），如果在 300 秒内都没有收到该 MAC 地址发送的数据帧，则将该 MAC 地址从通信录（MAC 地址表）中删除。

下面我们通过图 3-10 来具体地了解交换机的转发原理。

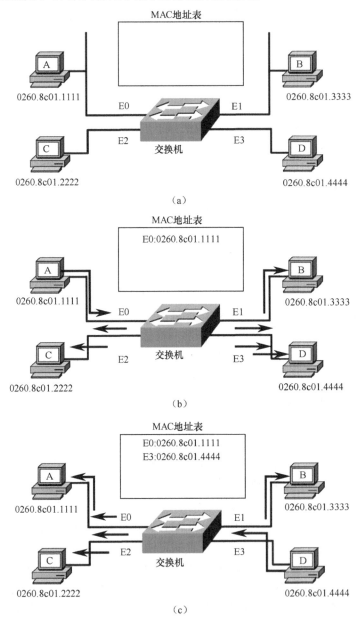

图 3-10　交换机转发原理

① PC A 发送数据帧给 PC D［目的 MAC 地址为 PC D 的 MAC 地址（0260.8c01.4444），源 MAC 地址为 PC A 的 MAC 地址（0260.8c01.1111）］，交换机从 E0 端口收到数据帧后，根据数据帧的目的 MAC 地址查找交换机的 MAC 地址表。由于交换机的 MAC 地址表为空，在 MAC 地址表中找不到目的 MAC 地址，交换机便将该数据帧从除接收端口（E0）外的其他端口全部转发出去，这种特性称被为泛洪。同时，交换机会学习数据帧的源 MAC 地址，并将该 MAC 地址和接收端口记录到 MAC 地址表中，这种特性被称为学习（Learn）（学习源 MAC 地址）。转发数据帧后的 MAC 地址表如图 3-10（b）所示。

② 由于该数据帧被交换机泛洪出去，所以 PC B、PC C 和 PC D 都能收到该数据帧，但是 PC B 和 PC C 会丢弃该数据帧，原因是它们接收数据帧后会对比数据帧的目的 MAC 地址与接收端口的 MAC 地址是否一致，如果一致则说明数据帧是给自己的便会接收，如果不一致则丢弃。PC D 收到数据帧后同样会检查目的 MAC 地址是否与自己端口的 MAC 地址一致，发现 MAC 地址一致，PC D 知道数据帧是发给自己的，便拆封二层数据帧交给上层处理。同时给 PC A 发送一个回复数据帧（目的 MAC 地址为 PC A 的 MAC 地（0260.8c01.1111），源 MAC 地址为 PC D 的 MAC 地址（0260.8c01.4444））。

③ 交换机从 E3 端口收到回复数据帧后，根据数据帧的目的 MAC 地址查找交换机的 MAC 地址表，交换机在 MAC 地址表中查找到了目的 MAC 地址，发现该 MAC 地址被绑定到了 E0 端口上。交换机便将该数据帧直接从 E0 端口转发出去，而不再进行泛洪。这种特性被称为过滤。同时，交换机学习源 MAC 地址，并将 MAC 地址记录到 MAC 地址表，与 E3 端口绑定。转发数据帧后的 MAC 地址表如图 3-10（c）所示。

## 3.4　小结

本章学习了基本的以太网基础和交换机的操作，其中包含很多的基本概念，这些概念可能并不会经常用于网络实施和网络排障中，但对于理解网络的工作原理有重要的作用，也是 HCIA 认证考试中的常考点。

## 3.5　练习题

### 1. 选择题

① 一台主机向另外一台主机发送的 ARP Request 的目的 MAC 地址是____。

　　A．交换机的 MAC 地址　　　　　　B．路由器的 MAC 地址

　　C．主机的 MAC 地址　　　　　　　D．广播 MAC 地址

② 以下关于二层以太网交换机的描述说法不正确的是____。

A. 能够学习 MAC 地址

B. 需要对所转发的报文的三层头部做一定的修改，然后再转发

C. 按照以太网帧二层头部信息进行转发

D. 二层以太网交换机工作在数据链路层

③ 图 3-11 所示为交换连接示意图，管理员希望能够提升该网络的性能，则____种方式最合适。

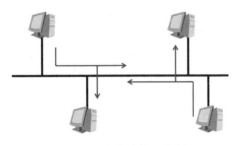

图 3-11　交换连接示意图

A. 使用交换机把每台主机连接起来，并把每台主机的工作模式修改为全双工

B. 使用交换机把每台主机连接起来，并把每台主机的工作模式修改为半双工

C. 使用 Hub 把每台主机连接起来，并把每台主机的工作模式修改为全双工

D. 使用 Hub 把每台主机连接起来，并把每台主机的工作模式修改为半双工

④ 以下____项是使用网桥（交换机）分段网络的结果。

A. 增加冲突域的数量　　　　　　　B. 减少冲突域的数量

C. 增加广播域的数量　　　　　　　D. 减少广播域的数量

E. 缩小冲突域　　　　　　　　　　F. 加大冲突域

## 2. 思考题

① 如果目的 MAC 地址不在转发 / 过滤表中，交换机将如何处理这一帧数据？

② 在什么情况下，交换机会清空 MAC 地址表？

# 第4章 生成树协议（STP）

STP（Spanning Tree Protocol，生成树协议）是一种用于解决二层交换网络环路的协议，在二层以太帧不存在防止环路的机制，一旦存在环路就会造成报文在环路内不断循环和增生，产生广播风暴，从而占用大量带宽和资源，使网络变得不可用。在这种背景下生成树协议应运而生，生成树协议是一种二层管理协议，它通过有选择性地阻塞网络冗余链路来达到消除网络二层环路的目的，同时具备链路备份功能。生成树协议和其他协议一样，随着网络的发展而不断更新换代。最初被广泛应用的是 IEEE 802.1d－1998 STP，随后以它为基础产生了 IEEE 802.1w RSTP（Rapid Spanning Tree Protocol，快速生成树协议）和 IEEE 802.1s MSTP（Multiple Spanning Tree Protocol，多生成树协议）。

## 4.1 交换机环路问题分析

生成树协议的作用是解决二层交换网络环路问题。那么什么情况下才会出现交换网络环路问题呢？或者说交换网络环路是由于什么原因导致的？我们在部署交换网络时，为了提高网络的可靠性和冗余性，往往都会增加多台交换机并且交换机之间会有多条链路级联。这样做的好处是，就算其中一台交换机发生故障或者链路出现故障都不会影响网络的正常工作。这确实是一个非常好的增强冗余和可靠性的解决方案，但是这种做法同时也会带来环路问题。如图 4-1 所示的网络是一个环路网络，在这个网络中，三台交换机相互连接，在交换机 B（SWB）上连接了一台主机 A，在交换机 C（SWC）上连接了一台主机 B。下面我们来分析一下环路是怎么形成的。

### 1. 环路的形成

首先，假设所有交换机的 MAC 地址表都为空，主机 A 与主机 B 通信，主机 A 将数据帧发送给交换机 B，交换机 B 收到数据帧后学习源 MAC 地址，并根据目的 MAC 地址查询 MAC 地址表进行转发，由于 MAC 地址表中没有目的 MAC 地址，交换机 B 会向除接收端口以外的其他端口泛洪数据帧。这样交换机 A 和交换机 C 都能收到数据帧，它们会进行和交换机 B 同样的操作，学习数据帧源 MAC 地址并泛洪数据帧，经过多次转发后数据帧又被发送回交换机 B，交换机 B 收到后再继续泛洪，从而形成环路。我们可以思考一下，这种图中的环路会一直持续下去吗？答案是不会的。因为这是一个由未知单播帧造成的环路，由于交换机 MAC 地址表中没有这个单播数据帧的目的 MAC 地址，所以会数据帧被泛洪。当主机 B 收到数据帧并进行回复后，在交换机 C 上的 MAC 地址表中就有主机 B 的 MAC 地址。交换机 C 在收到数据帧后会直接转发给主机 B 而不是再进行泛洪操作，这样环路也就被打破了。但是如果同样的场景换成广播帧（比如 ARP 广播）会怎么样？会一直环路下去。数据帧不同于 IP 包，在 IP 包中可以通过 TTL 值防止三层数据环路，而数据帧中没有这种机制，这就会造成二层的永久环路，极大地浪费了网络带宽和设备处理资源，这是网络的灾难，此时交换网络基本瘫痪。

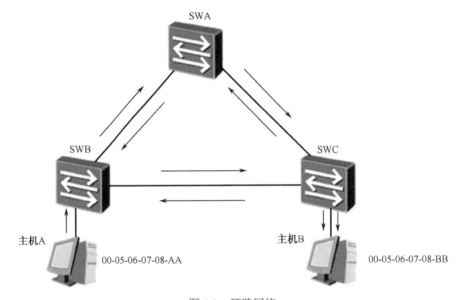

图 4-1　环路网络

### 2. STP 的作用及其工作原理

（1）STP 的作用

STP 包含狭义 STP 和广义 STP 两个含义，狭义 STP 是指 IEEE 802.1d－1998 定义的 STP；广义 STP 包括 IEEE 802.1d－1998 定义的 STP 以及各种在其基础上经过改进的生成树协议。本书中的 STP 均指狭义 STP。

　　STP 的基本思想十分简单。自然界中生长的树是不会出现环路的，如果网络也能够像一棵树一样生长就不会出现环路了。于是，人们在 STP 中定义了根桥（Root Bridge）、根端口（Root Port）、指定端口（Designated Port）、替代端口（Alternate Port）和路径开销（Path Cost）等概念，通过构造一棵树的方法达到裁剪冗余环路的目的，同时实现链路备份和路径最优化。用于构造这棵树的算法被称为生成树算法（Spanning Tree Algorithm）。

　　要实现这些功能，交换机之间必须要进行信息交互，这些信息交互单元被称为 BPDU

（Bridge Protocol Data Unit，网桥协议数据单元）。本书中将生成树协议的协议报文均简称为 BPDU。STP BPDU 是一种二层报文，目的 MAC 地址是多播地址 01-80-C2-00-00-00，所有支持 STP 的网桥都会接收并处理收到的 BPDU 报文。该报文中携带了用于生成树计算的所有信息。

（2）STP 的工作原理

首先进行根桥的选举。选举的依据是网桥优先级和网桥 MAC 地址组合成的网桥 ID（Bridge ID），网桥 ID 最小的网桥将成为网络中的根桥，在一个网络中只能有一个根桥，其他的交换机都为非根桥，可以把它们统称为下游网桥。根桥的所有端口都连接到下游网桥，所以端口角色都成为指定端口。接下来，连接根桥的下游网桥将各自选择一条"最粗壮"的树枝作为到根桥的路径，相应端口的角色就成为根端口。循环该过程到网络的边缘，指定端口和根端口确定之后一棵生成树就生成了。生成树经过一段时间（默认值是 30 秒左右）稳定之后，指定端口和根端口进入转发状态，其他端口进入阻塞状态。STP BPDU 报文会定时从各个网桥的指定端口发出以维护链路的状态。如果网络拓扑发生变化，生成树就会重新计算，端口状态也会随之改变。这就是生成树的基本原理。

随着应用的深入和网络技术的发展，STP 的缺点在应用中也被暴露了出来。STP 的缺陷主要表现在它基于时间进行收敛。

当拓扑发生变化后，整个网络需要重新执行生成树收敛计算，而该计算延时称为 Forward Delay（转发延时），协议默认值是 15 秒。在所有网桥收到拓扑变化的消息之前，如果旧拓扑结构中处于转发状态的端口还没有发现自己在新的拓扑中应该停止转发，则可能存在临时环路。为了解决临时环路的问题，STP 使用了一种定时器策略，即在端口从阻塞状态到转发状态中间加入侦听和学习状态，两次状态切换的时间长度都是 Forward Delay，这两种状态下交换机不转发任何数据帧，这样就可以保证在拓扑变化时不会产生临时环路。但是，这个看似良好的解决方案实际上带来的却是至少两倍 Forward Delay 的收敛时间，这对某些实时业务（如语音视频）是不能接受的。

## 4.2　STP 的选举

生成树协议通过交互 BPDU 报文来计算一棵无环树，如图 4-2 所示，展示了 BDPU 报文格式。

BPDU 报文格式说明如表 4-1 所示。

BPDU 报文格式实例如图 4-3 所示，该图展示了抓取的 BPDU 报文格式及其携带的数据内容。

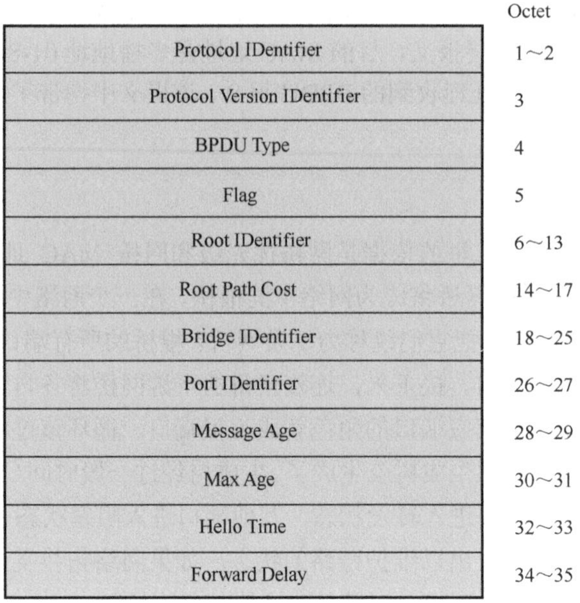

图 4-2　BPDU 报文格式

表 4-1　BPDU 报文格式说明

| 字 段 内 容 | 说　　明 |
|---|---|
| Protocol IDentifier（协议 ID） | 协议 ID＝0 |
| Protocol Version IDentifier（协议版本 ID） | 协议版本标识符：<br>● STP—0；<br>● RSTP—2；<br>● MSTP—3 |
| BPDU Type（BPDU 类型） | STP BPDU 类型有两种：<br>● 0x00—STP 的配置 BPDU（Configuration BPDU）<br>● 0x80—STP 的拓扑改变通告 BPDU（TCN BPDU）<br>RSTP/MSTP BPDU 类型：<br>● 0x02—RST BPDU（Rapid Spanning Tree BPDU）或者 MST BPDU（Multiple Spanning Tree BPDU） |
| Flag（标志位） | Flag 由 8 比特组成，其中 STP 使用 2 比特：<br>● 第 1 比特位（左边，高位）—TCA（拓扑改变确认）；<br>● 最后 1 比特位（右边，低位）—TC（拓扑改变） |
| Root IDentifier（根 ID） | 根 ID 是通告根桥的 ID，由 8 字节组成，前 2 字节由根桥优先级（优先级默认为 32768）+扩展系统 ID（VLAN ID）组成，后 6 字节标识根桥的背板 MAC 地址 |
| Root Path Cost（根路径开销） | 指 BPDU 报文的发送者到达根桥的距离，如果是根桥发送的 BPDU 报文，该值为 0（根桥到自己的距离为 0） |

（续表）

| 字 段 内 容 | 说　　明 |
|---|---|
| Bridge IDentifier（网桥 ID） | BPDU 报文发送者的网桥 ID，由 8 字节组成，前 2 字节由发送者的网桥优先级（优先级默认为 32768）+扩展系统 ID（VLAN ID）组成，后 6 字节标识发送者的背板 MAC 地址 |
| Port IDentifier（端口 ID） | BPDU 报文发送者的端口 ID，由 2 字节组成，前 1 字节标识端口优先级，后一字节标识端口 ID |
| Message Age（消息老化时间） | 默认值为 20 秒，等于 Max Age。BPDU 报文每经过一台交换机转发，该值会加 1，用于限制 BPDU 报文可以传递的范围。该判断过程如下：交换机收到 BPDU 报文后会将 Message Age 和 Max Age 进行对比，如果 Message Age 大于 Max Age，丢弃 BPDU 报文不转发；如果 Message Age 小于或等于 Max Age，转发 BPDU 报文，并将 Message Age 加 1 |
| Max Age（最大老化时间） | BPDU 报文的最大老化时间，默认值为 20 秒。如果超过 20 秒没有收到 BPDU 报文，则认为网络出现故障重新执行 STP 计算，收敛网络 |
| Hello Time（Hello 时间） | BPDU 报文发送间隔时间，默认值为 2 秒 |
| Forward Delay（转发延时） | Listening（侦听）和 Learning（学习）两种状态的持续时间 |

```
□ IEEE 802.3 Ethernet
  ⊞ Destination: Spanning-tree-(for-bridges)_00 (01:80:c2:00:00:00)
  ⊞ Source: CiscoInc_ea:b8:85 (00:19:06:ea:b8:85)
    Length: 38
    Padding: 0000000000000000
⊞ Logical-Link Control
□ Spanning Tree Protocol
    Protocol Identifier: Spanning Tree Protocol (0x0000)
    Protocol Version Identifier: Spanning Tree (0)
    BPDU Type: Configuration (0x00)
  □ BPDU flags: 0x00
      0... .... = Topology Change Acknowledgment: No
      .... ...0 = Topology Change: No
  □ Root Identifier: 32768 / 1 / 00:19:06:ea:b8:80
      Root Bridge Priority: 32768
      Root Bridge System ID Extension: 1
      Root Bridge System ID: CiscoInc_ea:b8:80 (00:19:06:ea:b8:80)
    Root Path Cost: 0
  □ Bridge Identifier: 32768 / 1 / 00:19:06:ea:b8:80
      Bridge Priority: 32768
      Bridge System ID Extension: 1
      Bridge System ID: CiscoInc_ea:b8:80 (00:19:06:ea:b8:80)
    Port identifier: 0x8005
    Message Age: 0
    Max Age: 20
    Hello Time: 2
    Forward Delay: 15
```

图 4-3　BPDU 报文格式实例

## 4.2.1　根桥选举

根桥是 STP 树的根节点，相当于一棵树的树根。要想生成一棵 STP 树，首先需要选举出树根。根桥是整个交换网络的中心，网络中只能存在一个根桥。通常核心交换机是 STP 的根交换机。

运行 STP 的交换机初始启动后都会认为自己是根桥，并在发送的 BPDU 报文中标识自己为根桥。当交换机从网络中收到其他交换机发送的 BPDU 报文后，会将 BPDU 报文中的网桥 ID 和自己的网桥 ID 进行对比，交换机不断地交互 BPDU 报文并对比网桥 ID，最终会选举出一台网桥 ID 最小的交换机为根桥。网桥 ID 的比较原则是，先比较网桥 ID 优先级，越小越优先，默认优先级为 32768；如果优先级一样，则比较系统 MAC 地址（而非接口 MAC 地址），MAC 地址越小越优先。根桥选举如图 4-4 所示，该图描述了根桥选举的过程。

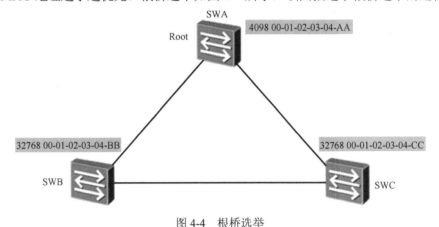

图 4-4　根桥选举

由图 4-4 可知，交换机初始化启动后在发送的 BPDU 报文中都会标识自己为根桥，通过相互交互 BPDU 报文，比较网桥 ID，最终选举出 SWA 为根桥，因为 SWA 的网桥 ID 最小（先比优先级后比 MAC 地址）。

## 4.2.2　根端口选举

根桥选举完成后，除被选为根桥的交换机外其他交换机都成为非根桥，而每一台非根桥交换机都需要选举出一个到达根桥的根端口。由根端口来作为该非根桥与根桥之间进行报文交互的端口，一台非根桥交换机上最多只能有一个根端口。

STP 通过比较根路径开销来选举根端口，将交换机的端口到根桥的累计开销（即从该端口到达根桥经过的所有链路的开销之和）称为该端口的根路径开销（Root Path Cost，RPC）。而交换机本地端口的开销称为 PC（Path Cost），该开销的计算与端口速率有关，端口的速率越大，开销越小。端口速率与路径开销的对应关系参见表 4-2，该表给出了不同标准定义的路径开销列表。

表 4-2　不同标准定义的路径开销列表

| 端　口　速　率 | IEEE 802.1d 标准 | IEEE 802.1t 标准 | 华为计算方法 |
|---|---|---|---|
| 10 Mbps | 100 | 2000000 | 2000 |
| 100 Mbps | 19 | 200000 | 200 |
| 1000 Mbps | 4 | 20000 | 20 |
| 10 Gbps | 2 | 2000 | 2 |
| 40 Gbps | 1 | 500 | 1 |

华为默认使用 IEEE 802.1t 标准计算路径开销，一定要理解根路径开销（RPC）和路径开销（PC）的区别，根路径开销是指交换机的端口到达根桥的路径开销之和。而路径开销是本地端口的开销，是根据端口速率来计算的。如图 4-5 所示，描述了根端口的选举过程。

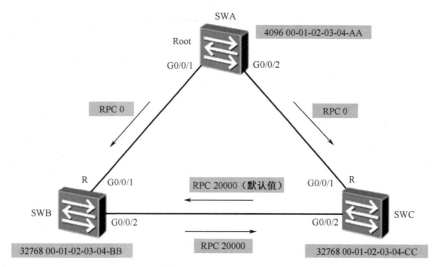

图 4-5　根端口的选举过程

端口 RPC 计算公式是：BPDU 报文中通告的 RPC+接收端口的 PC。

完成根桥选举后，所有的非根桥都需要选举出一个到达根桥的根端口。在图 4-5 中，以 SWB 为例解释根端口的选举过程。SWB 从自己的 G0/0/1 和 G0/0/2 端口都收到了 BPDU 报文，根据计算公式，SWB 的 G0/0/1 端口的 RPC 为 20000（即 0+20000），G0/0/2 端口的 RPC 为 40000（20000+20000），G0/0/2 端口收到是 SWC 转发的 BPDU 报文，在该 BPDU 报文中通告了 SWC 自己到达根桥的 RPC 为 20000，所以 G0/0/2 端口的 PRC 为 40000。交换机优先选举 RPC 小的端口成为根端口（根端口可以用 RP 标识）。采用同样的算法在 SWC 上做计算，可知 SWC 的 G0/0/1 端口为根端口。

通过上面的实例我们学习了根端口的选举，根端口的选举可以参考以下步骤进行：

① 比较 BPDU 报文中的根桥 ID（RID），优选 RID 小的（在一个网络中只能存在一个根桥，所以 RID 都是一致的）。

② 如果 RID 一致，比较到达根桥的累计路径开销（RPC），优选 RPC 小的。

③ 如果到达根桥的 RPC 一致，比较 BPDU 报文发送者（即上游交换机）的网桥 ID（BID），优选 BID 小的。

④ 如果发送者的 BID 一致，比较 BPDU 报文发送者的端口 ID，优选端口 ID 小的。

⑤ 如果发送者的端口 ID 一致，比较 BPDU 报文接收者的本地端口 ID，优选本地端口 ID 小的。

在图 4-5 中，通过比较 RPC 选举出根端口，那么在什么场景下会执行后面的比较顺序呢？在如图 4-6 所示的场景中，需要通过比较发送方（SWA）的端口 ID 选举根端口，即根据发送者端口 ID 选举根端口。

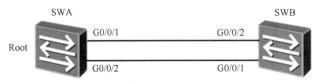

图 4-6　根据发送者端口 ID 选举根端口

在图 4-6 中，SWA 为根桥，那么 SWB 哪个端口会成为根端口呢？我们可以通过上面的选举步骤来进行选举。

① 比较 RID，两个端口收到的 BPDU 报文中 RID 都是 SWA，RID 一致。

② 比较两个端口到达根桥的 RPC，由于两个端口都是 G 口，计算出到达根桥的 RPC 都是 20000，RPC 一致。

③ 比较 BPDU 发送者的 BID，都是 SWA 发送的，也无法比较出结果。

④ 比较 BPDU 发送者的端口 ID，SWA 从 G0/0/1 端口发送的 BPDU 报文中标识的端口 ID 为 1，从 G0/0/2 端口发送的 BPDU 报文中标识端口 ID 为 2，SWB 通过比较端口 ID（先比较端口优先级，如果优先级一致再比较端口 ID），最终优选 G0/0/2 为根端口。

## 4.2.3　指定端口选举

根端口保证了非根桥到根桥路径的唯一性和最优性，为了防止环路在每条链路上还需要再选举一个指定端口。首先比较报文到达根桥的累计根路径开销（RPC），累计根路径开销最小的端口就是指定端口；如果 RPC 相同，则比较端口所在交换机自身的网桥 ID（BID），网桥 ID 最小的端口被选举为指定端口。如果通过 RPC 和 BID 选举不出指定端口，则比较接收者本地端口 ID，本地端口 ID 最小的被选举为指定端口。

指定端口选举如图 4-7 所示，该图描述了指定端口的选举过程。根端口选举后在每条链路上还需要选举一个指定端口。通常根桥的所有端口都是指定端口，和根桥连接的链路无须选举。在图 4-7 中，SWB 和 SWC 之间的链路上哪个端口会被选举为指定端口呢？我们套用之前的选举步骤进行选举：

① 比较 RPC，SWB 的 G0/0/2 的 RPC 继承自 G0/0/1，即为 20000，SWC 的 G0/0/2 也为 20000。该原则无法确定指定端口。

② 比较端口所在交换机的网桥 ID（BID），SWB 的 BID 为 32768:00-01-02-03-04-BB，SWC 的 BID 为 32768:00-01-02-03-04-CC。先比较 SWB 和 SWC 的优先级，优先级一样；继续比较系统 MAC 地址，优选 MAC 地址小的。由于 SWB 的 MAC 较小，最终 SWB 的 G0/0/2 端口被选举为指定端口。

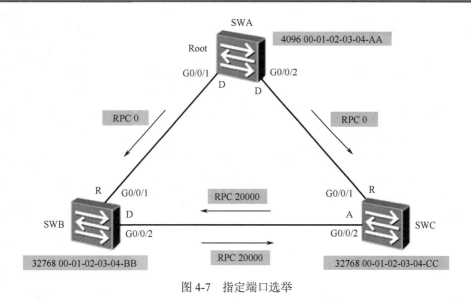

图 4-7　指定端口选举

## 4.2.4　替代端口选举

如果一个端口既不是根端口也不是指定端口，那么该端口会被阻塞（Blocking），变为替代端口（Alternate Port，AP）。通常替代端口是根端口的备份，一旦根端口发生故障，替代端口将升级为根端口。阻塞后的端口只会侦听并接收 BPDU 报文，但不会发送 BPDU 报文和数据帧。替代端口选举如图 4-8 所示，在该图中，SWC 的 G0/0/2 端口既不是根端口也不是指定端口，所以 SWC 的 G0/0/2 端口为替代端口，不转发用户数据。

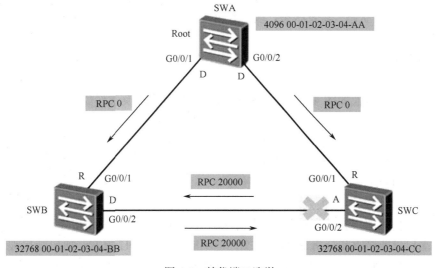

图 4-8　替代端口选举

## 4.2.5 边缘端口

将交换机连接终端（计算机、服务器等）的端口配置为边缘端口可以减少端口 30 秒的转发延时，同时边缘端口的开启和关闭不会造成因网络拓扑改变（TCN BPDU）带来的 MAC 地址表频繁被老化所导致的短暂广播风暴问题。如果从一个边缘端口收到一个配置 BPDU 报文，则该边缘端口将丢失边缘端口角色，变成一个普通端口并执行生成树选举。边缘端口支持配置 STP 安全策略，如 BPDU 防护和 BPDU 过滤等安全策略，该策略可防止边缘端口因接入支持 STP 的交换机而导致的网络拓扑改变。

边缘端口由于其快速转发特性，也会出现临时环路问题。例如，将两个边缘端口连接到一起或者接入一台不支持 STP 的交换机会造成临时环路，临时环路的持续时间为 0～2 秒，边缘端口收到配置 BPDU 报文后会放弃边缘端口角色，变成一个普通端口进行生成树选举，从而解决环路问题。

## 4.2.6 STP 端口角色及端口状态

STP 有 3 种端口角色：根端口、指定端口、替代端口。端口角色的选举在前面章节中已经详细介绍，这里不再赘述。

STP 有 5 种端口状态：Disabled、Listening、Learning、Forwarding、Blocking 状态。

① Disabled 状态：禁用状态，端口不处理和转发 BPDU 报文，也不转发数据帧。

② Listening 状态：侦听状态，端口可以接收和转发 BPDU 报文，但不能转发数据帧。

③ Learning 状态：学习状态，端口接收数据帧并构建 MAC 地址表，但不转发数据帧。增加 Learning 状态是为了防止未知单播数据帧造成的临时环路。

④ Forwarding 状态：转发状态，端口既可转发数据帧也可转发 BPDU 报文。只有根端口或指定端口才能进入该状态。

⑤ Blocking 状态：阻塞状态，端口仅接收并处理 BPDU 报文，但不转发 BPDU 报文和数据帧，此状态是替代端口的最终状态。

STP 端口状态转换如图 4-9 所示，STP 端口状态间的转换条件如下：

① 端口初始化或使能。

② 端口被选为根端口或指定端口。

③ 端口不再是根端口或指定端口。

④ Forward Delay 计时器超时（15 秒）。

⑤ 端口被禁用或链路失效。

STP 的交换机端口初始启动后，首先会从 Disabled 状态进入 Blocking 状态。在 Blocking 状态下，端口只能接收和分析 BPDU 报文，但不能发送 BPDU 报文。如果端口被选举为根端口或指定端口，则会进入 Listening 状态，此时端口接收并发送 BPDU 报文，这种状态会持续一个 Forward Delay 时间，默认为 15 秒。然后，如果没有因"意外情况"而退回到 Blocking 状态，则该端口进入到 Learning 状态，该状态同样会持续一个 Forward Delay 时间。处于 Learning 状态的端口可以接收和发送 BPDU 报文，同时开始构建 MAC 地址表，为转发用户数据帧做好准备，但是处于 Learning 状态的端口仍然不能转发数据帧，只是构建 MAC 地址表。最后，端口由 Learning 状态进入 Forwarding 状态，开始转发数据帧。在整个状态的迁移过程中，端口一旦被关闭或者发生了链路故障，就会进入 Disabled 状态。

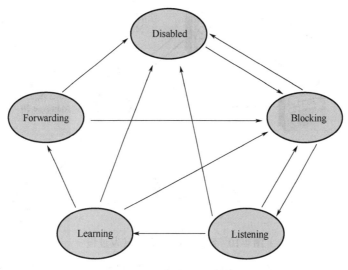

图 4-9　STP 端口状态转换

# 4.3　STP 报文类型

STP 的 BPDU 报文结构前文已经做了详细讲解，这里不再重复。STP 的 BPDU 报文的类型一共有两种，分别是配置 BPDU 报文（BPDU 报文中的 BPDU 类型值为 0x00）和 TCN BPDU 报文（BPDU 报文中的 BPDU 类型值为 0x80），下面详解介绍这两种类型 BPDU 报文的区别。

## 4.3.1　配置 BPDU 报文

在配置 BPDU 报文中，BPDU 类型（BPDU Type）的值被设置为 0x00，主要作用如下所述。

① 用于选举根桥及端口角色。

② 通过定期发送（每两秒发送一次）配置 BPDU 报文维护端口状态。

③ 用于确认接收到的 TCN BPDU 报文。

④ 用于选举根桥及端口角色。

配置 BPDU 报文转发过程如图 4-10 所示，从该图中可知，STP 收敛后只有根桥才会定期发送配置 BPDU 报文，其他非根桥收到 BPDU 报文后会进行转发，通过这种方式维护端口状态。

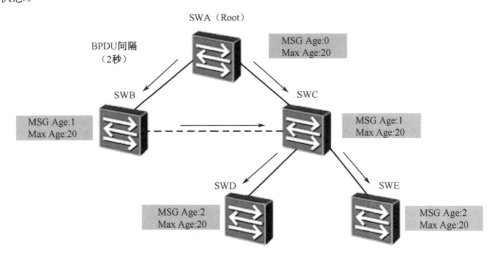

图 4-10　配置 BPDU 报文转发过程

由图 4-10 可知，STP 收敛后，SWA 为根桥，每隔 2 秒发送一次配置 BPDU 报文，配置 BPDU 报文会从所有的指定端口发送出去，其他非根桥从根端口接收到根桥发送的配置 BPDU 报文后，将配置 BPDU 报文缓存到接收端口，并将配置 BPDU 报文从所有的指定端口转发出去。但是非根桥在接收到配置 BPDU 报文后，是否转发也需要进行判断。

非根桥收到配置 BPDU 报文后，会先将配置 BPDU 报文中的 Message Age 和 Max Age 进行比对，如果 Message Age 小于等于 Max Age，则接收并转发配置 BPDU 报文；如果 Message Age 大于 Max Age，则会丢弃配置 BPDU 报文，不接收也不转发。对于转发的配置 BPDU 报文会修改以下内容：

① 将网桥 ID 修改为转发者的网桥 ID。

② 将端口 ID 修改为发送配置 BPDU 报文的端口 ID（包括端口优先级和端口 ID）。

③ 将 Message Age 加 1（可以限制配置 BPDU 报文的传输范围）。

## 4.3.2　TCN BPDU 报文

TCN BPDU 报文中 BPDU 类型（BPDU Type）的值被设置为 0x80，其作用是通告网络中拓扑发生了改变。首先需要说明通告 TCN BPDU 报文和 STP 的收敛没有任何的关系，那么通告拓扑改变的目的是什么呢？在如下场景中，网络拓扑改变带来的问题（一）如图 4-11 所示。

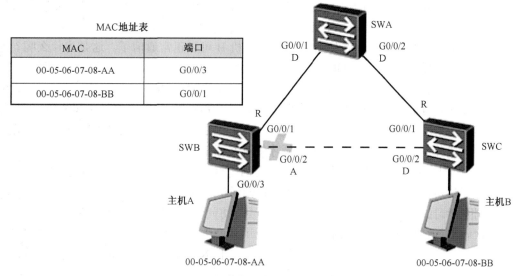

图 4-11　网络拓扑改变带来的问题（一）

在图 4-11 中，STP 收敛完后 SWB 的 G0/0/2 端口被选举为替代端口（AP）并被阻塞，主机 A 访问主机 B 的数据帧经过 SWB 转发给 SWA，再由 SWA 转发给 SWC。两台主机完成通信后，SWB 的 MAC 地址表如图 4-11 中所示。那么如果现在 SWA 和 SWC 之间的链路发生故障，会出现什么问题呢？如图 4-12 展示了由于网络拓扑改变带来的问题（二）。

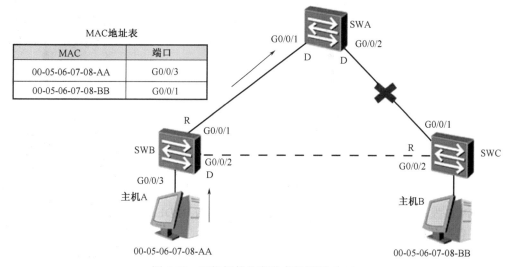

图 4-12　网络拓扑改变带来的问题（二）

在图 4-12 中，由于 SWA 和 SWC 之间的链路发生故障，导致 STP 重新收敛，收敛后的各端口角色如图 4-12 所示,现在我们来分析主机 A 访问主机 B 的数据帧是如何转发的。SWB 收到数据帧后通过查询 MAC 地址表将数据帧从 G0/0/1 端口转发出去,SWA 收到数据帧后会直接丢弃掉,丢弃的原因是链路故障造成端口被关闭,数据帧无法被从 G0/0/2 端口发送出去,这样主机 A 和主机 B 也就无法通信了。主机 A 和主机 B 就一直无法通信了吗?其实并不是,300 秒以后会发现主机 A 和主机 B 可以正常通信了。这是为什么呢?原因是等待 300 秒以后,SWB 上 G0/0/1 端口绑定的主机 B 老化的 MAC 地址已被删除掉,此时如果 SWB 再接收到访问主机 B 的数据帧,由于现在的 MAC 地址表中没有主机 B 的 MAC 地址,该数据帧将被从除接收端口以外的其他端口(G0/0/2)转发出去,这样 SWC 就能收到数据帧了,主机 A 和主机 B 自然就恢复了通信。但是这种恢复正常通信的等待时间太长了,每一次拓扑变化都需要等待 300 秒后才能恢复通信。也许有人会说,这种情况可以通过将 MAC 地址表的老化时间改短来解决。真的是这样吗?其实不然,这种解决方案根本就是治标不治本,并且会引发大量的未知单播帧泛洪,为什么?因为 MAC 地址表老化时间短,刚刚学习的 MAC 地址如果没有一个持续的访问流量,MAC 地址很快会老化并被删除,再次收到同一单播帧就会导致新一轮的泛洪,产生网络不稳定问题。有什么更好的方法能解决这个问题吗?答案是肯定的,这就是使用 TCN BPDU 报文的解决方案,如图 4-13 所示。

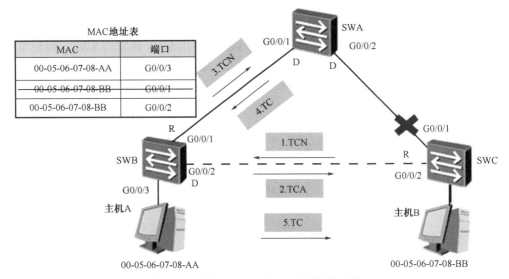

图 4-13　使用 TCN BPDU 报文的解决方案

① SWC 发现拓扑改变后会从根端口发送一个 TCN BPDU 报文,目的是要将发生拓扑改变的消息通知根桥。

② SWB 从自己的指定端口收到了 SWC 发送的 TCN BPDU 报文,SWB 会向 SWC 回复一个 BPDU Flag 被设置为 TCA 的配置 BPDU 报文,用于确认接收到了 TCN BPDU 报文。

③ SWB 继续从自己的根端口转发 TCN BPDU 报文。

④ SWA 收到 TCN BPDU 报文后同样向 SWB 回复一个 BPDU Flag 被设置为 TC 的配置 BPDU 报文，并将自己的 MAC 地址表老化时间修改为 15 秒（一个转发延时），加速 MAC 地址老化。同时向所有的指定端口发送一个 BPDU Flag 被设置为 TC 的配置 BPDU 报文，目的是告诉其他的非根桥拓扑已经发生了变化。该配置 BPDU 报文会连续发送 35 秒（Max Age + Forward Delay 的时间）。

⑤ 非根桥在收到 TC 置位的配置 BPDU 报文后会从所有的指定端口转发，同时将自己的 MAC 地址表老化时间修改为 15 秒，加速 MAC 地址老化。

注：STP 中 TC 置位的配置 BPDU 报文只能由根桥发送，而其他非根桥如果发现拓扑改变就需要以发送 TCN BPDU 报文的方式来告知根桥，再由根桥向全网发送 TC 置位的配置 BPDU 报文，目的是将所有交换机 MAC 地址表的老化时间修改为 15 秒，加速 MAC 地址老化，尽快恢复数据转发。

STP 在以下 3 种情况下会发送 TCN BPDU 报文：

● 端口从转发状态过渡到阻塞状态（Blocking）或者禁用状态。
● 非根桥从一个指定端口收到 TCN BPDU 报文后会从自己的根端口向根交换机转发。
● 端口进入到转发状态并且桥设备已经存在一个指定端口。

### 4.3.3　STP 收敛时间

STP 完全收敛需要依赖定时器的计时，端口状态从 Blocking 状态迁移到 Forwarding 状态至少需要两倍的 Forward Delay 时间（需要 30 秒的时间），总收敛时间过长。STP 网络收敛后，如果直连链路发生故障，重新收敛需要 30 秒的时间，如果是次优或者非直连链路故障，则需要经过 50 秒的时间重新收敛。STP 直连链路故障收敛情况如图 4-14 所示。

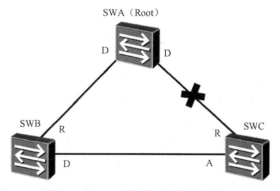

图 4-14　STP 直连链路故障收敛情况

由图 4-14 可知，如果 SWC 和 SWA 之间的链路发生故障，SWC 的替代端口会成为根端口，并且经过 30 秒的延时端口装将过渡到转发状态。次优配置 BPDU 报文造成 50 秒收敛延时，图 4-15 展示了 STP 非直连链路故障收敛情况。

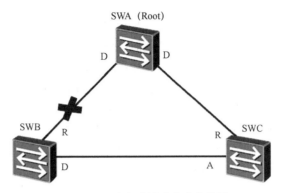

图 4-15　STP 非直连链路故障收敛情况

由图 4-15 可知，如果 SWB 和 SWA 之间的链路发生故障，由于 SWB 连接根桥的端口被关闭，SWB 会认为自己是根桥，并从指定端口发送配置 BPDU 报文，标识自己是根桥。SWC 从替代端口收到 SWB 发送的配置 BPDU 报文后会和端口之前缓存的配置 BPDU 报文进行对比，发现两个配置 BPDU 报文不一致，并且接收到的是一个次优配置 BPDU 报文，SWC 会直接忽略并继续等待接收端口缓存的配置 BPDU 报文。这样经过 20 秒的等待后超时，端口角色重新收敛成为指定端口，并经过 30 秒的转发延时进入转发状态，总收敛时间为 50 秒。非直连链路故障场景如图 4-16 所示。

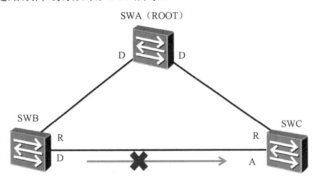

图 4-16　非直连链路故障场景

在图 4-16 中，SWB 和 SWA 之间的链路出现了单链路故障，导致只能接收不能发送。这种故障多发生在光纤链路上，由于光纤链路是收发分离的，所以很容易出现单链路故障，只能发送不能接收，或者只能接收不能发送。光纤链路可以通过两端配置 UDLD（Unidirectional Link Detection，单向链路检测）协议避免单链路故障。图 4-16 中的单链路故障造成 SWC 无法从替代端口收到根桥的配置 BPDU 报文，经过 20 秒的等待后超时，端口角色重新收敛成为指定端口，并经过 30 秒的转发延时后进入转发状态，总收敛时间为 50 秒。

如何解决直连故障和次优配置 BPDU 报文带来的收敛时间过长的问题呢？思科的解决方案是为 STP 打了两个补丁，分别是 uplink-fast 和 backbone-fast。uplink-fast 解决了直连故障导致的收敛慢问题，backbone-fast 解决了次优配置 BPDU 报文导致的收敛慢问题。由于这两种技术是思科的私有技术，而华为并没有这种技术，华为的做法是在 STP 中引用了 RSTP（Rapid Spanning Tree Protocol，快速生成树协议）解决方案，RSTP 在 STP 基础上进行了许多改进，使得收敛时间大大减小，一般只需要几秒钟的时间。在现网中，STP 几乎已经不用，取而代之的是 RSTP，RSTP 不是 HCIA 的内容，这里不再深究。

# 4.4　STP 配置实例

下面，我们将通过如图 4-17 所示的 STP 实验拓扑来介绍 STP 的基本配置方法。

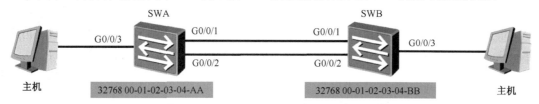

图 4-17　STP 实验拓扑

## 4.4.1　启用和禁用 STP

在 SWA 上禁用和启用 STP，默认情况下 STP 是开启的。

```
[SWA]stp disabled    //手动关闭交换机的 STP
Warning: The global STP state will be changed. Continue? [Y/N]y
Info: This operation may take a few seconds. Please wait for a moment...done.
 [SWA]dis stp    //查看 STP 状态
Protocol Status          :Disabled      //STP 状态是 Disabled，被关闭
Protocol Standard        :IEEE 802.1s    //默认情况下华为交换机开启了 MSTP
Version                  :3
CIST Bridge Priority     :32768
MAC address              :4c1f-cc31-09b6
Max age(s)               :20
Forward delay(s)         :15
Hello time(s)            :2
Max hops                 :20
[SWA]stp enable    //开启 STP
Warning: The global STP state will be changed. Continue? [Y/N]y
Info: This operation may take a few seconds. Please wait for a moment...done.
```

```
[SWA]dis stp
-------[CIST Global Info][Mode MSTP]-------
CIST Bridge            :32768.4c1f-cc31-09b6
Config Times           :Hello 2s MaxAge 20s FwDly 15s MaxHop 20
Active Times           :Hello 2s MaxAge 20s FwDly 15s MaxHop 20
CIST Root/ERPC         :32768.4c1f-cc31-09b6 / 0
CIST RegRoot/IRPC      :32768.4c1f-cc31-09b6 / 0
CIST RootPortId        :0.0
---------------
```

## 4.4.2　修改交换机 STP 模式

华为所有的园区网交换机，如 3700、5700、6700 等交换机，默认配置 MSTP（Multiple Spanning Tree Protocol，多生成树协议），在 SWA 和 SWB 上修改生成树模式为 STP。

```
[SWA]dis stp   //查看 STP 状态
-------[CIST Global Info][Mode MSTP]-------      //默认配置是 MSTP
 [SWA]stp mode stp   //修改生成树模式为 STP
Info: This operation may take a few seconds. Please wait for a moment...done.
 [SWA]dis stp
-------[CIST Global Info][Mode STP]-------      //当前运行模式是 STP
CIST Bridge            :32768.4c1f-cc31-09b6
SWB 的配置和 SWA 一致
[SWB]dis stp
-------[CIST Global Info][Mode STP]------- //将 SWB 运行模式修改为 STP
CIST Bridge            :32768.4c1f-cc8a-151f
```

SWB 的配置和 SWA 一致。

```
[SWB]dis stp
-------[CIST Global Info][Mode STP]-------      //将 SWB 运行模式修改为 STP
CIST Bridge            :32768.4c1f-cc8a-151f
```

### 1.　修改桥优先级以控制根桥选举

在 SWA 上修改桥优先级，配置 SWA 为根桥。

```
[SWA]stp priority ?   //修改桥优先级，优先级的范围为 0～61440，输入的值必须是 4096 的倍数
   INTEGER<0-61440>   Bridge priority, in steps of 4096
[SWA]stp priority 0   //修改 SWA 的桥优先级为 0，那么 SWA 具有最大可能性成为根交换机
[SWA]dis stp
```

```
-------[CIST Global Info][Mode STP]-------
CIST Bridge          :0      .4c1f-cc44-32c2
Config Times         :Hello 2s MaxAge 20s FwDly 15s MaxHop 20
Active Times         :Hello 2s MaxAge 20s FwDly 15s MaxHop 20
CIST Root/ERPC       :0      .4c1f-cc44-32c2 / 0
CIST RegRoot/IRPC    :0      .4c1f-cc44-32c2 / 0
[SWB]dis stp
-------[CIST Global Info][Mode STP]-------
CIST Bridge          :32768.4c1f-ccfc-4b5c
Config Times         :Hello 2s MaxAge 20s FwDly 15s MaxHop 20
Active Times         :Hello 2s MaxAge 20s FwDly 15s MaxHop 20
CIST  Root/ERPC      :0      .4c1f-cc44-32c2 / 20000  //此处显示了根交换机信息，根桥是
SWA（请注意系统 MAC 地址），同时到达根桥的开销是 20000
CIST RegRoot/IRPC    :32768.4c1f-ccfc-4b5c / 0
```

## 2．修改端口优先级以控制根端口和指定端口的选举

```
[SWB]display stp brief   //STP 收敛后，SWB 的 G0/0/1 端口成为根端口

 MSTID   Port                           Role    STP State        Protection
   0     GigabitEthernet0/0/1           ROOT    FORWARDING       NONE
   0     GigabitEthernet0/0/2           ALTE    DISCARDING       NONE
```

在 SWA 上修改端口优先级，让 SWB 的 G0/0/2 端口被选举为根端口。在 SWA 上有两种调整方法：

- 将 G0/0/1 的端口优先级调大；
- 将 G0/0/2 的端口优先级调小。

① 将 G0/0/1 的端口优先级调得比 128 大（默认值为 128）。

```
[SWA]inter gig 0/0/1   //进入 G0/0/1 端口
[SWA-GigabitEthernet0/0/1]stp port priority ?   //优先级按 16 的倍数调整（默认值为 128）
    INTEGER<0-240>  Port priority, in steps of 16
[SWA-GigabitEthernet0/0/1]stp port priority 240   //在 SWA 上将 G0/0/1 端口的优先级调整为 240，
值大于 128
[SWB]display stp brief   //在 SWB 上查看，G0/0/2 端口已成为根端口，请思考选举规则
 MSTID   Port                           Role    STP State        Protection
   0     GigabitEthernet0/0/1           ALTE    DISCARDING       NONE
   0     GigabitEthernet0/0/2           ROOT    FORWARDING       NONE
```

② 将 G0/0/2 的端口优先级调得比 128 小。请先清除以上实验的配置。

[SWA]inter gig 0/0/2

[SWA-GigabitEthernet0/0/2]stp port priority 16　//在 SWA 上将 G0/0/2 端口的优先级调整为 16，小于 128

[SWB]display stp brief　//在 SWB 上查看，G0/0/2 端口已成为根端口

| MSTID | Port | Role | STP State | Protection |
|---|---|---|---|---|
| 0 | GigabitEthernet0/0/1 | ALTE | DISCARDING | NONE |
| **0** | **GigabitEthernet0/0/2** | **ROOT** | **FORWARDING** | **NONE** |

## 4.4.3　修改端口开销、控制根端口和指定端口的选举

在 SWB 上修改端口开销，让 SWB 的 G0/0/2 端口成为根端口。请先清除以上实验的配置。

[SWB]display stp brief　//STP 收敛后，SWB 的 G0/0/1 端口成为根端口

| MSTID | Port | Role | STP State | Protection |
|---|---|---|---|---|
| 0 | GigabitEthernet0/0/1 | ROOT | FORWARDING | NONE |
| 0 | GigabitEthernet0/0/2 | ALTE | DISCARDING | NONE |

[SWB]

在 SWB 上修改端口优先级，让 SWB 的 G0/0/2 端口选举为根端口。在 SWA 上有两种调整方法：

- 将 G0/0/1 的端口开销调大；
- 将 G0/0/2 的端口开销调小。

① 将 G0/0/1 的端口开销调大，选举 G0/0/2 口为根端口。

[SWB]display stp interface gig 0/0/1

-------[CIST Global Info][Mode STP]-------

| | |
|---|---|
| CIST Bridge | :32768.4c1f-cc1c-4494 |
| Config Times | :Hello 2s MaxAge 20s FwDly 15s MaxHop 20 |
| Active Times | :Hello 2s MaxAge 20s FwDly 15s MaxHop 20 |
| CIST Root/ERPC | :0　　.4c1f-cc8f-576b / 20000　//SWB 到达根桥的总开销（RPC）是 20000 |
| CIST RegRoot/IRPC | :32768.4c1f-cc1c-4494 / 0 |
| CIST RootPortId | :128.2 |
| BPDU-Protection | :Disabled |
| TC or TCN received | :65 |
| TC count per hello | :0 |
| STP Converge Mode | :Normal |
| Time since last TC | :0 days 0h:6m:33s |

```
Number of TC              :5
Last TC occurred          :GigabitEthernet0/0/1
```

由于 SWB 的 G0/0/1 和 G0/0/2 的端口开销一样，无法比较出哪个端口到达根桥的总路径开销更小。继续比较 BPDU 报文发送者的网桥 ID，两个端口收到的 BPDU 报文都是 SWA 发送的，网桥 ID 一样。下面继续比较 BPDU 报文发送者的端口 ID，由于 BPDU 报文发送者 SWA 的 G0/0/1 端口的 ID 更小，所以 SWB 的 G0/0/1 端口被选举为根端口。

将 SWB 的 G0/0/1 端口的端口开销（PC）修改为 30000，使其大于 G0/0/2 的端口开销。让 G0/0/2 端口被选举为根端口。

```
[SWB]interface gig 0/0/1
[SWB-GigabitEthernet0/0/1]stp cost 30000    //将 G0/0/1 的端口开销修改为 30000
[SWB]display stp brief
 MSTID   Port                          Role    STP State      Protection
   0     GigabitEthernet0/0/1          ALTE    DISCARDING       NONE
   0     GigabitEthernet0/0/2          ROOT    FORWARDING       NONE    //修改端口开销后，
G0/0/2 端口被选举为根端口
```

② 将 G0/0/2 的端口开销调小，使 G0/0/2 口被选举为根端口。请先清除以上实验的配置。

```
[SWB]interface gig 0/0/2
[SWB-GigabitEthernet0/0/2]stp cost 1999    //将 G0/0/2 的端口开销修改为 1999，小于 G0/0/1 端口
的开销
[SWB-GigabitEthernet0/0/2]quit
[SWB]
[SWB]dis stp brief
 MSTID   Port                          Role    STP State      Protection
   0     GigabitEthernet0/0/1          ALTE    DISCARDING       NONE
   0     GigabitEthernet0/0/2          ROOT    DISCARDING       NONE    //修改开销后
G0/0/2 端口被选举为根端口
```

### 4.4.4　配置边缘端口

将 SWA 和 SWB 的 G0/0/3 端口配置为边缘端口，因为 SWA 和 SWB 的配置一致，下面只以 SWA 为例进行配置。

注意：本例在端口下配置边缘端口，管控范围是该端口；如在全局配置，那么该交换机上所有交换端口全部成为边缘端口。

```
[SWA]interface gig 0/0/3
[SWA-GigabitEthernet0/0/3]stp edged-port enable    //配置 G0/0/3 端口为边缘端口
```

```
[SWA-]display stp interface gig 0/0/3
Designated Bridge/Port    :0.4c1f-cc8f-576b / 128.3
Port Edged            :Config=enabled / Active=enabled    //查看 STP 端口信息，显示端口被
配置为边缘端口并且为活动状态
```

# 4.5　小结

在本章中，我们学习了基本的生成树知识。生成树是很多网络工程师经常遇到的令人头疼的问题，故而了解生成树的原理对于网络建设和网络故障排除非常重要。HCIA 考试认证中也涉及大量生成树的内容。

# 4.6　练习题

1. 选择题

① 当二层交换网络中出现冗余路径时，用____方法可以阻止环路产生、提高网络的可靠性。
    A. 生成树协议　　　　　　　　　B. 水平分割
    C. 毒性逆转　　　　　　　　　　D. 触发更新

② STP 交换机会发送 BPDU。关于 BPDU 的说法正确的是____。
    A. BPDU 是使用 IEEE 802.3 标准的帧
    B. BPDU 是使用 Etherent II 标准的帧
    C. BPDU 帧的 Control 字段值为 3
    D. BPDU 帧的目的 MAC 地址为广播地址

③ ____保证某一台交换机成为整个网络中的根交换机。
    A. 为该交换机配置一个低于其他交换机的 IP 地址
    B. 设置该交换机的根路径开销值为最小
    C. 为该交换机配置一个低于其他交换机的优先级
    D. 为该交换机配置一个低于其他交换机的 MAC 地址

④ 管理员希望手动指定某一交换机为生成树中的根交换机，下列说法正确的是____。
    A. 修改该交换机优先级的值，使其比网络中其他交换机优先级的值小
    B. 修改该交换机 MAC 地址，使其比网络中其他交换机 MAC 地址的值小
    C. 修改该交换机 MAC 地址，使其比网络中其他交换机 MAC 地址的值大

D. 修改该交换机优先级值，使其比网络中其他交换机优先级的值大

⑤ 在 STP 中，假设所有交换机所配置的优先级相同，交换机 1 的 MAC 地址为 00-e04c-00-00-40，交换机 2 的 MAC 地址为 00-e0-fc-00-00-10，交换机 3 的 MAC 地址为 00-e0-fc-00-00-20，交换机 4 的 MAC 地址为 00-e0-fc-00-00-80，则根交换机应当为____。

A. 交换机 1　　　　B. 交换机 2　　　　C. 交换机 3　　　　D. 交换机 4

## 2. 思考题

STP 中为什么需要 TCN 报文？其作用是什么？可以解决什么问题？

# 第5章　虚拟局域网（VLAN）

随着网络中计算机的数量越来越多，传统的以太网络开始面临冲突严重、广播泛滥以及安全性无法保障等各种问题。VLAN（Virtual Local Area Network，虚拟局域网）技术是将物理的局域网在逻辑上划分成多个广播域的技术。通过在交换机上配置 VLAN，可以实现在同一个 VLAN 内的用户进行二层互访，而不同 VLAN 间的用户被二层隔离。这样既能够隔离广播域，又能够提升网络的安全性。

传统以太网的问题如图 5-1 所示，广播帧充斥在整个网络中。

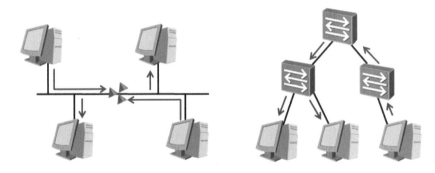

图 5-1　传统以太网的问题

为了扩展传统以太网，接入更多计算机，同时避免冲突带来的问题，出现了网桥和二层交换机，它们能有效隔离冲突域。网桥和交换机采用交换方式将来自入端口的信息转发到出端口，克服了共享网络中的冲突问题。但是，在采用交换机进行组网时，广播域和信息安全问题依旧存在。

为限制广播域的范围，减少广播流量，需要实现对广播域的隔离。路由器可以通过三层技术实现广播域隔离，但是成本较高。采用 VLAN 技术，通过将一台物理交换设备在逻辑上划分成多个广播域的技术，实现广播域的隔离。

## 5.1　VLAN 的作用和工作原理

### 1. VLAN 的作用

VLAN 技术可以将一个物理局域网在逻辑上划分成多个广播域，也就是多个 VLAN，如图 5-2 所示划分 VLAN 隔离广播域。VLAN 技术部署在数据链路层，用于隔离二层流量。同一个 VLAN 内的主机属于同一个广播域，它们之间可以直接在二层通信。不同 VLAN 间的主机属于不同的广播域，不能直接实现二层互通，需要通过三层设备进行通信。这样，广播报文就被限制在每个对应的 VLAN 内，同时也提高了网络安全性。

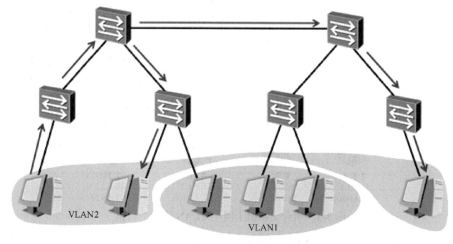

图 5-2　划分 VLAN 隔离广播域

在图 5-2 中，原本属于同一广播域的主机被划分到两个 VLAN 中，即 VLAN1 和 VLAN2。同一 VLAN 中的主机可以直接在二层互相通信，而 VLAN1 和 VLAN2 之间的主机无法直接实现二层通信。

### 2．VLAN 的工作原理

VLAN 划分实际是对 MAC 地址表的划分，每一个 VLAN 都会对应一张 MAC 地址表，通过将物理端口划分到不同的 VLAN 中，实现广播域（MAC 地址表）的隔离。在默认情况下，交换机的所有端口都属于 VLAN1，即在同一 VLAN 中交换机上连接的所有主机都属于 VLAN1，属于同一个广播。我们可以设想一下，如果将 100 台交换机相互连接，是不是将这个广播域扩展得非常大？因为大家都在 VLAN1 中，通过二层就可以实现通信。其中一台主机发送的广播数据帧，所有连接到该交换机上的终端都可以收得到。超大的广播域带来了广播风暴和安全隐患，而在二层解决这个问题的方法就是划分 VLAN，隔离广播域。

我们来看个例子，进一步了解 VLAN 的工作原理。单台交换机上同一 VLAN 内部的通信如图 5-3 所示，在该图中，我们在 SWA 上创建了两个 VLAN，即 VLAN10 和 VLAN20，创建 VLAN 后会同时生成两张对应的 VLAN MAC 地址表。将 G0/0/1 和 G0/0/7 端口划分到 VLAN10，将 G0/0/2 和 G0/0/9 端口划分到 VLAN20。如果主机 A 向主机 C 发送一个 ARP 请求，SWA 从 G0/0/1 端口收到该广播帧后，只会查询 VLAN10 的 MAC 地址表并在 VLAN10 中泛洪广播帧，这是因为接收到数据帧的端口在 VLAN10 中。由于 VLAN10 的 MAC 地址表中只有 G0/0/1 和 G0/0/7 两个端口，数据帧也只会从 G0/0/7 端口被泛洪出去，而不会在 G0/0/2 和 G0/0/9 两个端口被泛洪，因为它们并不在 VLAN10 中。

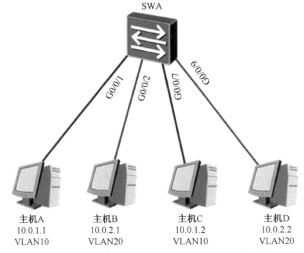

图 5-3　单台交换机上同一 VLAN 内部的通信

了解单台交换机上同一 VLAN 内部的通信原理，下面我们来研究跨交换机同一 VLAN 内部的通信过程，如图 5-4 所示。

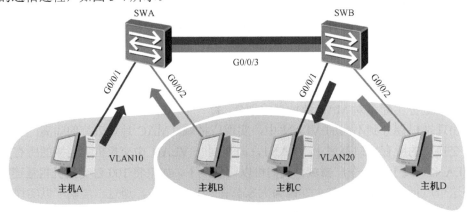

图 5-4　跨交换机同一 VLAN 内部的通信

在图 5-4 中，我们在 SWA 和 SWB 上同时创建了 VLAN10 和 VLAN20，并且都有端口划分到对应的 VLAN 中。现在主机 A 访问主机 D，由于在 SWA 上将 G0/0/1 端口划分到了 VLAN10 中，SWA 收到数据帧后查询 VLAN10 的 MAC 地址表并据此进行转发，由于目标主机 D 连接在 SWB 上，SWA 需要将数据帧转发给 SWB，再由 SWB 转发给主机 D。那么 SWA 和 SWB 相连的 G0/0/3 端口是不是应该被划分到 VLAN10 呢？这样 G0/0/3 端口才会出现在 VLAN10 的 MAC 地址表中，数据帧才能被转发到 SWB。这种做法可以实现 VLAN10 跨交换机通信，但同时也会出现一个问题，如果现在 VLAN20 内的主机希望互相通信应该怎么办呢？SWA 和 SWB 相连的端口是不是需要再划分到 VLAN20 中？那么同一个端口能同时被划分到多个 VLAN 中吗？答案是肯定的，并且这种端口的类型很特殊，被称为 Trunk（干道），很形象不是吗？在一条干道链路上传输多种 VLAN 的数据帧。那么现在又出现一个新的问题，SWA 将 VLAN10 和 VLAN20 的数据帧都转发给 SWB，SWB 应该如何区分这些数据帧属于哪个 VLAN 呢？因为只有知道了数据帧属于哪个 VLAN，才能查询对应 VLAN 的 MAC 地址表进行转发。应该如何解决这个问题呢？我们设想一下，如果给数据帧打上一个对应 VLAN 的标签后再发送，标签标识了该数据帧来自哪个 VLAN。这样交换机在收到数据帧后，可以先查看数据帧的标签，通过标签来识别数据帧来自哪个 VLAN，并查询对应 VLAN 的 MAC 地址表并进行转发。这样就完美地解决了跨交换机实现同一 VLAN 内部通信的问题。

## 5.2　VLAN 帧格式

　　通过打标签的方式可以跨交换机实现同一 VLAN 内部通信，既然是为数据帧打标签，那肯定需要可以打标签（Tag）的协议，IEEE 802.1q 不具体此功能，它是由 IEEE 提出并定义的标准，每个厂商都支持，也是我们研究的重点。携带 IEEE 802.1q 标签的数据帧格式如图 5-5 所示，该图展示了标签在数据帧中的位置。

　　图 5-5 展示了两种数据帧，上面展示了没携带 Tag 的数据帧（原始数据帧），下面展示了携带 Tag 的数据帧。由该图可以看出，IEEE 802.1q 的标签被插入在数据帧头的原 MAC 地址后面。由于将 IEEE 802.1q 的标签插入数据帧头，破坏了原始的数据帧头，就需要对数据帧头重新进行校验，并将结果重写入 FCS（帧尾）。IEEE 802.1q 的标签长度为 4 字节，由 4 个字段组成，分别是 TPID、PRI、CFI 和 VLAN ID，各字段含义说明如下。

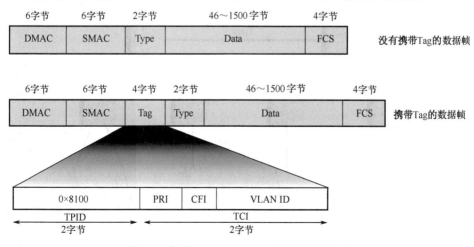

图 5-5　携带 IEEE 802.1q 标签的数据帧格式

- TPID（Tag Protocol Identifier）：长度为 2 字节，固定值为 0×8100，该字段的作用等同于以太网数据帧类型，标识这是一个携带 IEEE 802.1q 标签的数据帧。如果不支持 IEEE 802.1q 的设备收到这样的数据帧，会将其丢弃。
- PRI（Priority）：长度为 3 比特，表示数据帧的优先级，取值范围为 0～7，值越大优先级越高。当交换机阻塞时，优先发送优先级高的数据帧。
- CFI（Canonical Format Indicator）：长度为 1 比特。CFI 表示 MAC 地址是否为经典格式。其中，CFI 值为 0 说明是经典格式，用于标识以太网数据帧；CFI 值为 1 表示为非经典格式，用于标识 FDDI（Fiber Distributed Digital Interface）数据帧和令牌环网数据帧。
- VLAN ID（VLAN Identifier）：长度为 12 比特，在×7 系列交换机中，可配置的 VLAN ID 取值范围为 0～4095。其中，0 和 4095 是系统保留 VLAN ID；VLAN 1 为默认 VLAN；用户可分配的 VLAN 范围为 2～4094。

## 5.3    VLAN 链路和端口类型

在华为交换机上，VLAN 链路有 2 种类型：Access Link（接入链路）、Trunk Link（干道链路），如图 5-6 所示。

- 接入链路（Access Link）：交换机连接终端的链路被称为接入链路。在图 5-6 中，主机与交换机之间的链路都是接入链路，其转发的数据帧不携带标签（偶尔会表示为标记，代表同一含义）。
- 干道链路（Trunk Link）：交换机与交换机之间的链路被称为干道链路。在图 5-6 中，交换机之间的链路都是干道链路，干道链路上一般传输带标签的数据帧（PVID VLAN 不携带标签）。

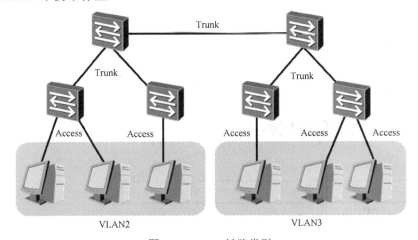

图 5-6    VLAN 链路类型

VLAN 的端口类型有 Access 端口、Trunk 端口和 Hybrid 端口 3 种。

不同的端口类型接收和发送数据帧的处理方式不同。在学习端口类型之前，需要先了解一个概念，即 PVID（Port VLAN ID，端口 VLAN ID），PVID 是 IEEE 802.1q 协议提出的概念，用于表示端口默认的 VLAN 号码。

## 5.3.1　Access 端口

Access 端口是交换机上用于连接终端的端口，Access 端口只能属于一个 VLAN。Access 端口收发数据帧的规则介绍如下。

### 1．在流量的入方向

① 当 Access 端口收到一个无标签的数据帧（原始数据帧）时，会给该数据帧打上 PVID 标签。

② 当 Access 端口收到一个带标签的数据帧时，会检查数据帧标签中的 VLAN ID 和 Access 端口的 PVID 是否一致，如果一致则接收数据帧，如果不一致则丢弃数据帧。

### 2．在流量出方向

① Access 端口在发送带标签的数据帧时，会先剥离数据帧中的 VLAN 标签，还原成原始数据帧后再发送。

② Access 端口工作原理如图 5-7 所示。

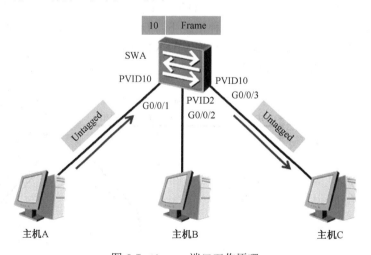

图 5-7　Access 端口工作原理

在图 5-7 中，交换机连接主机的端口都被配置为 Access 端口，并被划分到 VLAN10 中。交换机从 G0/0/1 端口接收到主机 A 发送给主机 C 的原始数据帧后会给该数据帧打上一个

PVID 的 VLAN 标签，然后查询 VLAN10 的 MAC 地址表，将携带 VLAN10 标签的数据帧从 G0/0/3 端口转发发出去。G0/0/3 端口在转发数据帧时会剥离数据帧中的 VLAN 标签，将其还原成原始数据帧后发送给主机 C。

### 5.3.2　Trunk 端口

Trunk 端口是交换机与交换机互连的端口类型，Trunk 端口可以属于多个 VLAN。Trunk 端口收发数据帧的规则如下所述。

**1．在流量入方向**

① 当 Trunk 端口收到一个无标签的数据帧时，会给该数据帧打上端口 PVID 的 VLAN 标签。

② 当 Trunk 端口收到一个带标签的数据帧时，将标签中的 VLAN ID 与 Trunk 端口允许通过的 VLAN 列表（即 Tagged List）比对，如果允许通过则接收数据帧，否则丢弃数据帧。

**2．在流量出方向**

① Trunk 端口在转发一个带标签的数据帧时，会将标签中的 VLAN ID 与 Trunk 端口允许通过的 VLAN 列表（即 Tagged List）进行比对，如果允许通过则转发数据帧，否则丢弃数据帧。

② 如果从 Trunk 端口发送的数据帧带标签（Tag），且标签（Tag）与 PVID 相同，则设备会剥掉该数据帧中的标签。仅在这种情况下，Trunk 端口发送的帧不带标签。

注释：华为设备 Trunk 端口默认只允许 VLAN1 的数据帧通过。

Trunk 端口工作原理如图 5-8 所示。

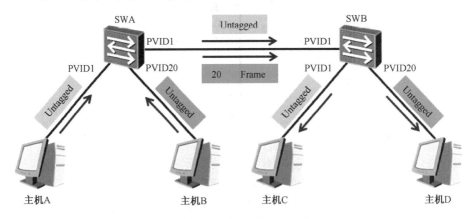

图 5-8　Trunk 端口工作原理

在图 5-8 中，SWA 和 SWB 连接主机的端口类型为 Access 端口，互连的端口类型为 Trunk 端口。SWA 从 Access 端口收到原始数据帧后会打上 Access 端口的 PVID 标签，然后查询对应 VLAN 的 MAC 地址表，将数据帧从 Trunk 端口转发出去。SWB 从 Trunk 端口收到带标签的数据帧后，将标签中的 VLAN ID 和 Trunk 端口允许通过的 VLAN 列表进行比对。如果 Trunk 端口允许该数据帧通过，则 SWB 接收该带标签的数据帧，然后查询对应 VLAN 的 MAC 地址表，将该数据帧从 Access 端口发送出去。Access 端口会剥离 VLAN 标签将还原的原始数据帧发给主机，实现同一 VLAN 内主机到主机的二层通信。图中的 Untagged 代表不携带 VLAN 标签。

### 5.3.3  Hybrid 端口

Hybrid 端口是一个混合端口，同时具备 Access 端口和 Trunk 端口的特性，Hybrid 端口既可以用于连接终端，也可以用于交换机间互连。很多华为交换机默认的端口类型是 Hybrid 端口，其最大特点为可以在流量出方向接口将多个 VLAN 帧的标签剥掉。

Hybrid 端口收发数据帧的规则如下所述。

#### 1. 在入方向

① 当 Hybrid 端口收到一个无标签的数据帧时，会给该数据帧打上端口 PVID 的 VLAN 标签。

② 当 Hybrid 端口收到一个带标签的数据帧时，会将标签中的 VLAN ID 与 Hybrid 端口的 Tagged List 和 Untagged List 进行对比，如果 VLAN ID 存在于列表中，则接该数据帧，否则丢弃该数据帧。

#### 2. 在出方向

① Hybrid 端口在发送一个带标签的数据帧时，如果标签中的 VLAN ID 在 Hybrid 端口的 Untagged List 列表中，则剥离该标签并将该数据帧还原成普通数据帧后转发。

② Hybrid 端口在发送一个带标签的数据帧时，如果标签中的 VLAN ID 在 Hybrid 端口 Tagged List 列表中，则转发该数据帧。

Hybrid 端口可以实现二层不同 VLAN 间通信，其工作原理如图 5-9 所示。

在图 5-9 中，SWA 将连接主机 A 和主机 B 的端口分别划分到 VLAN2 和 VLAN3 中，SWB 将连接服务器的端口划分到 VLAN100 中。现在希望 VLAN2 和 VLAN3 分别可以与 VLAN100 通信，但是 VLAN2 和 VLAN3 之间不能相互通信。该需求采用 Access 端口和 Trunk 端口类型是无法满足的，但采用 Hybrid 端口则可以实现该需求。首先，将交换机连接主机的端口和交换机间的互连端口都配置成 Hybrid 端口，在 SWA 和 SWB 互连的端口上执行 port hybrid tagged vlan 2 3 100 命令，SWA 和 SWB 之间的链路上传输的都是带 VLAN 标签的数据帧。在 SWB 所连接服务器的端口上执行 port hybrid untagged vlan 2 3 命令，主机 A 和主机 B 发送的数据帧会在剥离 VLAN 标签后被转发到服务器，利用 Hybrid 端口的 Tagged 和 Untagged 的功能实现需求。

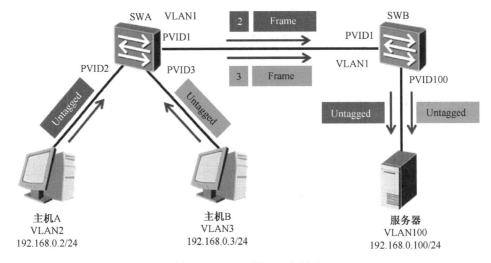

图 5-9　Hybrid 端口工作原理

## 5.3.4　VLAN 划分方法

华为交换机可以基于端口、MAC 地址、子网、网络层协议、匹配策略等方式来划分 VLAN。如果设备同时支持多种方式划分 VLAN，优先级顺序从高至低依次是：基于匹配策略划分 VLAN→基于 MAC 地址划分 VLAN 和基于子网划分 VLAN→基于网络层协议划分 VLAN→基于端口划分 VLAN。

- 基于 MAC 地址划分 VLAN 和基于子网划分 VLAN：拥有相同的优先级。在默认情况下，基于 MAC 地址划分 VLAN 优先。可以通过命令改变基于 MAC 地址划分 VLAN 和基于子网划分 VLAN 的优先级，从而决定优先划分 VLAN 的方式。
- 基于端口划分 VLAN 的优先级最低，是最常用的 VLAN 划分方式。
- 基于匹配策略划分 VLAN 的优先级最高，是最不常用的 VLAN 划分方式。

VLAN 划分流程如图 5-10 所示，图中，MAC-VLAN 表示基于 MAC 地址划分的 VLAN，子网 VLAN 表示基于子网划分的 VLAN。限于篇幅本书仅讨论最实用、最常用的基于端口划分 VLAN 方式。

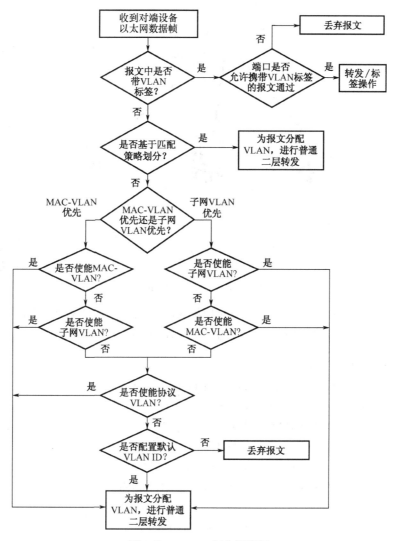

图 5-10　VLAN 划分流程图

# 5.4　VLAN 实验实例

## 5.4.1　VLAN 划分实例

VLAN 划分实验拓扑结构如图 5-11 所示，在该图中，笔者将多个端口划分到 VLAN10 中。

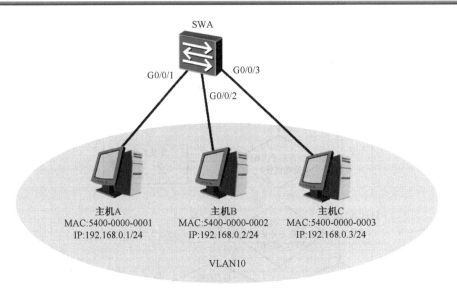

图 5-11　VLAN 划分实验拓扑结构

　　基于 VLAN 划分实验拓扑结构，在交换机 SWA 上创建 VLAN10，将连接主机的端口配置为 Access 端口，并将其划分到对应的 VLAN10 中。

```
[SWA]vlan 10   //创建 VLAN10
Info: This operation may take a few seconds. Please wait for a moment...done.
[SWA]display vlan   //查看 VLAN 信息
10    common   //VLAN10 创建成功
[SWA]interface gig 0/0/1   //进入 G0/0/1 端口
[SWA-GigabitEthernet0/0/1]port link-type access   //将端口类型配置为 Access
[SWA-GigabitEthernet0/0/1]port default vlan 10   //将端口划分到 VLAN10 中,对其他端口进行类
似配置
[SWA-GigabitEthernet0/0/1]interface GigabitEthernet 0/0/2
[SWA-GigabitEthernet0/0/2]port link-type access
[SWA-GigabitEthernet0/0/2]port default vlan 10
[SWA-GigabitEthernet0/0/2]interface gig 0/0/3
[SWA-GigabitEthernet0/0/3]port link-type access
[SWA-GigabitEthernet0/0/3]port default vlan 10
[SWA]display vlan   //查看 VLAN 端口信息,3 个端口均被划分到 VLAN10 中

--------------------------------------------------------------------

VID   Type   Ports

--------------------------------------------------------------------

10    common   UT:GE0/0/1(U)       GE0/0/2(U)       GE0/0/3(U)
```

```
[SWA]display port vlan active   //查看 VLAN 端口信息，显示端口 PVID 和 VLAN List 等信息
T=TAG U=UNTAG
-------------------------------------------------------------------

Port                Link Type      PVID      VLAN List
-------------------------------------------------------------------

GE0/0/1             access         10        U: 10
GE0/0/2             access         10        U: 10
GE0/0/3             access         10        U: 10
----------
```

## 5.4.2　Access 端口和 Trunk 端口综合实验

Access 端口和 Trunk 端口综合实验拓扑结构如图 5-12 所示。

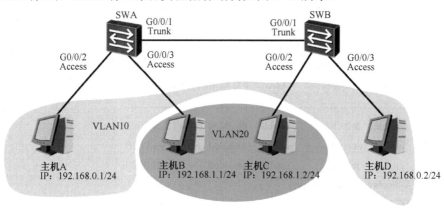

图 5-12　Access 端口和 Trunk 端口综合实验拓扑结构

### 1. Access 端口和 Trunk 端口的工作原理

将交换机连接主机的端口配置为 Access 端口并将其划分到对应的 VLAN 中；将交换机间互连端口配置为 Trunk 端口，允许 VLAN10 和 VLAN20 的数据帧通过（Trunk 端口默认只允许 VLAN1 的数据帧通过）。

### 2. 交换机 SWA 的配置

```
[SWA]vlan batch 10 20    //采用批处理方式创建 VLAN10 和 VLAN20
Info: This operation may take a few seconds. Please wait for a moment...done.
[SWA]interface gig 0/0/2
[SWA-GigabitEthernet0/0/2]port link-type access    //修改端口类型为 Access 端口
[SWA-GigabitEthernet0/0/2]port default vlan 10    //将端口加入 VLAN10
[SWA-GigabitEthernet0/0/2]interface gig 0/0/3
```

```
[SWA-GigabitEthernet0/0/3]port link-type access    //修改端口类型为 Access 端口
[SWA-GigabitEthernet0/0/3]port default vlan 20     //将端口加入 VLAN20
[SWA]interface gig 0/0/1
[SWA-GigabitEthernet0/0/1]port link-type trunk     //修改端口类型为 Trunk 端口
[SWA-GigabitEthernet0/0/1]port trunk allow-pass vlan 10 20   //允许 VLAN10 和 VLAN20 的数据
帧通过

[SWA]display vlan    //查看业务 VLAN10 和 VLAN20 是否成功创建
The total number of vlans is : 3
--------------------------------------------------------------------------------
U: Up;          D: Down;            TG: Tagged;           UT: Untagged;
MP: Vlan-mapping;                   ST: Vlan-stacking;
#: ProtocolTransparent-vlan;        *: Management-vlan;
VID   Type     Ports
10    common   UT:GE0/0/2(U)
               TG:GE0/0/1(U)
20    common   UT:GE0/0/3(U)
               TG:GE0/0/1(U)
VID   Status   Property        MAC-LRN Statistics Description
--------------------------------------------------------------------------------
1     enable   default         enable   disabled    VLAN 0001
10    enable   default         enable   disabled    VLAN 0010
20    enable   default         enable   disabled    VLAN 0020
[SWA]display port vlan active
T=TAG U=UNTAG

--------------------------------------------------------------------------------
Port                 Link Type     PVID   VLAN List
--------------------------------------------------------------------------------
GE0/0/1              trunk         1      U: 1      //Trunk 端口 Untagged VLAN1 的数据帧
                                          T: 10 20  //Tagged VLAN10 和 VLAN20 的数据帧
GE0/0/2              access        10     U: 10     //Access 端口 Untagged VLAN10 的数据帧
GE0/0/3              access        20     U: 20     //Access 端口 Untagged VLAN20 的数据帧
```

### 3. 交换机 SWB 的配置

```
[SWB]vlan batch 10 20
Info: This operation may take a few seconds. Please wait for a moment...done.
[SWB]interface gig 0/0/2
[SWB-GigabitEthernet0/0/2]port link-type access
[SWB-GigabitEthernet0/0/2]port default vlan 20
```

```
[SWB-GigabitEthernet0/0/2]interface gig 0/0/3
[SWB-GigabitEthernet0/0/3]port link-type access
[SWB-GigabitEthernet0/0/3]port default vlan 10
[SWB-GigabitEthernet0/0/3]interface gig 0/0/1
[SWB-GigabitEthernet0/0/1]port link-type trunk
[SWB-GigabitEthernet0/0/1]port trunk allow-pass vlan 10 20
[SWB]display vlan
The total number of vlans is : 3
--------------------------------------------------------------------------------
U: Up;              D: Down;              TG: Tagged;              UT: Untagged;
MP: Vlan-mapping;                         ST: Vlan-stacking;
#: ProtocolTransparent-vlan;        *: Management-vlan;
--------------------------------------------------------------------------------
VID    Type      Ports
10     common    UT:GE0/0/3(U)
                 TG:GE0/0/1(U)
20     common    UT:GE0/0/2(U)
                 TG:GE0/0/1(U)
VID    Status    Property       MAC-LRN Statistics Description
--------------------------------------------------------------------------------
1      enable    default        enable   disabled      VLAN 0001
10     enable    default        enable   disabled      VLAN 0010
20     enable    default        enable   disabled      VLAN 0020
[SWB]display port vlan active
T=TAG U=UNTAG
--------------------------------------------------------------------------------
Port                   Link Type    PVID    VLAN List
--------------------------------------------------------------------------------
GE0/0/1                trunk        1       U: 1
                                            T: 10 20
GE0/0/2                access       20      U: 20
GE0/0/3                access       10      U: 10
 [SWB]
```

#### 4．连通性测试

　　配置完成后请在 PC 上配置 IP 地址然后测试同一 VLAN 内主机之间的连通性。主机 B ping 主机 C 的测试结果如图 5-13 所示。

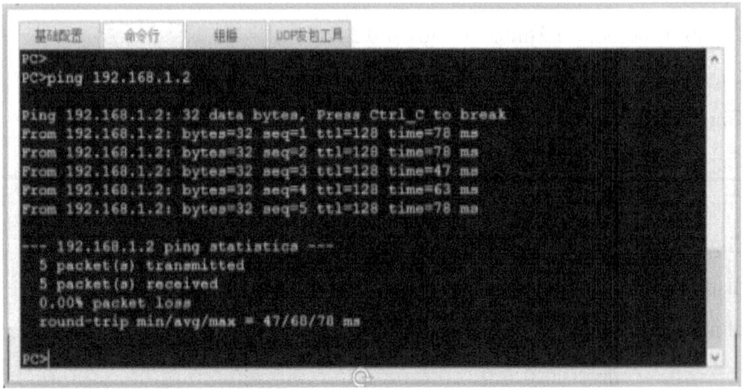

图 5-13　主机 B ping 主机 C 的测试结果

主机 A ping 主机 D 的测试结果如图 5-14 所示。

图 5-14　主机 A ping 主机 D 的测试结果

测试结果显示，同一 VLAN 内主机间通信正常，实验完成。

## 5.4.3　Hybrid 端口综合实验

Hybrid 端口综合实验拓扑结构如图 5-15 所示，配置完成后，主机 A 和主机 B 可以与服务器通信，但主机 A 不能与主机 B 通信。

### 1．Hybrid 端口的工作原理

将交换机连接主机的端口和交换机间互连的端口配置为 Hybrid 端口；在 SWA 上修改 G0/0/2 端口的 PVID 为 VLAN10，Untagged VLAN100；修改 G0/0/3 端口的 PVID 为 VLAN20，Untagged VLAN100；配置 G0/0/1 端口允许（Tagged）VLAN10、VLAN20 和 VLAN100 的数据帧通过。在 SWB 上修改 G0/0/2 端口的 PVID 为 VLAN100，Untagged VLAN10 和 VLAN20；配置 G0/0/1 端口允许（Tagged）VLAN10、VLAN20 和 VLAN100 的数据帧通过。

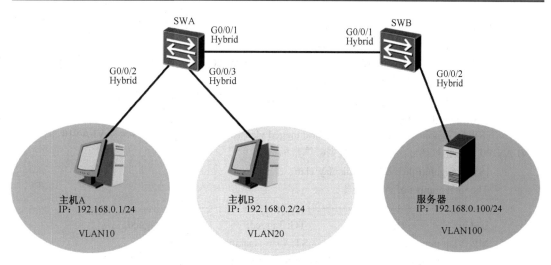

图 5-15  Hybrid 端口综合实验拓扑结构

## 2.  交换机 SWA 的配置

[SWA]vlan batch 10 20 100   //采用批处理方式创建 VLAN10、VLAN20 和 VLAN100
Info: This operation may take a few seconds. Please wait for a moment...done.
[SWA]display vlan
The total number of vlans is : 4
--------------------------------------------------------------
U: Up;            D: Down;            TG: Tagged;            UT: Untagged;
MP: Vlan-mapping;                     ST: Vlan-stacking;
#: ProtocolTransparent-vlan;          *: Management-vlan;
--------------------------------------------------------------

VID   Type      Ports
--------------------------------------------------------------
10    common
20    common
100   common
VID   Status   Property        MAC-LRN Statistics Description
--------------------------------------------------------------
1     enable   default        enable   disabled    VLAN 0001
10    enable   default        enable   disabled    VLAN 0010
20    enable   default        enable   disabled    VLAN 0020
100   enable   default        enable   disabled    VLAN 0100
[SWA]interface gig 0/0/2
[SWA-GigabitEthernet0/0/2]port hybrid untagged vlan 10 100   //配置端口 Untagged VLAN10 和
VLAN100，即去掉出方向流量标签 10 和 100
[SWA-GigabitEthernet0/0/2]port hybrid pvid vlan 10   //修改端口 PVID 为 VLAN10，即给入方向

流量增加 PVID 10

    [SWA-GigabitEthernet0/0/2]interface gig 0/0/3

    [SWA-GigabitEthernet0/0/3]port hybrid untagged vlan 20 100　　//配置端口 Untagged VLAN20 和 VLAN100，即去掉出方向流量标签 20 和 100

    [SWA-GigabitEthernet0/0/3]port hybrid pvid vlan 20　　//修改端口 PVID 为 VLAN20

    [SWA]interface gig 0/0/1

    [SWA-GigabitEthernet0/0/1]port hybrid tagged vlan 10 20 100　　//配置端口允许 VLAN10、VLAN20 和 VLAN100 的数据帧通过，同时这些数据帧携带标签

    [SWA-GigabitEthernet0/0/1] display vlan

    The total number of vlans is : 4

```
-------------------------------------------------------------------------------
U: Up;            D: Down;            TG: Tagged;            UT: Untagged;
MP: Vlan-mapping;                     ST: Vlan-stacking;
#: ProtocolTransparent-vlan;       *: Management-vlan;
-------------------------------------------------------------------------------
VID   Type    Ports
-------------------------------------------------------------------------------
10    common  UT:GE0/0/2(U)
              TG:GE0/0/1(U)
20    common  UT:GE0/0/3(U)
              TG:GE0/0/1(U)
100   common  UT:GE0/0/2(U)        GE0/0/3(U)
              TG:GE0/0/1(U)
VID   Status  Property      MAC-LRN Statistics Description
-------------------------------------------------------------------------------
1     enable  default       enable  disabled     VLAN 0001
10    enable  default       enable  disabled     VLAN 0010
20    enable  default       enable  disabled     VLAN 0020
100   enable  default       enable  disabled     VLAN 0100
```

    [SWA]display port vlan active　　//查看 VLAN 以及各端口的 VLAN 状态

    T=TAG U=UNTAG

```
-------------------------------------------------------------------------------
Port              Link Type     PVID     VLAN List
-------------------------------------------------------------------------------
GE0/0/1           hybrid        1        U: 1
                                         T: 10 20 100
GE0/0/2           hybrid        10       U: 1 10 100
GE0/0/3           hybrid        20       U: 1 20 100
```

### 3. 交换机 SWB 的配置

在交换机 SWB 上进行类似的配置，命令解释见 SWA 的配置。

[SWB]vlan batch 10 20 100

Info: This operation may take a few seconds. Please wait for a moment...done.

[SWB]interface gig 0/0/2

[SWB-GigabitEthernet0/0/2]port hybrid untagged vlan 10 20 100

[SWB-GigabitEthernet0/0/2]port hybrid pvid vlan 100

[SWB]interface gig 0/0/1

[SWB-GigabitEthernet0/0/1]port hybrid tagged vlan 10 20 100

[SWB]display vlan

The total number of vlans is : 4

--------------------------------------------------------------------

U: Up;           D: Down;           TG: Tagged;           UT: Untagged;

MP: Vlan-mapping;                   ST: Vlan-stacking;

#: ProtocolTransparent-vlan;        *: Management-vlan;

--------------------------------------------------------------------

| VID | Type | Ports |
|-----|------|-------|
| 10  | common | UT:GE0/0/2(U) |
|     |      | TG:GE0/0/1(U) |
| 20  | common | UT:GE0/0/2(U) |
|     |      | TG:GE0/0/1(U) |
| 100 | common | UT:GE0/0/2(U) |
|     |      | TG:GE0/0/1(U) |

| VID | Status | Property | MAC-LRN | Statistics | Description |
|-----|--------|----------|---------|------------|-------------|
| 1   | enable | default  | enable  | disabled   | VLAN 0001   |
| 10  | enable | default  | enable  | disabled   | VLAN 0010   |
| 20  | enable | default  | enable  | disabled   | VLAN 0020   |
| 100 | enable | default  | enable  | disabled   | VLAN 0100   |

[SWB]display port vlan active

T=TAG U=UNTAG

--------------------------------------------------------------------

| Port | Link Type | PVID | VLAN List |
|------|-----------|------|-----------|
| GE0/0/1 | hybrid | 1 | U: 1 |
|         |        |   | T: 10 20 100 |
| GE0/0/2 | hybrid | 100 | U: 1 10 20 100 |
| GE0/0/3 | hybrid | 1 | U: 1 |

## 4. 连通性测试

配置完成后测试主机 A 和主机 B 与服务器连通性。主机 B 和主机 A ping 服务器的测试结果分别如图 5-16 和图 5-17 所示。

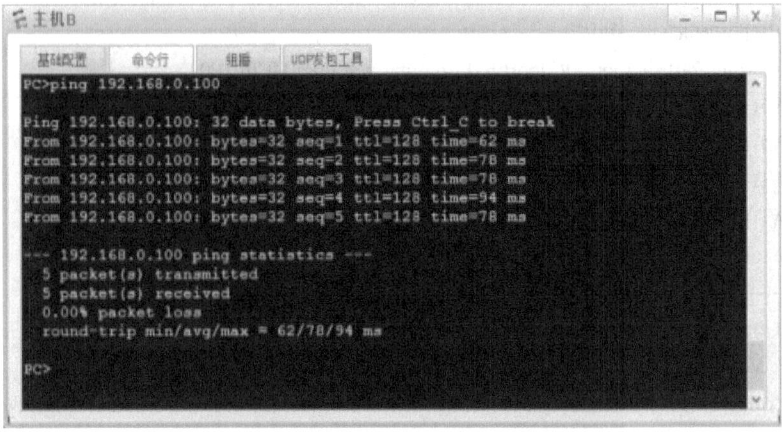

图 5-16　主机 B ping 服务器的测试结果

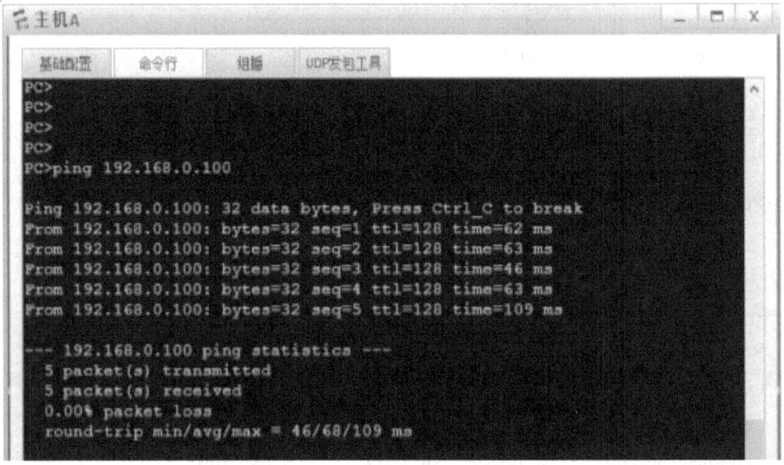

图 5-17　主机 A ping 服务器的测试结果

　　测试结果显示，主机 A 和主机 B 与服务器通信正常，主机 A 与主机 B 间无法通信，实验完成。

# 5.5　小结

　　在本章中，我们讨论了虚拟局域网的工作场景以及华为交换机上几种常用的端口模式，VLAN 技术可能是网络工程师日常接触最多的二层技术了，掌握了本章内容对日后工作会起到重要的作用。

## 5.6 练习题

### 1. 选择题

① 网络管理员为了将某些经常变换办公位置，经常会从不同的交换机接入公司网络的用户规划到 VLAN10，应使用____方式来划分 VLAN。
　　A. 基于端口划分 VLAN　　　　　　　　B. 基于协议划分 VLAN
　　C. 基于 MAC 地址划分 VLAN　　　　　D. 基于子网划分 VLAN

② 图 5-18 所示为题 1-②图，在该图中，SWA 和 SWB 连接主机的端口都为 Access 端口且 PVID 都为 2。SWA 的 G0/0/1 为 Hybrid 端口，PVID 为 1 且执行 port hybird tagged vlan 2 命令；SWB 的 G0/0/1 为 Trunk 端口，PVID 为 1 且允许 VLAN2 的数据帧通过，则下列正确的是____。
　　A. 主机 A 可以发送数据帧给主机 B 但是不能接收到主机 B 的回复
　　B. 主机 A 不能发送数据帧给主机 B 但是可以接收到主机 B 主动发送的数据帧
　　C. 主机 A 与主机 B 之间完全不能通信
　　D. 主机 A 与主机 B 之间可以正常通信

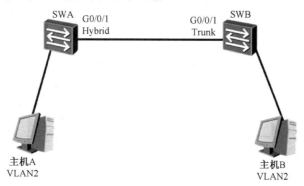

图 5-18　题 1-②图

③ 使用命令 vlan batch 10 20 和 vlan batch 10 to 20，分别能创建的 VLAN 数量是____。
　　A. 2 和 2　　　B. 11 和 11　　　C. 11 和 2　　　D. 2 和 11

④ 图 5-19 所示为题 1-④图，在该图中，在 SWA 和 SWB 上创建 VLAN2，将连接主机的端口配置为 Access 端口且属于 VLAN2；SWA 的 G0/0/1 和 SWB 的 G0/0/2 都为 Trunk 端口且允许所有 VLAN 的数据帧通过。如果要使主机间能够正常通信，则网络管理员需要____。
　　A. 在 SWC 上创建 VLAN2 即可

B. 配置 SWC 上的 G0/0/1 为 Trunk 端口且允许 VLAN2 的数据帧通过即可

C. 配置 SWC 上的 G0/0/1 和 G0/0/2 为 Trunk 端口且允许 VLAN2 的数据帧通过即可

D. 在 SWC 上创建 VLAN2，配置 G0/0/1 和 G0/0/2 为 Trunk 端口且允许 VLAN2 的数据帧通过

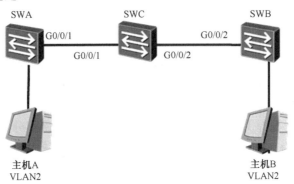

图 5-19　题 1-④图

⑤ 下列关于 VLAN 配置描述正确的是____。

A. 可以删除交换机上的 VLAN1

B. VLAN1 可以配置成 Voice VLAN

C. 所有 Trunk 端口默认允许 VLAN1 的数据帧通过

D. 用户能够配置使用 VLAN4095

**2. 思考题**

图 5-20 所示为题 2 图，请说明在该中图，使用哪些方法可以实现主机间通信。请列举多个解决方案。

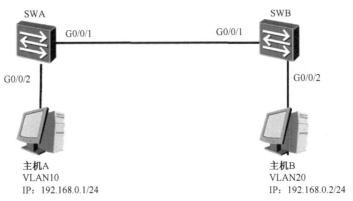

图 5-20　题 2 图

# 第6章  IP 基础

站在 TCP/IP 协议栈的角度，IP（Internet Protocol，互联网协议，因特网协议）是一个在互联网层面上为数据通信提供服务的协议，互联网层的其他协议使用 IP 提供服务。常用的 ICMP（Internet Control Message Protocol，互联网控制消息协议）经常被 IP 用来测试其逻辑地址之间的访问可达性，为了让初学者更容易理解，直白地说，就是 ping 命令。这个经常被用来测试 IP 网络通不通的命令，使用 ICMP 来为 IP 提供支持服务。

IP 通过为每个网络节点进行编址，以及互联网层寻址来为互联网提供服务。

IETF（互联网工程任务组）的 RFC 文档（编号为 791）讨论了 IP，它对 IP 的定义是这样的：在互联网环境下，IP 被用作主机到主机的协议；IP 被用于在本地网络上携带数据包到达下一个网关或者目的主机。

根据笔者多年的教学经验，往往很多读者在阅读到本章之后有一半的人开始打退堂鼓了，因为太多的书籍中有关于 IP 的描述，而烦琐的子网划分等内容让人望而却步。笔者总结一句话：IP 地址就是一个车站的名字，即一个逻辑的代码！比如众所周知的 192.168.1.1，而其实这个 192.168.1.1 完全可以换成另外一个地址 10.1.1.1，这一点就类似于西安也曾被称为长安。作为一名网络工程师，在日后的工作中会慢慢地熟悉 IP 地址，故而本章并不将其作为本书的重点讨论内容，其内容在 HCIA 认证考试中也不作为考试重点。

IP 有 IPv4 和 IPv6 这两个版本，本章介绍 IPv4 相关内容，下面提及的 IP，如果没有特殊说明均代表 IPv4。

## 6.1  IP 报文介绍

IP 报头格式如图 6-1 所示，该图展示了 RFC 791 对 IP 报文报头格式的定义。

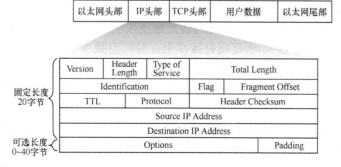

图 6-1  IP 报头格式

为了让读者能更好地理解 IP 报头，笔者对 IP 报头进行了翻译整理，如表 6-1 所示，各字段含义如下所述。

表 6-1　IP 报头

| 版本 | 报头长度 | 服务类型 | 总长度 | |
| --- | --- | --- | --- | --- |
| 标识 | | | 标志位 | 分片偏移 |
| 存活时间 | | 协议 | 报头校验和 | |
| 源 IP 地址 | | | | |
| 目的 IP 地址 | | | | |
| 选项 | | | | 填充 |

① 版本（Version）：长度为 4 比特，有 IPv4 和 IPv6 这两个版本。因为这两个版本的报头格式不同，所以这个位置是很重要的，它直接影响了主机在解析报文时按照什么版本来读取哪些位置的数据。

② 报头长度（Header Length）：长度为 4 比特，表示 IP 报文头部的长度，以 32 比特（4 字节）为单位递增，该字段的最小值为 5，也就是说报文长度的最小值为 5×32 比特（4 字节）=20 字节。如此演算，如果该字段 4 比特都置位，等于十进制的 15，15×32 比特（4 字节）=60 字节，也就是说，IP 报文的头部长度最大为 60 字节。

③ 服务类型（Type of Service）：长度为 8 比特。该字段指出应该如何处理数据报文，也有文献称其为差分服务、区分服务。

④ 总长度（Total Length）：长度为 16 比特，表示该 IP 报文的总大小，包括报头和携带的数据。

⑤ 标识（Identification）：长度为 16 比特，唯一标识原始 IPv4 数据包的数据分片。

⑥ 标志位（Flag）：长度为 3 比特，主要用于指出是否进行分片以及是否有更多分片。

⑦ 分片偏移（Fragment Offset）：长度为 13 比特，当一个报文过大不能够在一个数据帧中传输时，可以使用分片和重组功能，这里主要是用于表示偏移量，即将一个报文分开封装，分别发出，到达目的地再根据偏移量进行重组。

⑧ 存活时间（Time To Live，TTL）：长度为 8 比特，表示报文在网络中可以生存的时间，当计时器到期时该报文将被网络丢弃。有趣的是，虽然设计之初是按照时间这个概念来设计的，然而在现代网络环境中设备的转发速度很快，一般经过一台转发设备的时间都非常短（一般不会超过 1 秒），于是就直接在生存时间上减少 1 秒，最后，这一设计就变成了实际上是计算报文经过的转发设备数量了，也就是我们将要在路由部分了解的"跳数"。一般情况下，该值始发时根据设备和环境不同，可能是 64、128 或 255。当 TTL 为 0 时会丢弃数据包。

⑨ 协议（Protocol）：长度为 8 比特，标识承载数据使用什么协议，以便于接收者将数据交给相应的协议或者程序来处理；支持网络层协议和上层协议，比如 TCP/UDP/ICMP/ARP/OSPF，等等。

⑩ 报头校验和（Header Checksum）：长度为 16 比特，是对报头进行循环冗余校验（Cyclic Redundancy Check，CRC）的结果。

⑪ 源 IP 地址（Source Address）：长度为 32 比特，表示发送者的 IP 地址。

⑫ 目的 IP 地址（Destination Address）：长度为 32 比特，表示接收者的 IP 地址。

⑬ 选项（Options）：用于安全、测试等目的。需要注意的是，根据在 RFC 791 中的定义，该字段的长度必须为 32 比特的倍数。当没有选项时，可以为 0；如果有且不足 32 比特时，则需要以 0 来填充至 32 比特的倍数。

⑭ 填充（Padding）：长度可变。在使用选项的过程中，有可能造成数据包包头部分不是 32 比特的整数倍，那么需要填充数据来补齐。

## 6.1.1　IP 地址格式

什么是 IP 地址呢？

如果说 MAC 地址是物理地址，那么 IP 地址则是逻辑地址。换言之。IP 为 IP 网络中的设备分配逻辑地址，并且了解每一个地址在逻辑编址方案中的逻辑位置。或者用最通俗的话来讲，IP 地址的作用类似于电话号码。

接下来，十分有必要来了解以下几个术语。

● bit（比特）：1 bit 是一个二进制数的 1 位，取值为 0 或 1。

● Byte（字节）：8 bit 为 1 字节。

● 八位组：在 IP 地址的表示形式中，将 8 位二进制数称为一个八位组，1 字节。

IP 地址本质上是 32 bit 的二进制数，合计 4 个八位组，4 字节。在通常情况下，在网络设备的操作系统中使用点分十进制的形式书写。例如，采用点分十进制表示的 IP 地址 192.168.1.100 可用二进制数表示，表 6-2 可以帮助读者更好地理解 IP 地址。

表 6-2　IP 地址

| 点分十进制表示法 | 192.168.1.100 | | | |
|---|---|---|---|---|
| 十进制数 | 192 | 168 | 1 | 100 |
| 二进制数 | 11000000 | 10101000 | 00000001 | 01100100 |

初学者可能不理解这是怎么换算出来的，表 6-3 给出了二进制和十进制之间的换算关系。

我们再举个例子：IP 地址为 172.16.25.3，用二进制数应该如何表示呢？

根据表 6-3 来查找计算：

$$172 = 128 + 32 + 8 + 4 = (10101100)_2$$
$$16 = 16 = (00010000)_2$$
$$25 = 16 + 8 + 1 = (00011001)_2$$
$$3 = 2 + 1 = (00000011)_2$$

$$172.16.25.3 = 10101100.00010000.00011001.00000011$$

现在，亲爱的读者朋友们，你是不是已经可以顺利地借助表 6-2 和表 6-3，学会计算 IP 地址的二进制表示形式了呢？

如果答案是肯定的，那么我们将进入下一个内容的讨论。

表 6-3　二进制数和十进制数之间的换算关系

| 二进制数 | | | | | | | | | 十进制数 |
|---|---|---|---|---|---|---|---|---|---|
| 1 | 0 | 0 | 0 | 0 | 0 | 0 | 0 | = | 128 |
| 0 | 1 | 0 | 0 | 0 | 0 | 0 | 0 | = | 64 |
| 0 | 0 | 1 | 0 | 0 | 0 | 0 | 0 | = | 32 |
| 0 | 0 | 0 | 1 | 0 | 0 | 0 | 0 | = | 16 |
| 0 | 0 | 0 | 0 | 1 | 0 | 0 | 0 | = | 8 |
| 0 | 0 | 0 | 0 | 0 | 1 | 0 | 0 | = | 4 |
| 0 | 0 | 0 | 0 | 0 | 0 | 1 | 0 | = | 2 |
| 0 | 0 | 0 | 0 | 0 | 0 | 0 | 1 | = | 1 |
| 0 | 0 | 0 | 0 | 0 | 0 | 0 | 0 | = | 0 |

## 6.1.2　层次化的 IP 编址方案

IP 地址统一由 ICANN（Internet Corporation for Assigned Names and Numbers，互联网名称与数字地址分配机构）来分配和管理。对 IP 地址的分配是有一套严格的机制和程序的，以此来保证 IP 地址在 Internet 上的唯一性。这就好像我们家里的电话号码，一旦冲突了"后果很严重"，所以需要进行统一分配管理。

6.1.1 节我们展示了 IP 地址是由 32 bit 的二进制数组成的，也就是说，IP 地址的数量多达 $2^{32}$（4294967296）。那么问题来了，什么样的设备才有能力处理 42 亿多个地址呢？

幸好聪明的设计者最终还是找到了解决方案，就是采用层次化的编址方案。大家都知道我们的座机电话号码前面都是有区号的，层次化的 IP 编址方案就使用了类似的设计理念。前面一个区号代表城市，后面一个特定的前缀代表某个片区，最后是用户的号码。

下面就来揭秘一下层次化的 IP 编址方案究竟是什么样的。

首先给大家说明几个术语。

① 网络地址（又称网络号）：用来唯一地标识网络。将拥有同样网络地址的 IP 地址规划到同一网络中，便于管理。比如 192.168.1.100 这个 IP 地址的网络地址就是 192.168.1。

② 节点地址：节点地址用于在一个网络中唯一地标识节点（主机网卡、路由器接口等），IP 地址 192.168.1.100 的节点地址就是 100。

③ 主机地址：就是 IP 地址，如 192.168.1.100 这一 IP 地址用于在 Internet 上唯一地标识一台设备的节点地址（有关私网 IP 地址问题，我们将在后续章节中给大家介绍）。

④ 节点：路由器、PC、服务器、其他能提供 IP 网络服务的设备等。

层次化的 IP 编址方案将 32 bit 的 IP 地址分为两个部分,前面一个部分作为网络部分(类似区号),后面一个部分作为子网和主机部分(前缀和用户号码)。有关子网的问题我们会在 VLSM(Variable Length Subnet Mask,可变长子网掩码)部分进行详细说明。

设计者根据网络的规模定义了一些网络地址类型,如表 6-4 所示。

表 6-4　网络地址类型

| 地址分类 | 第 1 个八位组 | 第 2 个八位组 | 第 3 个八位组 | 第 4 个八位组 |
|---|---|---|---|---|
| A 类 | 网络部分 | 主机部分 | 主机部分 | 主机部分 |
| B 类 | 网络部分 | 网络部分 | 主机部分 | 主机部分 |
| C 类 | 网络部分 | 网络部分 | 网络部分 | 主机部分 |
| D 类 | 用于组播,这部分内容请读者参考有关 IP 组播网络的相关图书 | | | |
| E 类 | 用于研究,本书不对此进行探讨 | | | |

这还不够,我们的设计者为了让路由器在进行网络路径选择时更加高效,对网络地址的最前面几 bit 做了如下相关限制。现在,我们根据 RFC 791,对网络地址类型进行如下说明。

### 1．A 类网络地址

A 类网络地址的第 1 bit 必须为 0。读者很容易就计算出,A 类网络地址第 1 个八位组的取值范围为 0~127,即 0=(00000000)$_2$,127=(01111111)$_2$。

A 类地址的第 1 个八位组为网络地址,后面 3 个八位组为节点地址。

注:需要注意的是,当第 1 个八位组为 0 或 127 时,它并不属于 A 类网络,关于这一点我们会在 6.1.3 节介绍。

### 2．B 类网络地址

B 类网络地址的前 2 bit 必须为 10,那么 B 类网络地址第 1 个八位组的取值范围为 128~191,即 128=(10000000)$_2$,191=(10111111)$_2$。

B 类地址的前 2 个八位组为网络地址,后面 2 个八位组为节点地址。

### 3．C 类网络地址

C 类网络地址的前 3 bit 必须为 110,也就是说,第 1 个八位组取值范围为 192~223,即 192=(11000000)$_2$,223=(11011111)$_2$。

C 类地址的前 3 个八位组为网络地址,后面 1 个八位组为节点地址。

### 4．D 类和 E 类网络地址

对于 D 类和 E 类网络地址,本书不进行探讨。

根据上面的描述,相信读者应该知道,当设备读取一条 IP 地址时,只要读取前几位,就能立刻判断出该网络地址的网络部分和主机部分的长度，这样大大地提高了设备的计算速度，不是吗？

由上面的介绍可知，A 类网络的网络数量少，但是能够容纳的节点数量最多（后面 3 个八位组（24 bit，$2^{24}$=16777216）用于表示节点地址；C 类网络相对而言网络数量很多，但是单个网络能够容纳的节点数量却很少；相比之下，B 类网络的网络数量适中，能够容纳的节点数量也适中。

网络管理员可以根据实际的网络规模需求，选择合适的网络分类来规划网络。

### 6.1.3　特殊地址

前面提到有一些特殊的网络地址，下面给大家简单介绍一下。
- 任何网络：当整个 IP 地址全部为 0 时，表示任何网络，或者说所有网络（0.0.0.0）。
- 全局广播：当整个 IP 地址全部为 1 时，这是一个全局广播地址（255.255.255.255）。
- 网络地址：当一个网络的节点地址部分全为 0 时，表示当前网络。
- 所有节点：当一个网络的节点地址部分全部为 1 时，表示该网络中的所有节点。
- 127.0.0.0/8：　该网络中的所有有效主机地址都被保留用作环回测试，表示当前节点，用于向节点自己本身发送测试报文。
- 有效节点地址：在一个网络中，除去网络地址（节点地址全为 0）和所有节点（节点地址全为 1）的其他地址被称为有效节点地址。

注释：上述特殊地址（除有效节点地址）是不能被分配给节点的。

### 6.1.4　私有 IP 地址

设计者很人性化地为我们保留了一部分称为私有 IP 地址的"好东西"。就比如说我们前面提到的 192.168.1.100，这就是一个私有 IP 地址，那么究竟什么是私有 IP 地址呢？

私有 IP 地址在 Internet 上是不可路由的，主要是为了节省宝贵的 IP 地址空间，为用户提供一些安全措施。所以如果想在互联网上采用家庭网络和企业网络中的私有 IP 地址传递数据，就要用到一种被称为 NAT 的技术，有关该技术的详细介绍，请参阅本书第 13 章内容。

可分别在 A 类、B 类、C 类的网络中拿出一部分地址，作为私有地址：
- A 类——10.0.0.0～10.255.255.255；
- B 类——172.16.0.0～172.31.255.255；
- C 类——192.168.0.0～192.168.255.255。

这些范围内的 IP 地址可以在企业网络或者家庭网络中随意部署，它不会被互联网所路由，也不应该将这些网络的路由信息传递到互联网上去。不同用户的私有 IP 地址规划是可以冲突的，但这并不会对互联网产生影响。

## 6.1.5　子网划分

要阐述子网划分,首先需要明确如下问题:
- 子网划分的依据是什么?
- 每个子网应该包含多少个有效节点地址?

### 1.子网掩码

首先,需要了解什么是子网掩码(Subnet Mask)。

与 IP 地址类似,子网掩码由 32 bit(4 字节)组成,以点分十进制表示。然而它本身并不是一个 IP 地址,子网掩码的使用规则是,子网掩码由前面连续的 1 和后面连续的 0 组成。例如,255.255.255.0 = 11111111.11111111.11111111.00000000。

通常,将前面连续的 1 的数量称为一个子网掩码的长度,在上面这个例子中我们称它为 24 位掩码。

子网掩码一般与 IP 地址结合使用,掩码长度表示该 IP 地址的网络部分的长度。将一个 IP 地址与它的子网掩码进行与运算,得到的结果便是该 IP 地址的网络地址。

### 2.与运算

将 IP 地址与子网掩码逐位进行与运算,同为 1 时得 1,其他情况均为 0。

与运算结果如表 6-5 所示。

表 6-5　与运算结果

|  | 第 1 个八位组 | 第 2 个八位组 | 第 3 个八位组 | 第 4 个八位组 |
|---|---|---|---|---|
| IP 地址 | 192=11000000 | 168=10101000 | 1=00000001 | 100=01100100 |
| 子网掩码 | 255=11111111 | 255=11111111 | 255=11111111 | 0=00000000 |
| 逐位与运算结果 | 11000000 | 10101000 | 00000001 | 00000000 |
| 网络地址 | 192 | 168 | 1 | 0 |

### 3.有类网络

根据前面探讨的 A 类、B 类、C 类等网络分类,以及定义好的网络部分长度,将符合这一标准的网络规划及地址分配方式称为有类网络;也就是说,A 类网络使用固定的子网掩码 255.0.0.0,B 类网络使用固定的子网掩码 255.255.0.0,C 类网络则使用固定的子网掩码 255.255.255.0。设备只需要读取 IP 地址前面几个 bit 就能知道如何区分该 IP 地址的网络部分和节点地址部分,这样的网络被称为有类网络。

### 4.无类网络

现在,了解子网掩码之后可以研究下面这个问题。

设想这样一种情况,假设一个企业有 500 台终端需要接入网络,使用一个 C 类网络显然并不能够满足需求，而使用一个 B 类网络又会浪费大量的 IP 地址资源。

- 一个 C 类网络可容纳的有效节点数量为 $2^8$=256，减去两个特殊地址则等于 254；
- 一个 B 类网络可容纳的有效节点数量为 $2^{16}$=65536，减去两个特殊地址等于 65534。

于是聪明的前辈们想到了一个办法，那就是子网划分，经过子网划分之后的子网被称为无类网络。

进行子网划分的计算方法可能并不止一种，读者可以自行选择适合自己的方法，本节仅展示其基本原理。

继续探讨一个企业有 500 台终端需要接入网络的案例，为了满足一个使用一个 C 类网络容量不够，而使用一个 B 类网络又浪费大量 IP 地址空间的客户需求，可以采用子网划分技术。

首先我们需要了解下面的内容。

我们已经知道了，节点地址的容量取决于节点部分的 bit 数量，总之，网络部分和子网以及节点地址部分的 bit 数量加起来必须等于 32 bit。

也就是说，节点地址部分，1 bit 可以表示两个节点地址，即 $2^1$ 对吗？

那么，2 bit 呢？$2^2$=4，3 bit 呢？$2^3$=8,…,$2^8$=256，以此类推，换算表如表 6-6 所示。

表 6-6　换算表

| | |
|---|---|
| $2^1$=2 | $2^8$=256 |
| $2^2$=4 | $2^9$=512 |
| $2^3$=8 | $2^{10}$=1024 |
| $2^4$=16 | $2^{11}$=2048 |
| $2^5$=32 | $2^{12}$=4096 |
| $2^6$=64 | $2^{13}$=8192 |
| $2^7$=128 | ⋮ |

根据表 6-5 的规律，一个网络中节点地址的 bit 数量，决定了该网络相应的所能够容纳的节点数量。我们这个案例中需要 500 台设备接入网络，显然使用 $2^9$=512 个节点地址，也就是 9 bit 的节点地址长度就可以满足客户需求了。现在，轮到子网掩码出场了，使用子网掩码来向设备标明，一个 IP 地址究竟哪些位是网络部分，哪些位是节点地址部分。

例如，我们使用 172.16.0.0 这个 B 类网络来为该客户提供服务，那么管理员就需要将这个 B 类网络进行子网划分，将其分割成正好可以满足客户需求大小的网络。

我们需要 9 bit 的节点地址位，32-9=23，也就是说，需要将网络地址部分定义为 23 bit 长。前面说过，子网掩码由前面连续的 1 来表示网络部分，后面连续的 0 表示节点地址部分，采用二进制表示：

11111111.11111111.11111110.00000000=255.255.254.0。

分配给该客户的网络地址范围为 172.16.0.0 / 23，这个 "/23" 是一种让人好理解的书写方式，不是吗？同时也很清晰地表示出该网络的网络部分究竟是多长。

问题来了，该 B 类网络经过这样的子网划分后，究竟划分出了哪些个子网呢？

首先，前面两个八位组，也就是前 16 bit 必须是一致的，这样才同属一个 B 类网络。在本案例中，从第 17～23 位，相同则属于同一 B 类网络的同一子网，不同则属于同一 B 类网络的不同子网，这样讲你理解了吗？如果不理解，那也没关系，我们来看下面的例子：

```
172.16.0.0   = 10101100.00010000.00000000.00000000
255.255.0.0  = 11111111.11111111.00000000.00000000
```

网络部分相同，才能被认为是在同一子网中，也就是说，我们所划分出的子网，前面 16 bit 必须等于 172.16 这样才算是在 172.16.0.0 这个 B 类网络中。

我们继续往下看：

```
172.16.0.1    = 10101100.00010000.00000000.00000001
255.255.254.0 = 11111111.11111111.11111110.00000000
```

和

```
172.16.1.1    = 10101100.00010000.00000001.00000001
255.255.254.0 = 11111111.11111111.11111110.00000000
```

如上所述，为了满足客户的要求，完成子网划分后，子网 IP 地址采用二进制表示；如果其网络部分一致，则被认为划分的子网在同一网络；如果其网络部分不一致，则被认为划分的子网不在同一网络。很明显，上面两个 IP 地址的网络部分是相同的，因此我们认为它们在同一个子网中。

再往下看：

```
172.16.0.1    = 10101100.00010000.00000000.00000001
255.255.254.0 = 11111111.11111111.11111110.00000000
```

和

```
172.16.2.1    = 10101100.00010000.00000010.00000001
255.255.254.0 = 11111111.11111111.11111110.00000000
```

这两个 IP 地址的网络部分的最后一位是不同的，所以它们被认为不在同一子网中。

如果读者还存在疑惑，那么我们再举一例：

```
172.16.8.1    = 10101100.00010000.00001000.00000001
255.255.254.0 = 11111111.11111111.11111110.00000000
```

和

```
172.16.9.1      =  10101100.00010000.00001001.00000001
255.255.254.0   =  11111111.11111111.11111110.00000000
```

这两个 IP 地址的网络部分是相同的，因此它们在同一个子网当中。

总结一下上面的这些例子：

```
172.16.0.1 /23
172.16.1.1 /23
172.16.2.1 /23
172.16.8.1 /23
172.16.9.1 /23
```

这些 IP 地址分别在相同或者不同的子网当中，但是作为 B 类网络，它们都属于 172.16.0.0 这个 B 类的主网络，依据就是，按照 B 类网络的定义，它们的前 16 bit 都为 172.16，是一致的。也就是说，这些 IP 地址同属于一个 B 类网络，但是因为进行了子网划分，它们分别属于同一个 B 类网络的不同子网。

现在，我们可以回答本节最开始提出的问题了：

● 　子网划分的依据是子网掩码的长度；
● 　划分出的子网应该包含网络需求的最少需要的有效节点地址数量。

当然，设计一个可支持后续业务发展的子网规划是很必要的。

## 6.1.6　配置 IP 地址实验实例

在本节中，我们来演示 IP 地址及子网划分等操作在华为 VRP 操作系统上的实际操作。

### 1．实验一：为两台路由器接口配置 IP 地址，实现互通

实验环境：eNSP 中的 AR 路由器
模拟设备环境：

```
[Huawei]display version
Huawei Versatile Routing Platform Software
VRP (R) software, Version 5.110 (eNSP V100R001C00)
Copyright (c) 2000-2011 HUAWEI TECH CO., LTD
```

实验拓扑：实验一网络拓扑如图 6-2 所示。

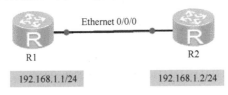

图 6-2　实验一网络拓扑

实验步骤：

① 使用 system-view 指令进入系统视图。

```
<Huawei> system-view
Enter system view, return user view with Ctrl+z.
[Huawei]
```

② 使用 interface Ethernet 0/0/0 指令进入接口配置视图。

```
[R1]interface Ethernet 0/0/0
[R1-Ethernet0/0/0]
```

这里的 Ethernet 0/0/0 代表实际的接口编号。

③ 配置 IP 地址。

```
[R1-Ethernet0/0/0] ip address 192.168.1.1 ?
    INTEGER<0-32>    Length of IP address mask
    X.X.X.X          IP address mask

[R1-Ethernet0/0/0] ip address 192.168.1.1   24
[R1-Ethernet0/0/0]
[R2] interface Ethernet 0/0/0
[R2-Ethernet0/0/0] ip add 192.168.1.2   255.255.255.0
[R2-Ethernet0/0/0]
```

注释：在该步骤中，在新的华为设备上支持两种配置子网掩码的方式。

我们既可以使用传统的点分十进制的方式来表示子网掩码，也可以直接给出掩码的前缀长度。

④ 测试。

```
[R1]ping 192.168.1.2
    PING 192.168.1.2: 56    data bytes, press CTRL_C to break
        Reply from 192.168.1.2: bytes=56 Sequence=1 ttl=255 time=50 ms
        Reply from 192.168.1.2: bytes=56 Sequence=2 ttl=255 time=30 ms
        Reply from 192.168.1.2: bytes=56 Sequence=3 ttl=255 time=40 ms
        Reply from 192.168.1.2: bytes=56 Sequence=4 ttl=255 time=10 ms
        Reply from 192.168.1.2: bytes=56 Sequence=5 ttl=255 time=40 ms

    --- 192.168.1.2 ping statistics ---
        5 packet (s) transmitted
        5 packet (s) received
```

```
          0.00% packet loss
          round-trip min/avg/max = 10/34/50 ms
      [R1]
```

现在，两台华为路由器之间通过手工配置的 IP 地址就能够通信了。

### 2．实验二：通过实验理解子网

实验拓扑：实验二网络拓扑如图 6-3 所示。

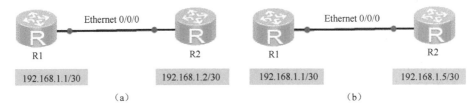

图 6-3　实验二网络拓扑

首先，观察图 6-3（a）和图 6-3（b）所示网络拓扑的 IP 编址规划，很显然稍微有些区别。下面，我们结合实验来说明子网的概念。

首先来验证图 6-3（a）所示网络拓扑。

为 R1 和 R2 配置 IP 地址，并使用 ping 命令进行测试。

```
      [R1-Ethernet0/0/0]ip add 192.168.1.1   30
      [R1-Ethernet0/0/0]ip add 192.168.1.2   30
      [R1]ping 192.168.1.2
        PING 192.168.1.2: 56    data bytes, press CTRL_C to break
        Reply from 192.168.1.2: bytes=56 Sequence=1 ttl=255 time=60 ms
        Reply from 192.168.1.2: bytes=56 Sequence=2 ttl=255 time=50 ms
        Reply from 192.168.1.2: bytes=56 Sequence=3 ttl=255 time=40 ms
        Reply from 192.168.1.2: bytes=56 Sequence=4 ttl=255 time=50 ms
        Reply from 192.168.1.2: bytes=56 Sequence=5 ttl=255 time=50 ms

        --- 192.168.1.2 ping statistics ---
        5 packet (s) transmitted
        5 packet (s) received
        0.00% packet loss
        round-trip min/avg/max = 40/50/60 ms
      [R1]
```

由测试结果可知，图 6-3（a）所示网络拓扑的编址规划正确，两台路由器可以通信，但是我们也不要懒惰，动手计算一下该网络地址。

　　R1　　192.168.1.1/30

　　192.168.1.1 =　　　11000000.10101000.00000001.00000001

　　/30=255.255.255.252=11111111.11111111.11111111.11111100

经过与运算可知，该 IP 地址的网络地址应该为 192.168.1.0。

　　R2　　192.168.1.2/30

　　192.168.1.2 =　　　11000000.10101000.00000001.00000010

　　/30=255.255.255.252=11111111.11111111.11111111.11111100

经过与运算可知，该 IP 地址的网络地址应该为 192.168.1.0。

测试表明：同属于一个网络的子网，或者说同属于一个子网的主机之间可以通信。

读者可能会问：图 6-3（b）所示网络拓扑中的两台路由器能通信吗？为了保证理论的真实可靠性，我们动手验证一下。

修改 R2 的 IP 地址使其与拓扑二中给出的 IP 地址一致：

```
[R2-Ethernet0/0/0]ip add 192.168.1.5 255.255.255.252
<R1>ping 192.168.1.5
    PING 192.168.1.5: 56    data bytes, press CTRL_C to break
    Request time out
    Request time out
    Request time out
    Request time out
    Request time out

    --- 192.168.1.5 ping statistics ---
    5 packet (s)    transmitted
    0 packet (s)    received
    100.00% packet loss

<R1>
```

由上可知，这两台主机并不能通信。我们来计算一下。

　　R1　　192.168.1.1/30

　　192.168.1.1 =　　　11000000.10101000.00000001.00000001

　　/30=255.255.255.252=11111111.11111111.11111111.11111100

经过与运算可知，这个 IP 地址的网络地址应该为 192.168.1.0。

　　R2　　192.168.1.5/30

　　192.168.1.2 =　　　11000000.10101000.00000001.00000101

/30=255.255.255.252=11111111.11111111.11111111.11111100

经过与运算可知，这个 IP 地址的网络地址应该为 192.168.4.0。

这两台路由器的接口根本就没有规划到一个子网当中，由实验结果可知，是不能建立通信的。

结论：子网掩码可以用来限制子网的规模大小，网络地址用来确定网络的位置，这二者结合在一起就可以确定子网的可用 IP 地址范围。

### 3. 实验三：理解节点地址

实验拓扑：实验三网络拓扑如图 6-4 所示。

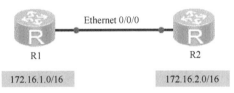

图 6-4　实验三网络拓扑

```
[R1-Ethernet0/0/0]ip add 172.16.1.0 255.255.0.0
[R2-Ethernet0/0/0]ip add 172.16.2.0 255.255.0.0
<R1>ping 172.16.2.0
    PING 172.16.2.0: 56    data bytes, press CTRL_C to break
    Reply from 172.16.2.0: bytes=56 Sequence=1 ttl=255 time=60 ms
    Reply from 172.16.2.0: bytes=56 Sequence=2 ttl=255 time=50 ms
    Reply from 172.16.2.0: bytes=56 Sequence=3 ttl=255 time=20 ms
    Reply from 172.16.2.0: bytes=56 Sequence=4 ttl=255 time=20 ms
    Reply from 172.16.2.0: bytes=56 Sequence=5 ttl=255 time=30 ms

    --- 172.16.2.0 ping statistics ---
    5 packet (s) transmitted
    5 packet (s) received
    0.00% packet loss
    round-trip min/avg/max = 20/36/60 ms
[R1]
```

很多初学者对上面的内容可能比较难以理解。最后一位数为 0 了，这难道还是一个 IP 地址？是的，没错，这确实是一个 IP 地址。

抛开特殊 IP 地址不谈，我们对一个有效 IP 地址的定义是：当一个 IP 地址中的节点地址部分数值不为 0 时，那么它就是一个有效 IP 地址。

172.16.1.0 = 10101100.00010000.00000001.00000000

255.255.0.0= 11111111.11111111.00000000.00000000

172.16.2.0 = 10101100.00010000.00000010.00000000

这样看来，前 16 bit 是网络部分，后 16 bit 是节点地址部分，很明显，这两个地址的节点地址部分都不为 0，所以是有效的节点 IP 地址。

两个地址的网络部分相同，属于同一个网络。

# 6.2　ARP

ARP（Address Resolution Protocol，地址解析协议）可在以太网上，根据已知的 IP 地址查找主机的硬件地址。

## 6.2.1　ARP 工作原理

我们以以太网环境作为背景来探讨这一协议（串行链路由于是点到点链路，故而不需要 ARP）。在以太网环境中，当主机需要向一个 IP 地址发送数据时，它需要将目标的物理地址（也就是 MAC 地址，也有文献称其为硬件地址）写在数据帧的目的 MAC 地址字段位置上，而这一动作的前提是，网络层已经知道了这一地址并且将其与逻辑目的地址建立了一个映射关系。这就好比在手机上存了一个电话号码并备注上了一个联系人姓名一样，当需要打电话时，只需要查找该联系人的姓名即可，手机会帮我们自动选择他的电话号码拨出去。

当我们并不知道一台主机的 IP 地址与物理地址的映射关系时，就需要用到 ARP。

## 6.2.2　ARP 分类

### 1. ARP

我们用一个简单的比喻来形容 ARP 的工作过程。当你只知道你跟张三是同班同学却不知道他的具体座位时，你站起来喊了一声：“我是王二，谁是张三？”于是张三说：“我是张三。”这样，你就知道了张三的位置，同时张三也知道了你的位置和姓名。

如图 6-5 所示为一个 ARP 请求报文范例。

当一台主机需要访问一个与自己在同一个网络的 IP 地址但不知道目的主机的物理地址时，它就会发送一个 ARP 请求报文。

由于我们并不知道目标物理地址是什么，该报文的目标物理地址（即 MAC 地址）在数据帧的头部用二层广播地址 FFFF.FFFF.FFFF 来填充。

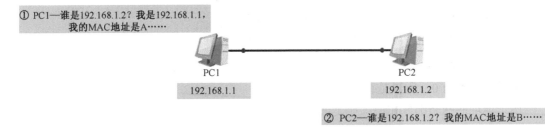

图 6-5　一个 ARP 请求报文范例

相信读过前面的章节之后，读者一定都已经了解一个二层目的地址为广播地址的数据帧是会被发送给广播域内所有的成员的，如果网络规划正确，那么这其中一定会包含真正的接收者。

当真正的接收者收到该数据帧之后，会转交给自身的 ARP 程序，经过比对，发现其中的目的 IP 地址正是其所拥有的，就会对发送者做出回应，在回应报文中会将自身的物理地址写在发送者 MAC 地址的位置。

这样，目的主机根据发送者 ARP 请求报文中的 MAC 地址和 IP 地址获得了发送者的物理地址和逻辑地址，并且将会以明确的 MAC 地址和 IP 地址给发送者发送回应报文。

一次美妙的陌生人之间的互相介绍就这样完成了。看起来是不是很简单呢！

### 2．代理 ARP

在一般情况下，只能为主机分配一个默认网关。如果需要互通的主机处在相同的网段却不在同一物理网络，并且连接主机的网关设备具有不同的网关地址，在这种场景中，如果网关发生故障，我们该如何防止业务中断呢？在这种场景中，需要代理 ARP，其工作过程如图 6-6 所示。

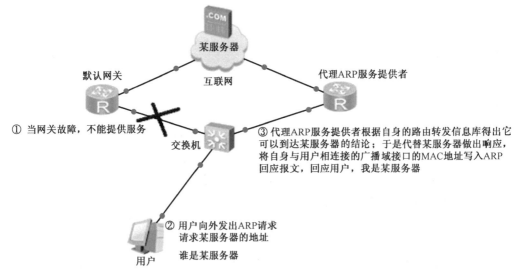

图 6-6　代理 ARP 工作过程

可以看出，实际上，代理 ARP 是一种服务，它并不是一种协议。而且，服务提供者对用户进行了"欺骗"，只是将自身的 MAC 地址回应给了用户，以此来达到代替用户转发数据的目的。

在默认情况下，在华为的设备上，这一功能是关闭掉的。

### 6.2.3　ARP 报文格式

ARP 报文有两种：ARP 请求和 ARP 应答。

这两种报文的结构相同。图 6-7 所示为一个典型的 ARP 请求报文。

```
⊞ Ethernet II, Src: HuaweiTe_5c:64:19 (54:89:98:5c:64:19), Dst: Broadcast (ff:ff:ff:ff:ff:ff)
⊟ Address Resolution Protocol (request)
    Hardware type: Ethernet (1)
    Protocol type: IP (0x0800)
    Hardware size: 6
    Protocol size: 4
    Opcode: request (1)
    Sender MAC address: HuaweiTe_5c:64:19 (54:89:98:5c:64:19)
    Sender IP address: 192.168.1.1 (192.168.1.1)
    Target MAC address: 00:00:00_00:00:00 (00:00:00:00:00:00)
    Target IP address: 192.168.1.2 (192.168.1.2)
```

图 6-7　ARP 请求报文

图 6-8 展示的则是一个 ARP 回应报文。

```
⊞ Ethernet II, Src: HuaweiTe_7a:52:b3 (54:89:98:7a:52:b3), Dst: HuaweiTe_5c:64:19 (54:89:98:5c:64:19)
⊟ Address Resolution Protocol (reply)
    Hardware type: Ethernet (1)
    Protocol type: IP (0x0800)
    Hardware size: 6
    Protocol size: 4
    opcode: reply (2)
    Sender MAC address: HuaweiTe_7a:52:b3 (54:89:98:7a:52:b3)
    Sender IP address: 192.168.1.2 (192.168.1.2)
    Target MAC address: HuaweiTe_5c:64:19 (54:89:98:5c:64:19)
    Target IP address: 192.168.1.1 (192.168.1.1)
```

图 6-8　ARP 回应报文

可以看出，这两种报文的结构相同，但是可根据操作代码（opcode）取值的不同来定义这是一个请求报文，还是一个回应报文，报文中携带的发送者和目的地的 MAC 地址和 IP 地址会相应地发生变化。

还有一类 ARP 被称之为免费 ARP，它用于在 IPv4 的世界里完成地址冲突检查，读者可以在同一链路的两端配置相同地址就可以看到该报文。

## 6.3　小结

在本章中，我们讲解了基本的 IP 及其分类，从现在开始我们将接触三层网络。另外，对于 ARP，它是通过以太网二层广播以及已知单播回复的方式来获取物理地址（MAC 地址）和逻辑地址（IP 地址）之间的映射关系的。

# 6.4 　练习题

**选择题**

① 以下____IP 地址是属于 192.168.1.0/29 这个网络的可用 IP 地址。

 A．192.168.1.2/29       B．192.168.1.10/29

 C．192.168.1.7/29       D．192.168.0.1/29

 E．192.168.1.0/29

② 以下____地址是 172.16.0.0/16 的可用 IP 地址。

 A．172.16.1.0/16       B．172.16.1.1/16

 C．172.19.1.1/16       D．172.19.1.0/16

 E．172.16.8.5/16

③ 以下关于 IP 报文的说法正确的有____。

 A．IP 报文的头部长度等于 20 字节

 B．IP 报文的头部长度不能大于 20 字节

 C．IP 报文的头部长度不能小于 20 字节

 D．IP 报文的头部长度不能等于 20 字节

 E．IP 报文的头部长度小于等于 20 字节

 F．IP 报文的头部长度大于等于 20 字节

# 第7章 传输层协议

## 7.1 TCP

传输层包含了 TCP（Transmission Control Protocol，传输控制协议）和 UDP（User Datagram Protocol，用户数据报协议）。TCP 是一种面向连接的、可靠的、基于字节流的传输层通信协议，在传输数据之前需要先和接收者建立连接，通过序列号机制和重传机制保证 TCP 数据的可靠性，是一个非常重要的协议。

### 7.1.1 TCP 特性

TCP 具有以下特性：
- 面向连接协议；
- 会话多路复用；
- 全双工模式；
- 错误检查；
- 数据包序列化；
- 可靠性机制；
- 数据恢复功能；
- 数据分段；
- 窗口机制。

### 7.1.2 TCP 报文格式

TCP 报文头部（简称报头）是可变长的，最小头部长度为 20 字节，最大头部长度为 60 字节。头部长度的计算方法和 IP 报文的计算方法一致，同样采用 4 比特来标识 TCP 报文头部长度。TCP 报文结构如图 7-1 所示，各字段含义如下所述。

① 源端口字段：16 比特，TCP 数据发送端的源端口号。

② 目的端口字段：16 比特，TCP 数据接收端的目的端口号。

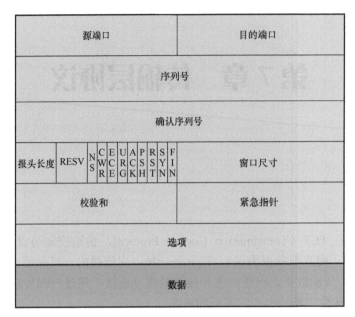

图 7-1　TCP 报文结构

③ 序列号字段：32 比特，用来标识从 TCP 发送端向 TCP 接收端发送的数据大小统计，单位为字节。通过序列号可以计算出发送者向接收者一共发送了多少字节的数据。序列号是一个 32 比特的无符号整数，取值范围为 $1\sim2^{32}$ 的随机数，序列号到达 $2^{32}-1$ 后会从 0 开始计算。

④ 确认序列号字段：32 比特，用来标识 TCP 接收端从 TCP 发送端接收了多少字节的数据。确认序列号的计算方法是，在接收到 TCP 报文"序列号"的基础上加上接收的数据长度作为确认序列号。在 TCP 中所有的控制报文算 1 字节的数据。SYN 和 FIN 报文都是数据控制报文。

⑤ 报头长度字段：4 比特。报头长度是可以变的，其范围为 20～60 字节，标准报头长度为 20 字节。4 比特的报头长度表示的最大值为 15，那么如何用来表示 20～60 字节呢？这是因为这 4 比特不是用来表示长度的，而是用来表示报头中携带的数据行数。每一行的数据长度固定为 4 字节，这样可以用行数乘以 4 计算出 TCP 头部长度，15 乘以 4 等于 60，这就是可以表示的最大 TCP 的头部长度。

⑥ 标志位字段：12 比特，其中，RESV（保留位）为 3 比特，为将来定义新用途保留，现在一般置 0；NS、CWR、ECE 标志位各占 1 比特，因其不常用，这里不做介绍。我们主要介绍后面 6 比特位。

● URG：紧急指针标志位，只有当 URG 标志位置位时紧急指针字段才会填充数据。

● ACK：确认标志位，用于确认接收到的 TCP 报文。

● PSH：PSH 标识位置位，表示 TCP 报文不进缓冲区，需要提交给应用层尽快处理。

● RST：重建标志位，需要重新建立 TCP 会话。

- SYN：建立连接标志位，需要建立 TCP 会话。
- FIN：断开连接标志位，需要断开 TCP 会话。

⑦ 窗口尺寸字段：16 比特，表示窗口大小最大为 65535，标识 TCP 接收者当前可以处理的数据大小。窗口大小是可以滑动的，可以变大也可以变小。这和 TCP 接收者的处理能力有关系，如果 TCP 接收者处理能力下降，窗口大小将会被调小，这样 TCP 发送者发送的数据量大小也会随之变小。如果 TCP 接收者处理能力变强，窗口大小将会被调大，TCP 发送者发送的数据量大小也会随之变大。

⑧ 校验和字段：16 比特。TCP 发送端对 TCP 头部和 TCP 填充数据进行校验，并将结果填充到校验和字段。TCP 接收者收到数据后，会重新对 TCP 头部和 TCP 填充数据进行校验，并将校验结果与校验和字段的值进行比对，如果一致则接收数据并交给上层处理，不一致则丢弃数据。

⑨ 紧急指针字段：16 比特。只有当 URG 标志位置 1 时紧急指针才有效，紧急指针是一个正向偏移量，和序列号字段中的值相加表示紧急指针数据最后一个字节的序号。TCP 紧急方式是发送者向接收者发送紧急数据的一种方式，紧急指针用于紧急处理 TCP 的控制数据。

⑩ 选项字段：标准 TCP 头部中不携带选项字段，选项字段只能按 4 字节的倍数来填充（用于计算报头长度）。常见的选项字段有 MSS 和 TCP MD5 认证，MSS（Max Segment Size，最大段尺寸）用于表示标识 TCP 数据段可以填充的最大数据长度，使 TCP 数据分段可以避免 IP 分片。TCP MD5 认证选项用来实现 TCP 认证功能，在后续学习的 BGP、LDP 等协议中，可以利用 TCP MD5 实现认证功能。

⑪ 数据字段：填充 TCP 数据，数据最大只能填充为 MSS 的大小。

## 7.1.3 TCP 会话的建立

由于 TCP 是一个面向连接的协议，发送数据前需要先和接收者提前建立连接，连接通常被称为会话。TCP 通过三次握手的可靠性机制来建立会话连接。所谓三次握手是指在 TCP 会话建立过程中总共交换了 3 个 TCP 报文，通过这 3 个报文保证了 TCP 会话建立过程中的可靠性。TCP 三次握手建立过程如图 7-2～图 7-4 所示。

在图 7-2 中，假设主机 A 需要向主机 B 发送数据，首先由主机 A 发起会话，向主机 B 发送一个设置 SYN 标志位的 TCP 报文，表示想和主机 B 建立连接，报文中的 SEQ 序列号字段会填充一个 $0\sim2^{16}$ 范围内的随机数（只有 SYN 标志位置位的 TCP 报文中该字段才会填充一个随机数），图中 SEQ 序列号用 0 表示。

主机 B 收到 SYN 置位的 TCP 报文后，知道有人想和自己建立连接，于是主机 B 向主机 A 回复一个同时设置了 SYN 和 ACK 标志位的 TCP 报文，其中，ACK 标志位表示主机 B 同意和主机 A 建立连接并确认主机 A 发送的 TCP 报文；SYN 标志位表示主机 B 同时想和主机 A 建立连接。这是因为 TCP 是全双工模式，建立一个会话可以实现数据的双向发送。

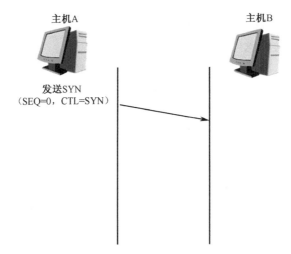

图 7-2　TCP 三次握手建立过程（一）

在报文中的 SEQ 序列号字段填充一个 $0\sim 2^{16}$ 范围内的随机数,主机 B 发送的序列号同样用 0 表示。确认序列号=接收到的序列号+数据长度,由于 TCP 报文的数据长度也算 1 字节,所以图 7-3 中的 ACK SEQ 为 1（0+1）。通过确认序列号可以统计出已接收的数据总长度。

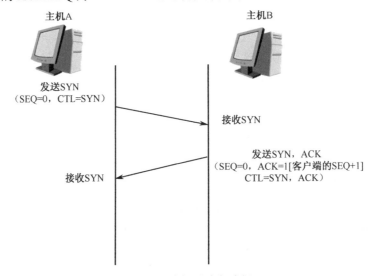

图 7-3　TCP 三次握手建立过程（二）

主机 A 收到主机 B 发送的 SYN+ACK 后,回复一个 ACK 标志位置位的 TCP 报文进行确认。在回复的 TCP 报文中,SEQ 序列号字段为 1（0+1）,由于主机 A 之前发送的 SYN 报文中的序列号为 0,并且已经发送过 1 字节数据（TCP 报文）,所以现在的 SEQ 序列号为 1。通过序列号字段可以统计出发送者已发送的数据总长度。ACK SEQ 确认序列号=主机 B 的发送序列号+数据长度（1=0+1）,如图 7-4 所示。

经过三次握手之后,主机 A 与主机 B 建立了 TCP 会话,最终实现数据的双向发送。

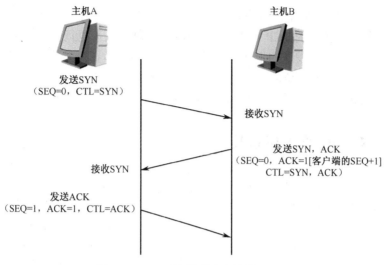

图 7-4　TCP 三次握手建立过程（三）

## 7.1.4　TCP 会话的终止

　　TCP 会话的终止需要经过四次握手断开连接，原因是 TCP 的会话是双向的，会话两端独立地发送和接收数据，那么终止会话就需要双向断开连接。例如，主机 A 和主机 B 建立 TCP 会话后两端都开始发送数据，如果现在主机 A 的数据发送完了，主机 A 向主机 B 提出断开连接，这只是个单方向的行为，只会断开主机 A 到主机 B 的连接，而主机 B 到主机 A 的连接还保持正常，主机 B 还可以向主机 A 继续发送数据；如果现在主机 B 的数据也发送完了，主机 B 向主机 A 提出断开连接，连接双向断开后 TCP 会话终止。TCP 四次握手终止会话过程如图 7-5 所示。

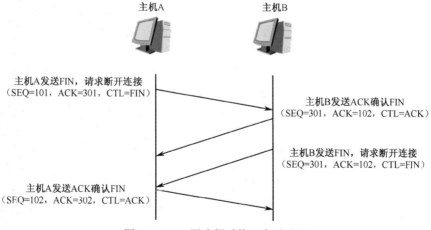

图 7-5　TCP 四次握手终止会话过程

在图 7-5 中，主机 A 向主机 B 发送完数据后，主机 A 断开与主机 B 的连接；主机 A 向主机 B 发送一个 FIN 置位的 TCP 报文，主机 B 收到该报文后，回复一个 ACK 置位的 TCP 报文以确认收到了主机 B 发送的报文。由于主机 B 也没有数据再发给主机 A，随后主机 B 也向主机 A 发送一个 FIN 置位的 TCP 报文，断开与主机 A 的连接。主机 A 收到主机 B 发送的 FIN 置位的 TCP 报文后，回复一个 ACK 置位的 TCP 报文以确认收到主机 B 发送的报文。

## 7.1.5　TCP 的确认与重传

TCP 发送的数据通过确认和重传机制来保证可靠性，数据发送者用序列号来标识发送的数据，数据接收者收到数据后向发送者回复一个 ACK 标志位置位的 TCP 报文进行接收确认，同时通过确认序列号（ACK SEQ）确认接收到的数据长度。数据发送者收到 ACK 确认信息后知道接收者已经收到了数据，可以继续发送数据。如果收不到 ACK 标志位置位的 TCP 报文，则说明接收者可能没有收到发送的数据，为了保证数据的可靠性，发送者需要重传丢失的数据。

在 TCP 中判断数据丢失需要重传的机制有两种，分别是定时器超时和快速重传机制。定时器超时是指在定时器规定时间内没有收到数据接收者回复的 ACK 标志位置位的 TCP 报文，认为发送的这部分数据丢失，需要重新发送。通过这种方式，数据发送者可以判断发送的数据已经丢失，但是每次都需要等定时器超时，发现的速度太慢。那我们可以想一下，是谁最先发现数据丢失的呢？答案肯定是数据接收者，接收者收不到数据只有以下两种情况：

- 根本就没收到数据；
- 收到的数据不完整。

针对第一种情况只能靠发送者定时器超时后重传，针对第二种情况接收者知道自己有哪部分数据没有收到（通过序列号机制），那么接收者可以通过发送多个针对丢弃数据的 ACK 报文（3 个以上）来告知发送者这部分数据丢失，发送者在收到针对同一数据的多个 ACK 报文后，触发快速重传，重新发送这部分数据。

TCP 数据确认机制如图 7-6 所示，该图展示了 TCP 数据传输过程。主机 A 发送第一个数据段，标识数据段的序列号 SEQ 为 1369，数据段长度为 400 字节，主机 B 收到该数据段后回复 ACK 报文确认数据段，ACK 报文中的 ACK SEQ=接收数据段中的序列号（1369）+数据长度（400），计算出回复的确认序列号为 1769。主机 A 收到 ACK 报文后开始发送第二个数据段，第二个数据段的 SEQ 为 1769（1369+400），标识已经发送过的数据长度，主机 B 收到第二个数据段后回复确认 ACK 报文，以此类推。

TCP 数据重传机制如图 7-7 所示，在该图中，主机 A 在传输数据段过程中，部分数据段丢失，针对这部分数据段一直没有收到确认 ACK 报文，主机 A 等待超时定时器超时后重传丢失的数据段，这种依赖定时器超时来重传数据段的机制速度较慢，在这种场景下，可以使用快速重传机制。

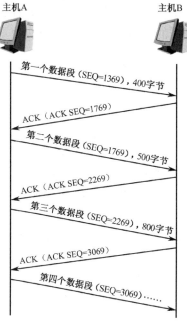

图 7-6　TCP 数据确认机制

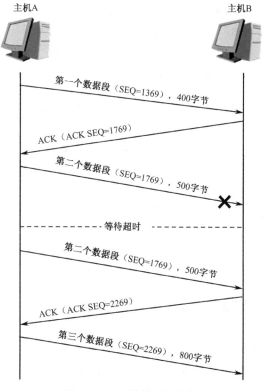

图 7-7　TCP 数据重传机制

TCP 快速重传机制如图 7-8 所示，在图 7-8 中，主机 B 针对丢失数据段发送多个 ACK 报文，主机 A 连续收到多个同样的 ACK 报文后会触发快速重传机制，重传这部分数据段，不需要等待超时定时器超时。

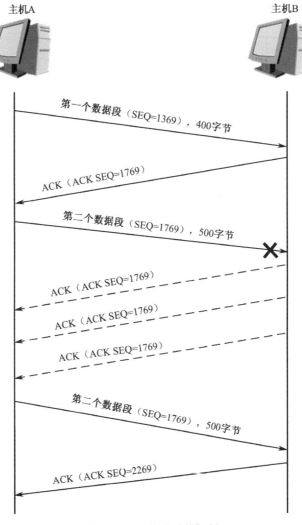

图 7-8　TCP 快速重传机制

## 7.1.6　TCP 滑动窗口

TCP 窗口机制有两种：一种是通告窗口，另一种是拥塞窗口。通告窗口是数据接收者通告给发送者自己现在能够缓存和处理数据量的大小，通告窗口的大小是可变的，这和接收者当前的处理能力有关，如果接收者当前处理能力比较强，接收者会将通告窗口调大并告知发送者，发送者就会增大数据发送量。如果接收者当前处理能力比较弱，接收者会将通告窗口大小调小并告知发送者，发送者就会减小数据发送量，这种调整通告窗口大小的机制称为滑动窗口。而拥塞窗口用于控制数据的发送速率，TCP 数据发送方式采用慢启动方式，每次发送的数据量大小按 2 的 $n$ 次方的方式线性增长。在持续增长过程中，如果网络出现拥塞并造成 TCP 数据段丢失，拥塞窗口大小会降为当前值的 1/2，将 TCP 发送数据的速率降为之前的 1/2，避免网络拥塞导致的 TCP 重传，发送数据的速率降为 1/2 后再次执行慢启动的增长方式。图 7-9 展示了滑动窗口工作原理。

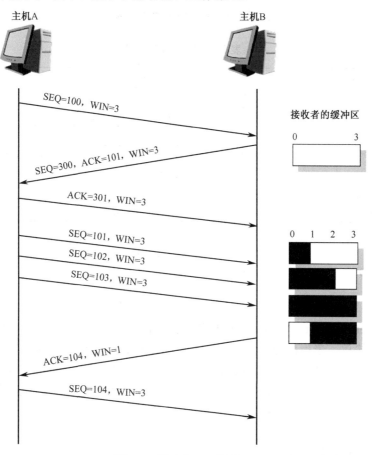

图 7-9　滑动窗口工作原理

　　在图 7-9 中，主机 A 为数据发送者，主机 B 为数据接收者。主机 B 通告给主机 A 的窗口大小为 3，标识现在自己可以缓存和处理 3 个数据段，主机 A 收到主机 B 通告的窗口大小后会按窗口的大小给主机 B 发送数据，一次性给主机 B 发送了 3 个数据段，之后便不再发送。因为主机 A 知道主机 B 只能处理 3 个，所以发送 3 个数据段后便不再发送，等待主机 B 的确认。

　　当主机 B 收到数据段后，将数据段放入到缓存中等待处理，主机 B 在回复 ACK 报文时只处理了缓存中的一个数据段，所以主机 B 在回复的 ACK 报文中将窗口大小调小，调整为 1。当主机 A 收到主机 B 发送的确认 ACK 报文后，获知接收者的窗口大小为 1，说明现在接收者只能处理 1 个数据段，后续主机 A 只向主机 B 发送一个数据段后便不再发送，等待主机 B 的确认。

### 7.1.7　应用端口

TCP 常被用作传输层协议，其端口列表如表 7-1 所示。

表 7-1　TCP 端口列表

| 端　　口 | 协　　议 | 说　　明 |
| --- | --- | --- |
| 21 | FTP | 文件传输协议，用于上传、下载 |
| 23 | Telnet | 用于远程登录，通过连接目标计算机的这一端口，得到验证后可以远程控制管理目标计算机 |
| 25 | SMTP | 简单邮件传输协议，用于发送邮件 |
| 53 | DNS | 域名服务，当用户输入网站的名称后，由 DNS 服务器负责将其解析成 IP 地址，在此过程中用到的端口号是 53（其实大多数情况下 DNS 采用 UDP 53 端口，但 DNS 服务器在同步数据时会采用 TCP 这个可靠协议） |
| 80 | HTTP | 超文本传输协议，通过 HTTP 实现网络上超文本的传输 |

## 7.2　UDP

UDP（User Datagram Protocol，用户数据报协议）工作在 TCP/IP 参考模型的传输层，是不可靠传输协议，采用尽力而为的传输方式，传输数据前不需要先与接收者建立连接，因此 UDP 无法为数据传输提供可靠性保证。但是它拥有更小的传输成本，传输更加有效率，同时客户已使用应用程序保证数据传输的可靠性。UDP 多用于发送实时的应用流量，如视频会议和语音等。

### 7.2.1　UDP 特性

UDP 具备以下特性：
● 属于无连接协议；
● 提供有限的错误检查；
● 采用尽力而为的传输方式；
● 不具备数据恢复功能。

## 7.2.2　UDP 报文格式

UDP 报文结构如图 7-10 所示，各字段含义如下所述。

| 源端口 | 目的端口 |
|--------|----------|
| 长度 | 校验和 |
| 数据 | |

图 7-10　UDP 报文结构

① 源端口：16 比特，UDP 数据发送者的端口号。

② 目的端口：16 比特；UDP 数据接收者的端口号。

③ 长度：16 比特，是 UDP 报头和 UDP 数据长度总和，该字段的最小值为 8 字节，最大值为 65535 字节。由于 UDP 没有类似 TCP MSS 的分段机制，所以如果无限制地随意填充数据会造成 UDP 报文过大，带来 IP 分片问题。所以使用 UDP 作为传输层协议的应用程序会限制数据填充长度，填充的数据长度不会大于 512 字节，这样有效地避免了 IP 分片问题。

④ 校验和：16 比特，UDP 发送端对 UDP 头部和 UDP 填充数据进行校验，将结果填充到校验和字段。UDP 接收者收到数据后会重新对 UDP 头部和 UDP 填充数据进行校验，并与校验和字段的值进行对比，如果一致则接收数据段并交给上层处理；如果不一致则丢弃数据段。

⑤ 数据：填充 UDP 数据，由上层应用程序来控制填充的数据长度。

# 7.3　小结

在本章中，我们对 TCP 和 UDP 进行了简单介绍，针对本章知识读者理解即可。TCP 和 UDP 负责承载用户的各种应用协议。

# 7.4　练习题

选择题

① UDP 的全称是____。

　　　A．User Delivery Protocol　　　　　B．User Datagram Procedure
　　　C．User Datagram Protocol　　　　　D．Unreliable Datagram Protocol
② 在 TCP 的三次握手过程中不会用到____TCP 报文（多选）。
　　　A．SYN　　　B．SYN+ACK　　　C．ACK　　　D．FIN　　　E．FIN+ACK
③ 管理员发现无法通过 TFTP 将文件传输到华为 AR2200 路由器，则可能的原因是
　　____。
　　　A. 路由器上禁用了 TFTP 服务
　　　B. TFTP 服务器的 TCP 69 号端口被禁用
　　　C. TFTP 服务器的 UDP 69 号端口被禁用
　　　D. TFTP 服务器上的用户名和密码被修改
④ UDP 是无连接的传输层协议，必须使用____来提供传输的可靠性。
　　　A. 网际协议　　　　　　　　　　　B. 应用层协议
　　　C. 网络层协议　　　　　　　　　　D. 传输控制协议
⑤ DNS 使用的端口号是____。
　　　A．20　　　　　　B．21　　　　　　C．53　　　　　　D．22

# 第8章 IP路由基础

## 8.1 数据转发原理

随着计算机网络规模的不断扩大，大型互联网络（如Internet）的迅猛发展，路由技术在网络技术中已变得越来越重要，路由器也随之成为最重要的网络设备。用户的需求推动了路由技术的发展和路由器的普及，人们已经不满足于仅在本地网络上共享信息，而希望最大限度地利用全球各个地区、各种类型、各种云的网络资源。如今，任何一个有一定规模的计算机网络（如骨干网、企业网、校园网、智能大厦和智慧家庭网络等），无论采用的是快速以太网、串行链路，还是IPv6技术，都离不开路由器，否则就无法正常运作和管理。

路由器其实是一个逻辑的概念，而不仅仅是我们看到的那个摆在机柜上的黑色的铁盒子，"有多个接口，用于连接多个IP子网及多种链路，能让它们互联互通的设备应该都可以称为路由器"。路由器工作在OSI参考模型的第三层，也就是网络层。路由器通过逻辑地址（IP地址）来划分区别不同的网络，实现网络之间的互联和隔离；路由器不转发广播消息，可将广播消息限制在各自区域网络中，发送到其他网络的数据先被发送到路由器，再由路由器转发出去。路由器的核心是全局路由表，通过路由器转发的所有数据都要借助全局路由表来实现。

转发路径是指导数据包发送的路径，是数据包从源端到目的端的整条传输路径，该转发路径由路由表来决定。路由器有两个基本功能：路由决策和数据转发，路由表即路由决策，它给出数据包的转发路径。

### 1. 路由决策

当报文从路由器到达目的网段有多条路由可达时，路由器会进行决策，选择出最优路由放入路由表。最优路由选择与路由协议的优先级，以及路由协议使用的不同度量值有关。

### 2. 数据转发

路由器可以根据路由表中的最优路由进行数据转发。路由器首先会查找路由表，判断是否有去往该目的网络的路由，如果没有去往该目的网络的路由，通常情况下会丢弃数据。反之，根据路由表中的相应表项发送数据到目的网络。

举个例子，如图8-1所示，描述了IP路由过程。

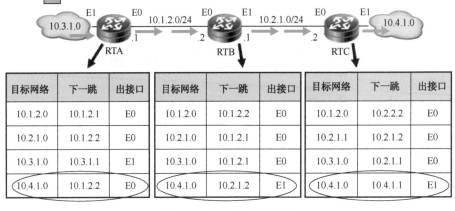

图 8-1　描述 IP 路由过程

下面，以图 8-1 中的 RTA、RTB、RTC 3 台路由器为例来说明 IP 路由的过程。

RTA 左侧连接网络 10.3.1.0，RTC 右侧连接网络 10.4.1.0，当 10.3.1.0 网络有一个数据包要发送到 10.4.1.0 网络时，IP 路由的过程如下：

① 10.3.1.0 网络的数据包被发送给与网络直接相连的 RTA 的 E1 接口，E1 接口收到数据包后查找自己的路由表，找到去往目的地址的下一跳为 10.1.2.2，出接口为 E0，于是数据包从 E0 接口发出，交给下一跳 10.1.2.2。

② RTB 的 10.1.2.2（E0）接口收到数据包后，同样根据数据包的目的地址查找自己的路由表，查找到去往目的地址的下一跳为 10.2.1.2，出接口为 E1，同样，数据包被 RTB 从 E1 接口发出，交给下一跳 10.2.1.2。

③ RTC 的 10.2.1.2（E0）接口收到数据后，依旧根据数据包的目的地址查找自己的路由表，查找目的地址是自己的直连网段，并且去往目的地址的下一跳为 10.4.1.1，接口是 E1。最后数据包从 E1 接口送出，交给目的地址。

# 8.2　路由协议概述

路由器使用一些路由协议来构建路由表。路由协议是路由器之间交互信息的一种语言，可共享网络状态和网络可达性消息，创建和维护路由表，提供最佳转发路径。

根据来源不同，路由表中的路由通常可分为以下 3 类：

- 通过链路层协议发现的路由（也称为接口路由或直连路由），不需要配置。
- 由网络管理员手工配置的静态路由。
- 通过动态路由协议（比如 RIP、OSPF、IS-IS、BGP 协议等）发现的路由。

根据路由器学习路由信息、生成并维护路由表的方式，路由可分为直连路由、静态路由和动态路由。

### 1．直连路由

直连路由是由数据链路层协议发现的，是指去往路由器的接口地址所在网段的路径，该路径信息不需要网络管理员维护，也不需要路由器通过某种算法进行计算获得，只要该接口处于激活状态，路由器就会把直连接口所在的网段路由信息填写到路由表中去。链路层只能发现接口所在的直连网段的路由，无法发现跨网段的路由。跨网段的路由需要用其他的方法获得。

如图 8-2 所示为直连路由拓扑结构示意图，请读者自行配置接口的 IP 地址。

图 8-2　直连路由拓扑结构示意图

在 RTB 上查看路由表：

[RTB]dis ip routing-table　//在华为设备上用该命令查看全局路由表，可以看到 2 条 30 位的直连路由。华为路由器还会产生配置 IP 地址的主机路由（/32）、所在网段的广播地址，以及本地环回地址和全局广播地址（255.255.255.255）

Route Flags: R - relay, D - download to fib
--------------------------------------------------------------------------------
Routing Tables: Public
　　　　Destinations : 10　　　　　Routes : 10

| Destination/Mask | Proto | Pre | Cost | Flags | NextHop | Interface |
|---|---|---|---|---|---|---|
| **10.1.1.0/30** | **Direct** | **0** | **0** | **D** | **10.1.1.1** | **GigabitEthernet0/0/1** |
| 10.1.1.1/32 | Direct | 0 | 0 | D | 127.0.0.1 | GigabitEthernet0/0/1 |
| 10.1.1.3/32 | Direct | 0 | 0 | D | 127.0.0.1 | GigabitEthernet0/0/1 |
| **10.1.2.0/30** | **Direct** | **0** | **0** | **D** | **10.1.2.1** | **GigabitEthernet0/0/0** |
| 10.1.2.1/32 | Direct | 0 | 0 | D | 127.0.0.1 | GigabitEthernet0/0/0 |
| 10.1.2.3/32 | Direct | 0 | 0 | D | 127.0.0.1 | GigabitEthernet0/0/0 |
| 127.0.0.0/8 | Direct | 0 | 0 | D | 127.0.0.1 | InLoopBack0 |
| 127.0.0.1/32 | Direct | 0 | 0 | D | 127.0.0.1 | InLoopBack0 |
| 127.255.255.255/32 | Direct | 0 | 0 | D | 127.0.0.1 | InLoopBack0 |
| 255.255.255.255/32 | Direct | 0 | 0 | D | 127.0.0.1 | InLoopBack0 |

通过查看路由表可知，"Proto"字段的值为 Direct，表示是链路层发现的直连路由。

### 2．静态路由

静态路由是由管理员手工配置的路由，通过配置静态路由同样可以达到网络互通的目的。但这种配置会存在问题，当网络发生故障后，静态路由不会自动修正，必须由管理员重新修改其配置。通常适用于小型网络、静态默认路由以及临时使用的路由等场景。

如图 8-3 所示为静态路由拓扑结构示意图。

图 8-3　静态路由拓扑结构示意图

如下是一个静态路由的例子，它包含了网络、协议（静态）、优先级（60）、Cost（开销值为 0）、标识（RD，已经通过中继方式装载到转发表中）、下一跳地址以及出接口等信息。

```
[RTB]dis ip routing-table
Route Flags: R - relay, D - download to fib
------------------------------------------------------------------------------
Routing Tables: Public
         Destinations : 11        Routes : 11
Destination/Mask     Proto    Pre   Cost      Flags    NextHop      Interface
    2.2.2.0/24       Static    60    0          RD     10.1.1.2     GigabitEthernet0/0
```

### 3．动态路由

当网络拓扑结构十分复杂、手工配置静态路由工作量大而且容易出现错误时适合用动态路由协议，通过动态路由协议各自的路由算法，让其自动发现和修改路由，无须人工维护。但动态路由协议开销大，配置和管理复杂。

如图 8-4 所示为动态路由拓扑结构示意图，它显示了通过 RIP 和 OSPF 发现的路由。

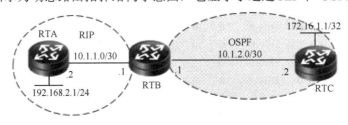

图 8-4　动态路由拓扑结构示意图

查看动态路由表：

```
[RTB]dis ip routing-table
Route Flags: R - relay, D - download to fib
------------------------------------------------------------------------------
Routing Tables: Public
         Destinations : 13        Routes : 13
Destination/Mask     Proto    Pre   Cost      Flags    NextHop      Interface
          ············
   172.16.1.1/32     OSPF     10    1          D       10.1.2.2     GigabitEthernet0/0/0
   192.168.2.0/24    RIP      100   1          D       10.1.1.2     GigabitEthernet0/0/1
```

通过查看路由表可知，"Proto"字段的值为"RIP"，表示该路由是由 RIP 动态路由协议发现的；"Proto"字段的值为"OSPF"，表示该路由是由 OSPF 动态路由协议发现的。

路由器转发数据包的关键是路由表。每个路由器中都保存着一张路由表，路由表中每条路由项都指明数据包到某子网或某主机应通过路由器的哪个物理接口发送，以及可到达该路径的下一路由器，或者不再经过别的路由器而发送到直接相连网络中的目的主机。通过 display ip routing-table 命令可以查看路由器的 IP 路由表信息。

注释：只有最优路由才会被放进路由表中，非有效、非最优路由不会在路由表中显示。

如图 8-5 所示，通过 display ip routing-table 命令，查看路由表。

```
[RTB]display ip routing-table
Route Flags: R - relay, D - download to fib
------------------------------------------------------------------
Routing Tables: Public
         Destinations : 13        Routes : 13

Destination/Mask    Proto   Pre  Cost      Flags NextHop          Interface

        2.2.2.0/24  Static  60   0          RD   10.1.1.2         GigabitEthernet0/0/1
       10.1.1.0/30  Direct  0    0          D    10.1.1.1         GigabitEthernet0/0/1
       10.1.1.1/32  Direct  0    0          D    127.0.0.1        GigabitEthernet0/0/1
       10.1.1.3/32  Direct  0    0          D    127.0.0.1        GigabitEthernet0/0/1
       10.1.2.0/30  Direct  0    0          D    10.1.2.1         GigabitEthernet0/0/0
       10.1.2.1/32  Direct  0    0          D    127.0.0.1        GigabitEthernet0/0/0
       10.1.2.3/32  Direct  0    0          D    127.0.0.1        GigabitEthernet0/0/0
      127.0.0.0/8   Direct  0    0          D    127.0.0.1        InLoopBack0
      127.0.0.1/32  Direct  0    0          D    127.0.0.1        InLoopBack0
127.255.255.255/32  Direct  0    0          D    127.0.0.1        InLoopBack0
      172.16.1.1/32 OSPF    10   1          D    10.1.2.2         GigabitEthernet0/0/0
     192.168.2.0/24 RIP     100  1          D    10.1.1.2         GigabitEthernet0/0/1
255.255.255.255/32  Direct  0    0          D    127.0.0.1        InLoopBack0
```

图 8-5　查看路由表

由上面路由表信息可知，在路由表中包含如下字段。

● 目的地址（Destination）字段：用来标识数据包的目的地址或目的网络。
● 网络掩码（Mask）字段：用来标识目的网络 / 主机的地址和掩码长度。
● 协议（Proto）字段：用来表示学习路由的协议，比如静态或动态路由协议 RIP 和 OSPF 等。
● 优先级（Pre）字段：表示发现此路由的路由协议优先级。
● 开销（Cost）字段：表示路由开销。不同路由协议开销不一样。
● 标记（Flags）字段：表示路由标记，即路由表头的 Route Flags。
● 下一跳 IP 地址（Next Hop）字段：表示此路由的下一跳 IP 地址，说明数据包所经过的下一个路由器的接口地址。
● 输出接口（Interface）字段：表示此路由从本地设备发出的出接口，说明数据包将从该路由器哪个接口转发。

# 8.3　路由选路原则

当一个目的地址被多个目标网络覆盖且存在一个目标网段来自不同路由协议的多条

路径时，或者当一个目标网段有来自相同路由协议的多条路径时，都要遵守路由器的转发原则。

### 8.3.1　最长匹配原则

数据包的转发是基于目的 IP 地址进行的，当数据包到达路由器时，路由器首先提取出数据包的目的 IP 地址，查看路由表，将数据包的目的 IP 地址与路由表中的掩码字段做"与"操作，然后将"与"操作后的结果同路由表该表项的目的前缀／掩码进行比较，相同表示匹配，否则表示不匹配。当所有的路由表项都比较完后，路由器会选择一个最长掩码匹配项，即网络前缀和掩码最精确的表项。

举例说明如下：

```
<Huawei>dis ip routing-table
Route Flags: R - relay, D - download to fib
------------------------------------------------------------------------
Routing Tables: Public
         Destinations : 17         Routes : 17
Destination/Mask    Proto   Pre  Cost        Flags  NextHop      Interface
      0.0.0.0/0     Static  60   0           RD     24.1.1.4     GigabitEthernet0/0/2
      12.1.1.0/24   Direct  0    0           D      12.1.1.2     GigabitEthernet0/0/0
      12.1.1.2/32   Direct  0    0           D      127.0.0.1    GigabitEthernet0/0/0
    12.1.1.255/32   Direct  0    0           D      127.0.0.1    GigabitEthernet0/0/0
      23.1.1.0/24   Direct  0    0           D      23.1.1.2     GigabitEthernet0/0/1
      ..................
      24.1.1.0/24   Direct  0    0           D      24.1.1.2     GigabitEthernet0/0/2
      24.1.1.2/32   Direct  0    0           D      127.0.0.1    GigabitEthernet0/0/2
    172.16.1.0/25   RIP     100  1           D      12.1.1.1     GigabitEthernet0/0/0
   192.168.0.0/16   OSPF    10   1           D      23.1.1.3     GigabitEthernet0/0/1
   192.168.1.0/30   RIP     100  1           D      12.1.1.1     GigabitEthernet0/0/0
```

在本例中，假设有目的地为 192.168.1.1 的数据包需要被转发，首先查找路由表，得知有 3 条路由匹配：0.0.0.0/0 匹配长度为 0 比特；192.168.0.0/16 匹配长度为 16 比特；192.168.1.0/30 匹配长度为 30 比特。按最长匹配原则，选中 192.168.1.0/30 的 RIP 路由，从出接口 GigabitEthernet0/0/0 将数据包转发出去。

### 8.3.2　路由优先级

当路由器通过不同路由协议学到前缀和掩码都相同的路由时，具有较高优先级（数值越小表明优先级越高）的路由将被激活并放入路由表，用于数据包的转发。

　　在图 8-6 中，到 10.0.0.0 网段有两条路由：R0 和 R1，R0 是由 RIP 发现的，R1 是由 OSPF 发现的，根据路由优先级，默认情况下，OSPF 的路由优先级比 RIP 的路由优先级高，所以路由器会使用 OSPF 发现的路由，将其加入全局路由表，用于指导数据包的转发。路由协议的优先级可以修改，如果不同协议的优先级修改为一致，会比较路由协议内部优先级值（可以理解为本征的优先级值），这些值绝大部分与默认路由优先级相同，该内容不在本书讨论之列。

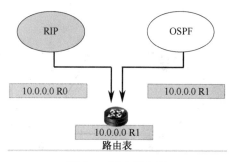

图 8-6　路由优先级

VRP 默认路由优先级如表 8-1 所示。

表 8-1　VRP 默认路由的优先级

| 路由协议的类型 | 路由协议的优先级 |
| --- | --- |
| DIRECT | 0 |
| OSPF | 10 |
| IS-IS | 15 |
| STATIC | 60 |
| RIP | 100 |
| OSPF ASE | 150 |
| OSPF NSSA | 150 |
| IBGP | 255 |
| EBGP | 255 |

## 8.3.3　路由开销

　　路由的度量（Metric）表明了到达这条路由所指的目的地址的代价，通常路由的度量值会受到线路延迟、带宽、线路占有率、线路可信度、跳数、最大传输单元等因素的影响，不同的动态路由协议会选择其中的一种或几种因素来计算度量值（如 RIP 用跳数来计算度量值）。该度量值只在同一种路由协议内有比较意义，不同的路由协议之间的路由度量值没有可比性，也不存在换算关系，静态路由的度量值为 0。度量被用来比较同一种协议类型、相同目的地址的多条路由的优先级。当到达同一目的地的多条路由具有相同的路由优先级时，路由开销最小的路由将成为最优路由并被放入路由表中。如果同一个路由协议到达同一个目的地有几条相同度量值的路由，这些路由都会被放入路由表，可实现路由负载分担。

图 8-7 所示为路由开销拓扑结构示意图，路由器 A 到路由器 D 有如下两条路由。

● Path1：A→B→C→D，总路由度量值是 9；
● Path2：A→E→F→C→D，总路由度量值是 12。

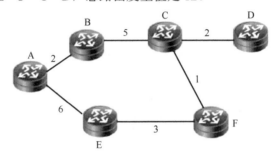

图 8-7　路由开销拓扑结构示意图

路由器 A 采用同一种路由协议分别从路由器 B 与路由器 E 学到到达路由器 D 的路由。由图 8-7 可知，路由器 A 从路由器 B 学到的到达路由器 D 的路由度量值为 9，而从路由器 E 学到的到达路由器 D 的路由度量值为 12。通过比较，路由器 A 从路由器 B 学到路由更优，因此，路由器 A 会将从路由器 B 学到的到达路由器 D 的路由加入路由表，以指导数据包的转发，路由的下一跳为路由器 B。

图 8-8 所示为等价路由拓扑结构示意图。

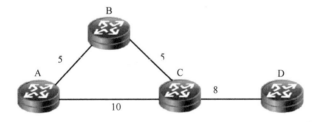

图 8-8　等价路由拓扑结构示意图

路由器 A 到路由器 D 也有两条路径，总路径的度量值如下。

● Path1：A→B→C→D，总路由度量是 18；
● Path2：A→C→D，总路由度量是 18。

此时，采用同种路由协议，去往目的地的度量值相同，出现了等价多路径路由（Equal Cost Multi-Path，ECMP），在路由协议层面上，实现了 IP 流量的负载分担。

查看路由表：

```
[Huawei]dis ip routing-table
Route Flags: R - relay, D - download to fib
------------------------------------------------------------------------
    172.16.1.0/25    RIP   100   1   D   12.1.1.1    GigabitEthernet0/0/0
    192.168.0.0/16   OSPF  10    1   D   23.1.1.3    GigabitEthernet0/0/1
    192.168.1.0/30   RIP   100   1   D   12.1.1.1    GigabitEthernet0/0/0
                     RIP   100   1   D   24.1.1.4    GigabitEthernet0/0/2
```

从路由表可以发现，有通过 RIP 学到的两条相同度量值的路由，因为度量值相同，最终这两条路由都会被加入路由表，实现数据包转发的负载分担。

# 8.4　静态路由

静态路由是一种需要管理员手工配置的路由。当网络结构比较简单时，只需配置静态路由就可以使网络工作正常。使用静态路由可以改进网络的性能，并可为重要的应用保证带宽。

静态路由的缺点：当网络发生故障或者拓扑发生变化时，静态路由不会自动改变，必须有管理员介入。

## 8.4.1　静态路由配置实例

静态路由配置拓扑结构示意如图 8-9 所示。

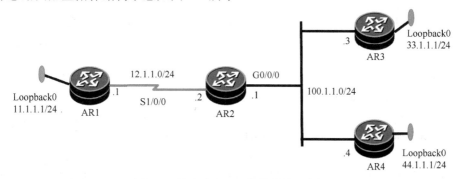

图 8-9　静态路由配置拓扑结构示意图

### 1．基本配置

（1）配置路由器 AR1

```
<Huawei>system-view
```

```
[Huawei]sysname AR1
[AR1]int s1/0/0
[AR1-Serial1/0/0]ip add 12.1.1.1 24
[AR1]int lo 0
[AR1-LoopBack0]ip add 11.1.1.1 24
[AR1-LoopBack0]q
```

（2）配置路由器 AR2

```
[Huawei]sysname AR2
[AR2]int s1/0/0
[AR2-Serial1/0/0]ip add 12.1.1.2 24
[AR2]int g0/0/0
[AR2-GigabitEthernet0/0/0]ip add 100.1.1.2 24
```

（3）配置路由器 AR3

```
[Huawei]sysname AR3
[AR3]int g0/0/0
[AR3-GigabitEthernet0/0/0]ip add 100.1.1.3 24
[AR3]int lo 0
[AR3-LoopBack0]ip add 33.1.1.1 24
```

（4）配置路由器 AR4

```
[Huawei]sysname AR4
[AR4]int g0/0/0
[AR4-GigabitEthernet0/0/0]ip add 100.1.1.4 24
[AR4]int lo 0
[AR4-LoopBack0]ip add 44.1.1.1 24
```

（5）查看接口状态

```
[AR1]display ip interface brief
Interface                IP Address/Mask    Physical    Protocol
Loopback0                11.1.1.1/24        up          up(s)
NULL0                    unassigned         up          up(s)
Serial1/0/0              12.1.1.1/24        up          up
Serial1/0/1              unassigned         down        down
```

（6）检查链路连通性

```
[AR1]ping 12.1.1.2    //直连，可以实现通信
  PING 12.1.1.2: 56    data bytes, press CTRL_C to break
```

```
        Reply from 12.1.1.2: bytes=56 Sequence=1 ttl=255 time=40 ms
        Reply from 12.1.1.2: bytes=56 Sequence=2 ttl=255 time=1 ms
    [AR2]ping 100.1.1.3
      PING 100.1.1.3: 56    data bytes, press CTRL_C to break
        Reply from 100.1.1.3: bytes=56 Sequence=1 ttl=255 time=70 ms
        Reply from 100.1.1.3: bytes=56 Sequence=2 ttl=255 time=30 ms
    [AR2]ping 100.1.1.4
      PING 100.1.1.4: 56    data bytes, press CTRL_C to break
        Reply from 100.1.1.4: bytes=56 Sequence=1 ttl=255 time=110 ms
        Reply from 100.1.1.4: bytes=56 Sequence=2 ttl=255 time=50 ms
```

此时，AR1 如果要与网络 33.1.1.0 网段通信，则需要 AR1 上有去往该网段的路由，并且 AR3 上也需要有回到 AR1 网段的路由。

```
    [AR1]ping 33.1.1.1
      PING 33.1.1.1: 56    data bytes, press CTRL_C to break
      Request time out
      Request time out
    100.00% packet loss
    [AR1]ping 100.1.1.3
      PING 100.1.1.3: 56    data bytes, press CTRL_C to break
      Request time out
      Request time out
      100.00% packet loss
```

以上测试结果显示，路由器 AR1 无法与网络 33.1.1.1 和 100.1.1.3 通信。

采用 display ip routing-table 命令查看 AR1 的路由表，发现 AR1 的路由表里面没有去往这两个网络的路由，这是导致数据无法正常发送的原因。

```
    [AR1]display ip routing-table
    Route Flags: R - relay, D - download to fib
    ------------------------------------------------------------------------------
    Routing Tables: Public
            Destinations : 11        Routes : 11
    Destination/Mask    Proto  Pre  Cost    Flags  NextHop      Interface
        11.1.1.0/24     Direct  0    0        D     11.1.1.1     Loopback0
        11.1.1.1/32     Direct  0    0        D     127.0.0.1    Loopback0
        11.1.1.255/32   Direct  0    0        D     127.0.0.1    Loopback0
        12.1.1.0/24     Direct  0    0        D     12.1.1.1     Serial1/0/0
        12.1.1.1/32     Direct  0    0        D     127.0.0.1    Serial1/0/0
```

| | | | | | | | |
|---|---|---|---|---|---|---|---|
| 12.1.1.2/32 | Direct | 0 | 0 | | D | 12.1.1.2 | Serial1/0/0 |
| 12.1.1.255/32 | Direct | 0 | 0 | | D | 127.0.0.1 | Serial1/0/0 |
| 127.0.0.0/8 | Direct | 0 | 0 | | D | 127.0.0.1 | InLoopback0 |
| 127.0.0.1/32 | Direct | 0 | 0 | | D | 127.0.0.1 | InLoopback0 |
| 127.255.255.255/32 | Direct | 0 | 0 | | D | 127.0.0.1 | InLoopback0 |
| 255.255.255.255/32 | Direct | 0 | 0 | | D | 127.0.0.1 | InLoopback0 |

（7）在路由器 R1 上配置静态路由

给目的网络 100.1.1.0/24 和 33.1.1.0/24 配置静态路由，下一跳设置为路由器 AR2 的接口 12.1.1.2，默认静态路由优先级为 60，无须额外配置路由优先级。

```
[AR1]ip route-static 33.1.1.0 24 12.1.1.2
[AR1]ip route-static 100.1.1.0 255.255.255.0 12.1.1.2
```

以上 ip route-static 命令中的 24 代表目的网络掩码长度，也可以写成完整掩码形式，如 255.255.255.0。

查看路由表信息：

```
[AR1]dis ip routing-table protocol static
Route Flags: R - relay, D - download to fib
--------------------------------------------------------
Routing Tables: Public
         Destinations : 13        Routes : 13
Destination/Mask   Proto   Pre  Cost     Flags   NextHop    Interface
     33.1.1.0/24   Static  60   0        RD      12.1.1.2   Serial1/0/0
    100.1.1.0/24   Static  60   0        RD      12.1.1.2   Serial1/0/0
```

（8）在路由器 R3 上配置静态路由

```
[AR3]ip route-static 12.1.1.0 24 100.1.1.2    //注意下一跳地址的配置
```

查看路由信息表：

```
[AR3]dis ip routing-table
Route Flags: R - relay, D - download to fib
--------------------------------------------------------
Routing Tables: Public
         Destinations : 11        Routes : 11
Destination/Mask   Proto   Pre  Cost     Flags   NextHop    Interface
     12.1.1.0/24   Static  60   0        RD      100.1.1.2  GigabitEthernet
```

在路由器 AR1 上进行测试，检查路由器 AR1 能否与路由器 AR3 的 Loopback0 通信：

```
[AR1]ping 33.1.1.1
    PING 33.1.1.1: 56    data bytes, press CTRL_C to break
    Request time out
    Request time out
```

测试结果表明，路由器 AR1 不能与路由器 AR3 的 Loopback0 通信，因为在路由器 AR2 上没有去往 AR3 33.1.1.0/24 的路由。在路由器 AR2 上添加配置一条静态路由：

```
[AR2]ip route-static 33.1.1.0 24 100.1.1.3
```

再次在 AR1 上进行测试，数据通信成功。由该实例可知，数据通信是往返过程，需要有来回的路由。

```
[AR1]ping 33.1.1.1
    PING 33.1.1.1: 56    data bytes, press CTRL_C to break
    Reply from 33.1.1.1: bytes=56 Sequence=1 ttl=254 time=60 ms
    Reply from 33.1.1.1: bytes=56 Sequence=2 ttl=254 time=50 ms
    Reply from 33.1.1.1: bytes=56 Sequence=3 ttl=254 time=40 ms
    Reply from 33.1.1.1: bytes=56 Sequence=4 ttl=254 time=60 ms
    Reply from 33.1.1.1: bytes=56 Sequence=5 ttl=254 time=50 ms
    --- 33.1.1.1 ping statistics ---
    5 packet(s) transmitted
    5 packet(s) received
    0.00% packet loss
round-trip min/avg/max = 40/52/60 ms
```

### 2．思考

如果在 MA（Multiple Access，多路访问，多点接入）网络中，在路由器 AR2 和 AR3 上配置静态路由，只接自身的出接口而不是下一跳地址会发生什么情况？路由器 AR1 是否可以与路由器 AR3 的 33.1.1.0/24 网段通信？

（1）在路由器 AR2 上修改配置

```
[AR2]undo ip route-static 33.1.1.0 24 100.1.1.3
[AR2] ip route-static 33.1.1.0 24 g0/0/0    //修改配置，只配置设备自身的出接口，设有指定下一跳
地址
```

（2）在路由器 AR2 检查路由表信息

```
[AR2]dis ip routing-table
Route Flags: R - relay, D - download to fib
------------------------------------------------------------------
Routing Tables: Public
        Destinations : 12        Routes : 12
Destination/Mask    Proto    Pre  Cost      Flags NextHop        Interface
```

| | | | | | | | |
|---|---|---|---|---|---|---|---|
| 33.1.1.0/24 | Static | 60 | 0 | | D | 100.1.1.2 | GigabitEthernet0/0/0 |

此时，看到的下一跳地址是自身的出接口地址 100.1.1.2，在路由器 AR1 上 ping 由器 AR3 的地址 33.1.1.1，看是否可以通信？

```
[AR1]ping 33.1.1.1
    PING 33.1.1.1: 56   data bytes, press CTRL_C to break
    Request time out
    Request time out
```

结果表明，路由器 AR1 不能和路由器 AR3 的地址 33.1.1.1 通信。

### 3．结论

如果出接口为广播多路访问型接口（如以太网接口），那么必须关联下一跳地址；如果出接口为点到点接口（如 Serial 接口），则可关联出接口。

再次把路由器 AR2 的静态路由删掉，加下一跳地址：

```
[AR2]undo ip route-static 33.1.1.0 24 g0/0/0
[AR2]ip route-static 33.1.1.0 24 GigabitEthernet 0/0/0 **100.1.1.3**   //配置下一跳地址
```

查看路由表信息：

```
[AR2]dis ip routing-table
Route Flags: R - relay, D - download to fib
------------------------------------------------------------------------
Routing Tables: Public
            Destinations : 12       Routes : 12
Destination/Mask    Proto  Pre  Cost      Flags NextHop        Interface
         33.1.1.0/24   Static  60    0          D     100.1.1.3      GigabitEthernet0/0/0
```

数据通信测试成功：

```
[AR1]ping 33.1.1.1
    PING 33.1.1.1: 56   data bytes, press CTRL_C to break
    Reply from 33.1.1.1: bytes=56 Sequence=1 ttl=254 time=50 ms
    Reply from 33.1.1.1: bytes=56 Sequence=2 ttl=254 time=40 ms
```

## 8.4.2　默认静态路由配置

（1）配置默认静态路由

现在要求路由器 AR1 的 Loopback0 11.1.1.1/2 的地址要与路由器 AR3 的 Loopback0

33.1.1.1/24 的地址相互通信，在路由器 AR2 和 AR3 上配置默认路由。

```
[AR3]undo ip route-static 12.1.1.0 255.255.255.0 100.1.1.2
[AR3]ip route-static 0.0.0.0 0.0.0.0 100.1.1.2    //配置默认静态路由
!
[AR2]ip route-static 11.1.1.0 24 12.1.1.1
```

（2）检查路由信息

```
[AR3]dis ip routing-table protocol static
Route Flags: R - relay, D - download to fib
-----------------------------------------------------------------------------
Public routing table : Static
                Destinations : 1          Routes : 1          Configured Routes : 1
Static routing table status : <Active>
                Destinations : 1          Routes : 1
Destination/Mask    Proto    Pre  Cost        Flags  NextHop        Interface
        0.0.0.0/0   Static   60   0           RD     100.1.1.2      GigabitEthernet0/0/0
```

（3）完成连通性测试

在路由器 AR1 上带源地址 11.1.1.1 进行测试：

```
[AR1]ping -a 11.1.1.1 33.1.1.1
    PING 33.1.1.1: 56    data bytes, press CTRL_C to break
      Reply from 33.1.1.1: bytes=56 Sequence=1 ttl=254 time=50 ms
      Reply from 33.1.1.1: bytes=56 Sequence=2 ttl=254 time=50 ms
      Reply from 33.1.1.1: bytes=56 Sequence=3 ttl=254 time=60 ms
      Reply from 33.1.1.1: bytes=56 Sequence=4 ttl=254 time=40 ms
      Reply from 33.1.1.1: bytes=56 Sequence=5 ttl=254 time=50 ms
    --- 33.1.1.1 ping statistics ---
      5 packet(s) transmitted
      5 packet(s) received
      0.00% packet loss
      round-trip min/avg/max = 40/50/60 ms
```

# 8.5　小结

　　在本章中，我们讨论了数据包转发原理。在绝大部分企业网中都采用基于 IP 的动态路由，由于静态路由的实现方式简单、容易操控数据转发路径而大量存在于网络中。通过配置静态路径，可以帮助读者了解网络的数据包转发的本质。

# 8.6　练习题

## 1．选择题

对于路由优先级概念，一条具备优先级 60 和另一条具备优先级 255 的路由，____的路由被优先选择。

A．优先级 60　　　　　　　　　　B．优先级 255

## 2．判断题

在一个点到点的网络中，可以在配置静态路由时仅配置出接口，该说法是否正确？ ____

A．正确　　　　　　　　　　B．错误

# 第 9 章　OSPF

OSPF（Open Shortest Path First）是基于链路状态算法的内部网关协议（Interior Gateway Protocols，IGP），由互联网工程任务组（IETF）开发，主要用于大中型网络，广泛应用在企业网、接入网和城域网中，其基本作用就是在域内传递和更新路由。OSPF 发展经过了几个版本，OSPFv1 在 RFC 1131 中定义，该版本一直处于实验阶段，没有公开使用；目前针对 IPv4 使用 OSPFv2，OSPFv2 最早在 RFC 1247 中定义，RFC 2328 是其较新标准文档；OSPFv3 是针对 IPv6 的版本。如果没有特别说明，下文中所提到的 OSPF 均指 OSPFv2。OSPF 直接运行于 IP 之上，使用 IP 协议号 89。OSPF 是一个链路状态路由协议，采用 SPF 算法（也称 Dijkstra 算法），在同一个区域内的所有路由器交换 LSA（Link-State Advertisement，链路状态通告），构建 LSDB（Link-State DataBase，链路状态数据库），每台路由器以本路由器为根，基于 LSDB 执行 SPF 算法，生成 SPT（Shortest Path Tree，最短路径树），计算到每个目的地的最短路径，产生路由表。

OSPF 具有很多显著的特点，因此得到了广泛应用。

① 支持 CIDR（Classless Inter-Domain Routing，无类别域间路由）：早期的路由协议如 RIPv1 并不支持 CIDR，而 OSPF 可以支持 CIDR，同时在发布路由信息时携带了子网掩码信息，使得路由信息不再局限于有类网络。

② 支持区域划分：OSPF 允许自治系统内的网络被划分成区域来管理，通过划分区域实现更加灵活的分级管理。

③ 无路由自环：OSPF 从设计上保证了无路由环路。OSPF 支持区域划分，区域内部的路由器都使用 SPF 算法保证区域内部无环路；在区域之间 OSPF 利用区域连接规则保证区域之间无路由环路。

④ 路由变化收敛速度快：OSPF 被设计为触发式更新方式。当网络拓扑结构发生变化时，新的链路状态信息会立刻被泛洪。OSPF 对拓扑变化敏感，因此路由收敛速度加快。

⑤ 使用 IP 组播和单播收发协议数据：OSPF 路由器使用组播和单播收发协议数据，因此占用的网络流量很小。

⑥ 支持多条等值路由：由于 OSPF 支持多条等值路由，当到达目的地有多条等值开销路径时，流量被均衡地分担在这些等值开销路径上，实现了负载分担，更好地利用了链路带宽资源。

⑦ 支持协议认证功能：在某些安全级别较高的网络中，OSPF 路由器可以提供认证功能。OSPF 路由器之间的数据包可被配置成必须经过验证才能交换。通过验证可以提高网络的安全性。

# 9.1　OSPF 工作原理

首先，让我们来了解 OSPF 的几个非常重要的基本概念：自治系统（AS）、链路状态、邻居关系、邻接关系、区域和开销。

① 自治系统（Autonomous System，AS）：由运行同一种路由协议并且由同一组织结构管理的一组路由器组成。同一个 AS 中的所有路由器通常运行相同的路由协议。在 OSPF 网络中，只有在同一个 AS 中的路由器才会相互交换链路状态信息，所有的 OSPF 路由器都维护一个相同的链路状态数据库（LSDB）。

② 链路状态（Link-State）：有关链路状态的信息，包括接口 IP 地址和子网掩码、接口网络类型、链路开销（Cost）以及链路上的邻居。

③ 邻居关系（Neighbor）：OSPF 路由器启动后便会通过 OSPF 接口向外发送 Hello 数据包用于发现邻居；收到 Hello 数据包的 OSPF 路由器会检查数据包中所定义的一些参数，如果双方一致就会形成邻居关系。

④ 邻接关系（Adjacency）：邻接关系是指两台路由器之间允许直接交换 LSDB 更新数据。OSPF 只与建立了邻接关系的邻居共享链路状态信息，并不是所有的邻居都可以成为邻接关系，这取决于网络的类型和路由器的配置。只有当双方成功交换 DD 数据包（Database Description Packet）并能交换 LSA 之后，才形成真正意义上的邻接关系。

⑤ 区域（Area）：OSPF 通过划分区域来实现层次结构设计，在一个 AS 内部可以划分多个不同的区域，OSPF 是以链路划分区域的。

⑥ 开销（Cost）：每条链路都有一个开销，开销是根据链路的带宽来计算的，并且可以人为地进行修改。OSPF 使用的唯一度量值就是开销。

## 9.1.1　OSPF 和 RIP 的区别

RIP（Routing Information Protocol，路由信息协议）作为一个古老的过时协议不在本书中讨论，OSPF 是一个开放的标准路由协议，它广泛地被各种网络运营商所使用。OSPF 不仅可以部署在企业网中，同时也可以部署在运营商级的 IP 网络中。OSPF、RIPv2 和 RIPv1 对比如图 9-1 和图 9-2 所示，图中列出了 OSPF、RIPv2 和 RIPv1 的不同之处。

通过 OSPF 与 RIP 对比我们不难发现，OSPF 是一种更高级的内部网关协议（IGP）。虽然都是 IGP，但两者却存在着根本的区别。OSPF 基于链路状态算法，而不是距离矢量算法。通过对比距离矢量，RIP 得出距离矢量路由协议的路由选路原则只是简单地基于跳数进行选择，而无法根据链路带宽等资源进行选路，这样就会导致一条宽带宽的路径反而没有被选择。OSPF 可根据链路状态综合考虑来完成选路，从而解决了该问题。由于 OSPF 路由收敛快、无跳数限制、通告有关链路的信息、不定期发送路由表更新信息，因此更适合大规模网络使用（链路可被视为路由器上的接口，链路状态是有关接口及其邻接路由器关系的描述）。

| | OSPF | RIPv2 | RIPv1 |
|---|---|---|---|
| 协议类型 | 链路状态 | 距离矢量 | 距离矢量 |
| CIDR | 支持 | 支持 | 不支持 |
| VLSM | 支持 | 支持 | 不支持 |
| 自动聚合 | 不支持 | 支持 | 支持 |
| 手动聚合 | 支持 | 支持 | 不支持 |
| 路由泛洪 | 组播更新 | 周期组播更新 | 周期广播 |
| 路径开销 | 带宽 | 跳数 | 跳数 |

图 9-1　OSPF、RIPv2 和 RIPv1 对比（一）

| | OSPF | RIPv2 | RIPv1 |
|---|---|---|---|
| 路由收敛 | 快 | 慢 | 慢 |
| 跳数限制 | 无 | 15 | 15 |
| 邻居认证 | 支持 | 支持 | 不支持 |
| 分级网络 | 支持（区域） | 不支持 | 不支持 |
| 更新 | 事件触发更新 | 路由表更新 | 路由表更新 |
| 路由计算 | Dijkstra | Bellman-Ford | Bellman-Ford |

图 9-2　OSPF、RIPv2 和 RIPv1 对比（二）

## 9.1.2　OSPF 区域分层结构

随着网络规模日益扩大，当一个大型网络中的路由器都运行 OSPF 时，路由器数量的增多会导致 LSDB 非常庞大，占用大量的存储空间，并使得运行 SPF 算法的复杂度增加，导致 CPU 负担很重。

　　在网络规模增大之后，拓扑结构发生变化的概率也增大，网络会经常处于"动荡"之中，造成网络中会有大量的 OSPF 数据包在传递，降低了网络的带宽利用率。更为严重的是，每一次变化都会导致网络中所有的路由器重新进行路由计算。OSPF 通过将自治系统划分成不同的区域（Area）来解决上述问题。区域是从逻辑上将路由器划分为不同的组，每个组用区域号（Area ID）来标识。

　　区域是一组网段的集合。OSPF 支持将一组网段组合在一起，将这样的一个组合称为一个区域。划分区域可以缩小 LSDB 规模，减少网络流量。区域内的详细拓扑信息不向其他区域发送，区域间传递的是抽象的路由信息，而不是详细描述拓扑结构的链路状态信息。每个区域都有自己的 LSDB，不同区域的 LSDB 是不同的。路由器会为每一个自己所连接的区域维护一个单独的 LSDB。由于详细链路状态信息不会被发布到区域以外，因此 LSDB 的规模大大缩小了。

　　图 9-3 列出了 OSPF 区域分层结构。

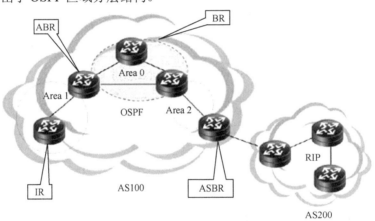

图 9-3　OSPF 区域分层结构

　　在图 9-3 中，Area 0 被称为骨干区域，骨干区域负责在非骨干区域之间发布由区域边界路由器汇总的路由信息（并非详细的链路状态信息），为了避免区域间路由环路，非骨干区域之间不允许直接相互发布区域间路由信息。因此，所有区域边界路由器都至少有一个接口属于 Area 0，即每个区域都必须连接到骨干区域。

　　OSPF 定义了一系列类型的路由器，简单介绍如下。

　　① 内部路由器（Internal Router，IR）：内部路由器是指所有接口网段都在一个区域的路由器。属于同一个区域的 IR 维护相同的 LSDB。

　　② 区域边界路由器（Area Border Router，ABR）：区域边界路由器是指连接 Area 0 和其他区域的路由器。ABR 为每一个所连接的区域维护一个 LSDB。区域之间的路由信息通过 ABR 来交互。

　　③ 骨干路由器（Backbone Router，BR）：骨干路由器是指至少有一个接口（或者虚连

接）连接到骨干区域的路由器，包括所有的 ABR 和所有接口都在骨干区域的路由器。由于非骨干区域必须与骨干区域直接相连，因此骨干区域中的路由器（骨干路由器）往往会处理多个区域的路由信息。

④ AS 边界路由器（AS Boundary Router，ASBR）：AS 边界路由器是指与其他 AS 中的路由器交换路由信息的路由器，这种路由器负责向整个 AS 通告 AS 外部路由信息。AS 内部路由器通过 ASBR 与 AS 外部进行通信。ASBR 可以是内部路由器 IR 或 ABR，可以属于骨干区域也可以不属于骨干区域。

## 9.1.3　OSPF 支持的网络类型

并非所有的邻居关系都可以形成邻接关系并交换链路状态信息和路由信息，这与网络类型有关系。所谓网络类型是指运行 OSPF 网络的二层链路类型，默认的传输介质拥有默认的 OSPF 网络类型，这些网络类型可以根据不同的场景进行调整。

在华为设备上 OSPF 支持下列 4 种网络类型，分别是点到点网络、广播型网络、非广播多路访问网络和点到多点网络。

### 1．点到点网络

当链路层协议是 PPP 封装和 HDLC 封装时，OSPF 默认的网络类型是点到点（Point-to-Point，P2P）网络，表示只有 2 台设备参与 OSPF 邻接关系。点到点网络如图 9-4 所示。

### 2．广播型网络

当链路层协议是 Ethernet 和 FDDI 时，OSPF 默认网络类型是广播（Broadcast）型网络，通常 MA（Multiple Access，多点接入）网络采用多点广播网络类型，如图 9-5 所示。

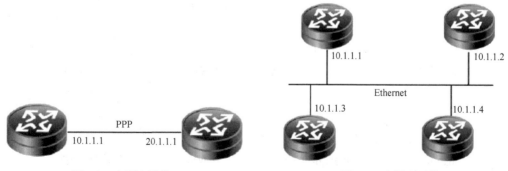

图 9-4　点到点网络　　　　　　　　图 9-5　广播型网络

### 3．非广播多路访问网络

当链路层协议是帧中继和 X.25 时，OSPF 默认的网络类型是非广播多路访问

（Non-Broadcast Multiple Access，NBMA）网络。

非广播网络是指不具有广播（或者组播）能力的网络。因为要求 NBMA 网络是多点接入网络，所以 NBMA 方式要求网络中的路由器组成全连接或者部分连接网络。例如，使用全连接 ATM 网络。在 NBMA 网络上，OSPF 不支持组播操作，所以每台路由器的邻居需要手动配置。

图 9-6 所示为 NBMA 网络，该图中由 3 台设备组成全连接 ATM 网络，该网络不能通过发送广播（组播）数据来建立邻居。

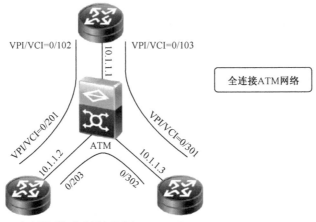

图 9-6　NBMA 网络

#### 4．点到多点网络

因为在链路层协议中没有点到多点（Point-to-Multi-Point，P2MP）的概念，所以点到多点网络（P2MP 网络）是由其他的网络类型强制更改的。

对于不能组成全连接的网络应当采用点到多点方式组网，例如，不完全连接的帧中继网络。

可将整个非广播网络看成一组点到多点网络，每台路由器的邻居可以使用底层协议（例如，反向地址解析协议）来发现。点到多点网络如图 9-7 所示。

修改网络类型命令：

```
[Huawei]interface g0/0/0
[Huawei-GigabitEthernet0/0/0]ospf net
[Huawei-GigabitEthernet0/0/0]ospf network-type ?    //网络类型可以修改为以下类型
  broadcast    Specify OSPF broadcast network
  nbma         Specify OSPF NBMA network
  p2mp         Specify OSPF point-to-multipoint network
  p2p          Specify OSPF point-to-point network
```

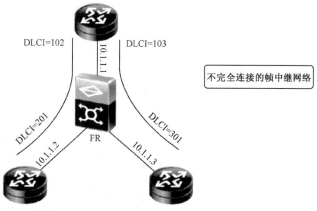

DLCI=102　　　10.1.1.1　　DLCI=103

不完全连接的帧中继网络

DLCI=201　　FR　　DLCI=301

10.1.1.2　　　　　　　10.1.1.3

非广播网络-点到多点（Point-to-Multi-Point）

图 9-7　点到多点网络

## 9.1.4　OSPF 数据包类型

OSPF 数据包主要有 5 种类型：Hello 数据包、DD（Database Description，数据库描述）数据包、LSR（Link State Request，链路状态请求）数据包、LSU（Link State Update，链路状态更新）数据包和 LSACK（Link State ACKnowledgment，链路状态应答）数据包。它们使用相同的 OSPF 数据包包头格式。

OSPF 数据包包头和 Hello 数据包格式，分别如图 9-8 和图 9-9 所示。

OSPF 数据包包头各字段含义如下所述。

● Version（版本）：OSPF 版本号，当前使用的是 OSPFv2。OSPFv3 是针对 IPv6 的。

● Type（数据包类型）：类型 1 的数据包是 Hello 数据包；类型 2 的数据包是 DD 数据包；类型 3 的数据包是 LSR 数据包；类型 4 的数据包是 LSU 数据包；类型 5 的数据包是 LSACK 数据包。

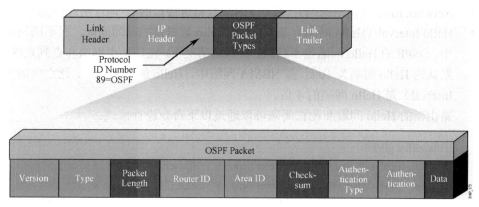

图 9-8　OSPF 数据包包头格式

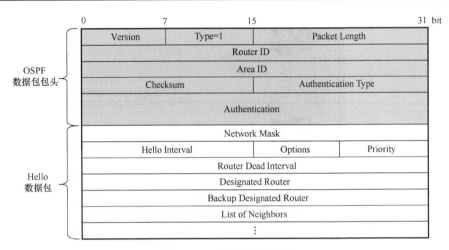

图 9-9　Hello 数据包格式

- Packet Length（数据包长度）：数据包长度。
- Router ID（路由器 ID）：路由器 ID，是每台路由器的唯一标识。
- Area ID（区域 ID）：区域号，发送数据包的路由器接口所在的 OSPF 区域号。
- Checksum（校验和）：用于对端路由器校验数据包的完整性和正确性。
- Authentication Type（验证类型）：验证类型有 3 种，其中，0 表示不验证；1 表示简单密码验证；2 表示 MD5 验证。
- Authentication（验证）：具体值根据不同验证类型而定。当验证类型为不验证时，此字段没有数据；当验证类型为简单密码验证时，此字段为验证密码；当验证类型为 MD5 验证时，此字段为 MD5 摘要消息。

## 1. Hello 数据包

Hello 数据包用于建立和维护相邻路由器之间的邻接关系。Hello 数据包相关字段含义如下所述。

- Network Mask（网络掩码）：发送 Hello 数据包接口的 IP 地址所对应的子网掩码。
- Hello Interval（Hello 间隔）：指定发送 Hello 数据包的时间间隔。在不同网络类型中，OSPF 的 Hello 间隔也不相同。在默认情况下，在广播型网络和点到点网络中，默认的 Hello 间隔为 10 s；在 NBMA 网络中，Hello 间隔为 30 s。死亡间隔（Dead Interval）是 Hello 间隔的 4 倍。

  路由器的 Hello 间隔和死亡间隔可以通过以下命令进行修改：

```
[Huawei]int g0/0/0
[Huawei -GigabitEthernet0/0/0]ospf timer hello 15    //把 Hello 间隔改成 15 s
[Huawei -GigabitEthernet0/0/0]ospf timer dead 45    //把死亡间隔改成 45 s
```

- Options（选项）：选项信息。

- Priority（优先级）：指定本路由器接口优先级，默认为 1，主要用于 DR 和 BDR 选举。
- Router Dead Interval（路由器死亡间隔）：指定检测本地路由器失效时间。表示收到此 Hello 数据包的路由器在此时间内没有收到本路由器再次发来的 Hello 数据包。
- Designated Router（指定路由器，DR）：指定路由器的 Router ID。
- Backup Designated Router（备用指定路由器，BDR）：备用指定路由器的 Router ID。
- List of Neighbors（邻居列表）：指定邻居路由器的路由器 ID。

### 2. DD 数据包

DD 数据包用于描述本地 LSDB 的摘要信息和两台路由器进行数据库同步，接收路由器在收到摘要信息后会将其与本地的链路状态数据库进行对比，检查邻居路由器和自身的链路状态数据库是否同步。

### 3. LSR 数据包

接收路由器可以发送 LSR 数据包向对方请求自身链路状态数据库中缺少的 LSA 数据包。路由器只有在 OSPF 邻居双方成功交换 DD 数据包后才会向对方发出 LSR 数据包。

### 4. LSU 数据包

LSU 数据包用于更新 OSPF 路由信息，回复 LSR 数据包请求，向对方发送其所需要的 LSA 数据包。

### 5. LSACK 数据包

当收到一个 LSU 数据包时，路由器发送 LSACK 数据包进行确认。

## 9.1.5　链路状态与 LSA

OSPF 是链路状态协议，路由器彼此之间通过发送 LSA（Link-State Advertisement, 链路状态通告）来交换并保存整个网络的链路状态信息，构建整个网络的拓扑结构，生成链路状态数据库（LSDB），然后 OSPF 路由器根据自身的 LSDB，利用 SPF（Shortest Path First，最短路径优先）路由算法独立地计算出到达任意目的地的路由。

在 OSPF 网络中，对各 OSPF 路由器根据其用途进行了分类，所以不同类型的 OSPF 路由器所发送的 LSA 的用途和通告的范围各自不同。

### 1. LSA 头部信息

除 Hello 数据包外，其他的 OSPF 数据包都携带 LSA 头部信息。LSA 头部信息如图 9-10 所示，其各字段含义如下所述。

| LS Age | Option | LS Type |
|---|---|---|
| Link State ID | | |
| Advertising Router | | |
| Sequence Number | | |
| Checksum | Length | |

图 9-10   LSA 头部信息

① LS Age（老化时间）：表示 LSA 已经生存的时间，单位是秒。

② Option（选项）：表示部分 OSPF 域中 LSA 能够支持的可选性能。

③ LS Type（类型）：标识 LSA 的格式和功能。常用的 LSA 类型有 5 种。

④ Link State ID（链路状态 ID）：根据 LSA 类型的不同而不同。

⑤ Advertising Router（通告路由器）：始发 LSA 的路由器 ID。

⑥ Sequence Number（序列号）：当 LSA 每次新的实例产生时，这个序列号就会增加。该更新可以帮助其他路由器识别最新的 LSA 实例。

⑦ Checksum（校验和）：关于 LSA 的全部信息的校验和。校验和会随着老化时间的增大而不同，每次都需要重新计算。

⑧ Length（长度）：包含 LSA 头部和 LSA 数据在内的总长度。

**2. LSA 的类型**

① Router-LSA（Type1）：由路由器产生，描述路由器的链路状态和开销，在本区域内传播。

② Network-LSA（Type2）：由 DR 产生，描述本网段的链路状态，在本区域内传播。

③ Network-summary-LSA（Type3）：由 ABR 产生，描述区域内某个网段的路由，在区域间传播（特殊区域除外）。

④ ASBR-summary-LSA（Type4）：由 ABR 产生，描述到 ASBR 的路由，在 OSPF 域内传播（特殊区域除外）。

⑤ AS-external-LSA（Type5）：由 ASBR 产生，描述到 AS 外部的路由，在 OSPF 域内传播（特殊区域除外）。

⑥ NSSA LSA（Type7）：由 ASBR 产生，描述到 AS 外部的路由，仅在 NSSA 区域内传播。

## 9.1.6   OSPF 邻居与邻接

运行 OSPF 的路由器之间需要交换链路状态信息和路由信息，在交换这些信息之前路由器之间首先需要建立邻接关系。

（1）邻居路由器（Neighbor）

当 OSPF 路由器启动后，便会通过 OSPF 接口向外发送 Hello 数据包用于发现邻居。收到 Hello 数据包的 OSPF 路由器会检查该数据包中所定义的一些参数，如果双方一致就会形成邻居关系。

（2）邻接（Adjacency）

形成邻居关系的双方不一定都能形成邻接关系，这要根据网络类型而定。只有当双方成功交换 DD 数据包并能交换 LSA 之后，才形成真正意义上的邻接关系。

路由器在发送 LSA 之前必须先发现邻居并建立邻居关系。

图 9-11 展示了 OSPF 邻居及邻接关系。

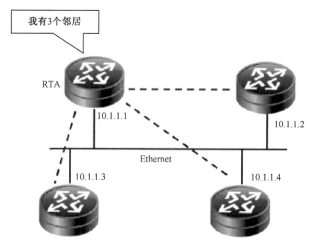

图 9-11　OSPF 邻居及邻接关系

在图 9-11 中，RTA 通过以太网连接了 3 台路由器，所以 RTA 有 3 个邻居，但不能说 RTA 有 3 个邻接关系。

## 9.1.7　OSPF 邻居状态机变迁

OSPF 是一种链路状态路由协议，邻居设备间交换的是链路状态信息，OSPF 路由也是依据由链路状态路由信息构成的链路状态数据库（LSDB）计算得到的。在 OSPF 中，建立设备间的邻居关系，交换彼此的 LSDB 非常重要。而邻居关系建立的过程体现在 OSPF 接口的状态转换过程中。在 OSPF 中，共有 Down、Attempt、Init、2-Way、Exstart、Exchange、Loading 和 Full 八种状态机，图 9-12 展示了 OSPF 邻居关系的建立过程。

### 1. 建立邻居状态

① Down：这是邻居的初始状态，表示没有从邻居收到任何信息。

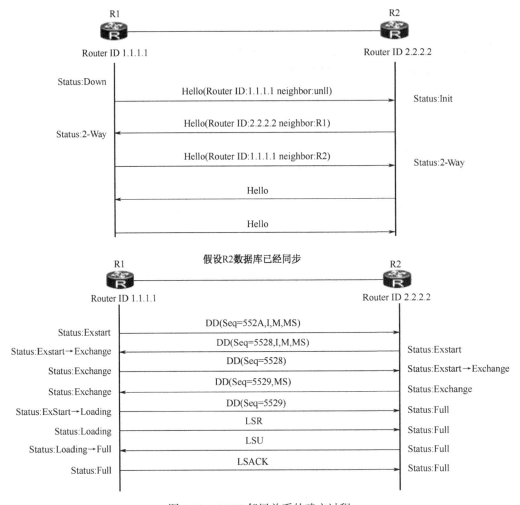

图 9-12　OSPF 邻居关系的建立过程

②　Init：在此状态下，路由器已经从邻居收到了 Hello 数据包，但是自己不在所收到的 Hello 数据包的邻居列表中，表示尚未与邻居建立双向通信关系。在此状态下，邻居要被包含在自己所发送的 Hello 数据包的邻居列表中。

③　2-Way：在此状态下，双向通信已经建立，但是没有与邻居建立邻接关系。这是建立邻接关系以前的最高级状态。如果网络为广播网络或者 NBMA 网络则选举 DR/BDR。

在形成邻居关系过程中，需要对 Hello 数据包携带的参数进行协商：

●　如果接收接口的网络类型是广播型网络、点到多点网络或者 NBMA 网络，所接收的 Hello 数据包中 Network Mask 字段必须和接收接口的网络掩码一致；如果接收接口的网络类型为点到点类网络或者是虚连接，则不检查 Network Mask 字段。

●　所接收的 Hello 数据包中的 Hello Interval 和 Dead Interval 字段必须和接收接口的配置保持一致。

- 所接收的 Hello 数据包中的认证字段需要一致。
- 所接收的 Hello 数据包中的 Options 字段中的 E-bit（表示是否接收外部路由信息）必须和相关区域的配置保持一致。
- 所接收的 Hello 数据包中的区域字段必须一致。

#### 2．邻接状态建立

① Exstart：准备开始交换阶段。路由器之间用 Hello 数据包来协商它们之间的主从关系，有最高 Router ID 的路由器被称为主路由器。当邻居路由器之间建立了主从关系后，它们就进入了 Exchange 状态并开始发送路由选择信息。

当邻居状态机变为 Exstart 以后，R1 向 R2 发送第一个 DD 数据包，在该数据包中，DD 序列号被设置为 552A（假设）；I 比特为 1 表示这是第一个 DD 数据包；M 比特为 1 表示后续还有 DD 数据包要发送；MS 比特为 1 表示 R1 宣告自己为主路由器。

邻居状态机变为 Exstart 以后，R2 向 R1 发送第一个 DD 数据包，在该数据包中，DD 序列号被设置为 5528（假设）。由于 R2 的 Router ID 比 R1 的大，所以 R2 应当为主路由器。当 Router ID 比较结束后，R1 会产生一个 NegotiationDone 事件，R1 的状态机将从 Exstart 改变为 Exchange。

② Exchange：开始交换阶段。路由器将本地的 LSDB 用 DD 数据包来描述并发给邻居。如果任何一台路由器收到不在其数据库中的有关链路的信息，则该路由器就向其邻居请求有关该链路的完整信息。完整的路由状态信息在 Loading 状态下交换。

当邻居状态机变为 Exchange 以后，R1 发送一个新 DD 数据包，在该新数据包中包含 LSDB 的摘要信息，序列号被设置为 5528（在第二步里使用的序列号），M 比特为 0 表示不需要另外的 DD 数据包描述 LSDB，MS 比特为 0 表示 R1 宣告自己为从路由器。收到这样一个数据包以后，R2 会产生一个 NegotiationDone 事件，因此 R2 将邻居状态改变为 Exchange。

当邻居状态变为 Exchange 后，R2 发送一个新 DD 数据包，该数据包中包含 LSDB 的描述信息，DD 序列号设为 5529（上次使用的序列号加 1）。

即使 R1 不需要新 DD 数据包描述自己的 LSDB，但是作为从路由器，R1 需要对主路由器 R2 发送的每一个 DD 数据包进行确认。所以，R1 向 R2 发送一个新 DD 数据包，序列号为 5529，该数据包内容为空。

③ Loading：加载阶段。路由器发送 LSR 数据包向邻居请求对方的路由条目的详细信息，当路由器收到一个 LSR 数据包时，它会用 LSU 数据包进行回应。LSU 数据包中含有确切的 LSA，收到 LSU 数据包的路由器需要使用 LSACK 数据包对发送 LSU 数据包的路由器进行确认。

当邻居状态变为 Loading 后，R1 开始向 R2 发送 LSR 数据包，请求那些在 Exchange 状态下通过 DD 数据包发现的、在本地 LSDB 中没有的链路状态信息。

R2 收到 LSR 数据包后，向 R1 发送 LSU 数据包，在 LSU 数据包中，包含了那些被请求的链路状态的详细信息。R1 收到 LSU 数据包后，将邻居状态从 Loading 改变成 Full。R1 向 R2 发送 LSACK 数据包，确保信息传输的可靠性。LSACK 数据包用于泛洪对已接收

LSA 的确认。

④ FULL：完全邻接状态。Loading 状态结束后，路由器就变成 Full Adjacency。

在此处，我们并没有描述 Attempt 状态，该装载仅仅在 NBMA 网络构建 OSPF 邻居时出现，请读者关注后续有关 HCIP 的图书的相关内容。

## 9.1.8　DR 与 BDR 选举

在自治系统内的每个广播和非广播多点访问（NBMA）网络里（即在每个 MA 互连链路上），都有一个指定路由器（Designated Router，DR）和一个备份指定路由器（Backup Designated Router，BDR），它们是通过发送 Hello 数据包选举产生的，同一网络中的其他路由器被称为 DRother（非 DR），这些路由器间建立 2-Way 关系。

### 1. DR 与 BDR 的主要功能

（1）DR 的主要功能

① 产生代表本网络的网络路由宣告，该宣告列出了连接到该网络的路由器，其中包括 DR 自己。

② DR 同本网络中所有其他路由器建立一种星形邻接关系，这种邻接关系用于交换各个路由器的链路状态信息，同步链路状态信息库。DR 在路由器的链路状态信息库的同步过程中起核心作用。

（2）BDR 的主要功能

① 选举 DR 的同时也选举出一个 BDR，在 DR 失效时，BDR 担负起 DR 的职责，而且在同一个广播多路访问网络中所有其他路由器只与 DR 和 BDR 建立邻接关系。

② BDR 的设立是为了保证当 DR 发生故障时尽快接替 DR 的工作，而不至于出现由于重新选举 DR 和重新构筑拓扑数据库而产生大范围的数据库振荡。在 DR 存在的情况下，BDR 不生成网络链路广播消息。

### 2. DR 和 BDR 的选举原则

① 在选举期内，优先级高的路由器成为 DR，次高的路由器成为 BDR。

② 在选举期内，如果优先级一样，Router ID 高的路由器成为 DR，次高的路由器成为 BDR。

③ 在选举期外，不存在抢占性，DR 失效以后，BDR 升级成为 DR，重新选举 BDR。

通过 Reset OSPF Process（重启 OSPF 进程）可以重选 DR。另外必须强调一下，DR 和 BDR 的选举是基于接口的，而不是基于路由器的。当 DR 正常时，BDR 只接收所有信息，转发 LSA 和同步 LSDB 的任务由 DR 完成；当 DR 故障时，BDR 自动成为 DR，完成原 DR 的工作，并选举新的 BDR。

在 DR 和 BDR 选举完成后，网络中其他路由器向 DR 和 BDR 发送链路状态信息并经 DR 转发到与 DR 建立邻接关系的其他路由器。当链路状态信息交换完毕时，DR 和其他路由器的邻接关系进入了稳定状态，该区域范围内统一的拓扑（链路状态）数据库也就建立了，每个路由器以该数据库为基础，采用 SPF 算法计算出各个路由器的路由表，这样就可以进行路由转发了。

## 9.2　单区域 OSPF 配置实例

OSPF 单区域拓扑结构如图 9-13 所示，该图展示了 OSPF 单区域的配置。

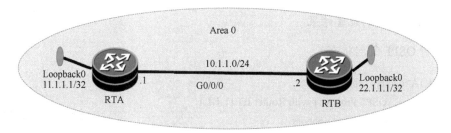

图 9-13　OSPF 单区域拓扑结构

在图 9-13 中有两台路由器 RTA 和 RTB，每台路由器使用 Loopback0 接口的 IP 地址作为 Router ID，两台路由器同属于 Area 0 区域。

（1）配置 RTA

```
[Huawei]sysname RTA
[RTA]interface GigabitEthernet 0/0/0
[RTA-GigabitEthernet0/0/0]ip address 10.1.1.1 24
[RTA]interface Loopback 0
[RTA-Loopback0]ip address 11.1.1.1 32
[RTA]router id 11.1.1.1    //指定路由器的 Router ID。如果不手动指定 Router ID，则 OSPF 自动使
```
用 Loopback 接口中最大的 IP 地址作为 Router ID；如果没有配置 Loopback 接口，则使用物理接口中最大的 IP 地址作为 Router ID
```
[RTA]ospf    //开启 OSPF。OSPF 支持多进程，如果不指定进程号，默认使用进程号 1；由于进
```
程号只具有本地意义，所以在同一个路由域的不同路由器可以使用相同或者不同的 OSPF 进程号
```
[RTA-ospf-1]area 0    //进入区域 0 视图
[RTA-ospf-1-area-0.0.0.0]network 10.1.1.0 0.0.0.255
[RTA-ospf-1-area-0.0.0.0]network 11.1.1.1 0.0.0.0    //指定区域中所包含的网段，在指定网段时，
```
要使用该网段网络掩码的通配符掩码或者精准通告某个地址，比如 11.1.1.1/32 这个主机的通告方式为 network 11.1.1.1 0.0.0.0

（2）配置 RTB

```
[RTB]interface g0/0/0
[RTB]interface GigabitEthernet 0/0/0
[RTB-GigabitEthernet0/0/0]ip address 10.1.1.2 24
[RTB]int LoopBack 0
[RTB-LoopBack0]ip address 22.1.1.1 32.
[RTB]router id 22.1.1.1
[RTB]ospf
[RTB-ospf-1]area 0
[RTB-ospf-1-area-0.0.0.0]network 10.1.1.0 0.0.0.255
[RTB-ospf-1-area-0.0.0.0]network 22.1.1.1 0.0.0.0
```

（3）验证 OSPF 的配置结果

① 查看 OSPF 邻居状态。

```
<RTA>display ospf peer
            OSPF Process 1 with Router ID 11.1.1.1
                    Neighbors
    Area 0.0.0.0 Interface 10.1.1.1(GigabitEthernet0/0/0)'s neighbors
    Router ID: 22.1.1.1          Address: 10.1.1.2
      State: Full   Mode:Nbr is   Master   Priority: 1
      DR: 10.1.1.2   BDR: 10.1.1.1   MTU: 0
      Dead timer due in 39   sec
      Retrans timer interval: 5
      Neighbor is up for 00:00:11
      Authentication Sequence: [ 0 ]
```

使用 display ospf peer 命令可以显示邻居的详细信息，由以上输出可以看出，RTA 有一个邻居 RTB（Router ID: 22.1.1.1），而且邻居状态都是完全邻接状态。另外，也可以使用 display ospf peer brief 命令查看邻居状态，它显示 OSPF 邻居的概要信息。

```
[RTA]display ospf peer brief
            OSPF Process 1 with Router ID 11.1.1.1
                Peer Statistic Information
    ----------------------------------------------------------------
    Area Id           Interface              Neighbor id        State
    0.0.0.0           GigabitEthernet0/0/0   22.1.1.1           Full
```

② 使用 display ospf routing 命令查看 RTA 和 RTB 的 OSPF 路由表信息。

```
[RTA]display ospf routing
        OSPF Process 1 with Router ID 11.1.1.1
                Routing Tables
Routing for Network
Destination        Cost   Type      NextHop      AdvRouter      Area
10.1.1.0/24         1     Transit   10.1.1.1     11.1.1.1       0.0.0.0
11.1.1.1/32         0     Stub      11.1.1.1     11.1.1.1       0.0.0.0
22.1.1.1/32         1     Stub      10.1.1.2     22.1.1.1       0.0.0.0
Total Nets: 3
Intra Area: 3   Inter Area: 0   ASE: 0   NSSA: 0
[RTB]display ospf routing
        OSPF Process 1 with Router ID 22.1.1.1
                Routing Tables
Routing for Network
Destination        Cost   Type      NextHop      AdvRouter      Area
10.1.1.0/24         1     Transit   10.1.1.2     22.1.1.1       0.0.0.0
22.1.1.1/32         0     Stub      22.1.1.1     22.1.1.1       0.0.0.0
11.1.1.1/32         1     Stub      10.1.1.1     11.1.1.1       0.0.0.0
Total Nets: 3
Intra Area: 3   Inter Area: 0   ASE: 0   NSSA: 0
```

　　结果显示 RTA 的 OSPF 路由表内有 3 个路由条目，并且都属于区域 0。每个路由条目分别显示了网段信息、下一跳信息、该路由的发布者和路由所属的区域。通过对比前面的配置发现 OSPF 配置正确，RTA 与 RTB 之间成功交换路由信息。

　　使用 display ip routeing-table protocol ospf 命令可以查看通过 OSPF 学到的路由。可以在 RTA 和 RTB 上进行相同的操作。

```
<RTA>display ip routing-table protocol ospf
Route Flags: R - relay, D - download to fib
------------------------------------------------------------------
Public routing table : OSPF
        Destinations : 1        Routes : 1
OSPF routing table status : <Active>
        Destinations : 1        Routes : 1
Destination/Mask    Proto   Pre  Cost      Flags NextHop        Interface
    22.1.1.1/32     OSPF    10   1          D    10.1.1.2       GigabitEthernet0/0/0
<RTB>display ip routing-table protocol ospf
Route Flags: R - relay, D - download to fib
------------------------------------------------------------------
```

```
Public routing table : OSPF
         Destinations : 1          Routes : 1
OSPF routing table status : <Active>
         Destinations : 1          Routes : 1
Destination/Mask     Proto    Pre   Cost        Flags NextHop        Interface
        11.1.1.1/32  OSPF     10    1           D     10.1.1.1       GigabitEthernet0/0/0
```

③ 测试 RTA Loopback 接口和 RTB Loopback 接口的连通性。

```
<RTA>ping -a 11.1.1.1 22.1.1.1    //在 RTA 和 RTB 相互学习到彼此的路由后可以完成数据测试
  PING 22.1.1.1: 56    data bytes, press CTRL_C to break
    Reply from 22.1.1.1: bytes=56 Sequence=1 ttl=255 time=30 ms
    Reply from 22.1.1.1: bytes=56 Sequence=2 ttl=255 time=10 ms
    Reply from 22.1.1.1: bytes=56 Sequence=3 ttl=255 time=10 ms
<RTB>ping -a 22.1.1.1 11.1.1.1
  PING 11.1.1.1: 56    data bytes, press CTRL_C to break
    Reply from 11.1.1.1: bytes=56 Sequence=1 ttl=255 time=10 ms
    Reply from 11.1.1.1: bytes=56 Sequence=2 ttl=255 time=10 ms
```

④ OSPF DR/BDR 选举控制。

使用 display ospf peer 命令查看当前 RTA 和 RTB 的 DR/BDR 角色信息：

```
<RTA>display ospf peer
            OSPF Process 1 with Router ID 11.1.1.1
                  Neighbors
   Area 0.0.0.0 interface 10.1.1.1(GigabitEthernet0/0/0)'s neighbors
   Router ID: 22.1.1.1              Address: 10.1.1.2
     State: Full   Mode:Nbr is   Master   Priority: 1
     DR: 10.1.1.2   BDR: 10.1.1.1   MTU: 0
     Dead timer due in 39    sec
     Retrans timer interval: 5
     Neighbor is up for 00:00:11
     Authentication Sequence: [ 0 ]
```

以上输出说明，由于默认路由器优先级（数值为 1）相同，但是 RTB 的 Router ID 22.1.1.1 大于 RTA 的 Router ID 11.1.1.1，所以 RTB 为 DR，RTA 为 BDR。

使用 ospf dr-priority 命令修改 RTA 和 RTB 的 DR 路由器优先级：

```
[RTA]interface GigabitEthernet 0/0/0
[RTA-GigabitEthernet0/0/0]ospf dr-priority ?
  INTEGER<0-255>   Router priority value
```

```
[RTA-GigabitEthernet0/0/0]ospf dr-priority 100    //修改 DR 的接口优先级为 100
```

由于 OSPF DR/BDR 选举默认为不抢占模式，因此在修改了路由器优先级后不会自动重新选举 DR，需要重置 RTA 和 RTB 的邻居关系。

在 RTA 和 RTB 上使用 reset ospf process 命令重置 OSPF 邻居关系：

```
<RTA>reset ospf process
Warning: The OSPF process will be reset. Continue? [Y/N]:y    //输入 Y，确认重置邻居关系
```

查看 RTA 和 RTB 的 DR 及 BDR：

```
<RTA>display ospf peer

                    OSPF Process 1 with Router ID 11.1.1.1
                            Neighbors
        Area 0.0.0.0 interface 10.1.1.1(GigabitEthernet0/0/0)'s neighbors
        Router ID: 22.1.1.1            Address: 10.1.1.2
          State: Full    Mode:Nbr is    Master    Priority: 1
          DR: 10.1.1.1    BDR: 10.1.1.2    MTU: 0
          Dead timer due in 40    sec
          Retrans timer interval: 5
          Neighbor is up for 00:00:46
          Authentication Sequence: [ 0 ]
```

由以上输出可以看出，由于 RTA 的路由器优先级比 RTB 优先级高，所以 RTA 成为 DR，RTB 成为 BDR。

# 9.3  多区域 OSPF 配置实例

OSPF 多区域的配置可以容纳更多的 LSDB 和路由表，OSPF 多区域拓扑结构如图 9-14 所示，我们根据该图完成多区域配置案例。

在图 9-14 中规划了区域 0、区域 1、区域 2 多个区域。OSPF 规定非骨干区域必须与骨干区域直接相连，所以区域 1 和区域 2 通过区域 0 连接在一起。在 RTC 上配置区域 1；在 RTA 上需要配置两个区域，一个是骨干区域 0，另一个是区域 1；RTB 与 RTA 相同，需要配置两个区域，区域 0 和区域 2；在 RTD 上只配置区域 2。

根据前面的介绍，在区域 1，RTA 和 RTC 通过交互 LSA 会形成 LSDB，RTA 和 RTC 的 LSDB 是相同的。在 RTA 上同时配置了区域 0，所以，RTA 会为区域 0 生成另一个 LSDB，在区域 0 中，RTB 和 RTA 有相同的 LSDB。同理，RTB 和 RTD 在区域 2 中的 LSDB 也是

相同的。

在 RTC 上只有一个区域（Area 1），所有网段信息都在 Area 1 中宣告即可。

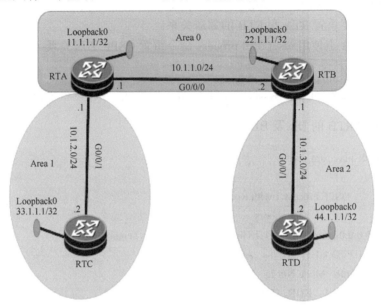

图 9-14　OSPF 多区域拓扑结构

（1）4 台路由器 RTA、RTB、RTC、RTD 的 IP 地址基本配置

本部分省略，请读者自行完成。

（2）OSPF 多区域配置

① RTA 为 ABR，10.1.1.0/24 属于区域 0，10.1.2.0/24 属于区域 1。

```
        [RTA]router id 11.1.1.1    //可以通过全局配置 Router ID 的方式，使得所有的路由协议（包含
OSPF）使用该地址作为 Router ID
        [RTA]ospf
        [RTA-ospf-1]area 0    //进入 OSPF 骨干区域
        [RTA-ospf-1-area-0.0.0.0]network 11.1.1.1 0.0.0.0    //在区域 0 中通告环回接口的路由
        [RTA-ospf-1-area-0.0.0.0]network 10.1.1.0 0.0.0.255    //在区域 0 中通告 G0/0/0 接口的路由以便和
其他设备建立邻居关系，使得该路由被其他远端路由器学习到
        [RTA-ospf-1-area-0.0.0.0]quit
        [RTA-ospf-1]area 1
        [RTA-ospf-1-area-0.0.0.0]network 10.1.2.0 0.0.0.255    //由于 RTA 是 ABR，所以还需要进入区域 1
通告对应的区域 1 中的接口所在的网络。
```

② RTB 为 ABR，10.1.1.0/24 属于区域 0，10.1.3.0/24 属于区域 2，请参考 RTA 自行完成。

```
[RTB]router id 22.1.1.1
[RTB]ospf
[RTB-ospf-1]area 0
[RTB-ospf-1-area-0.0.0.0]network 10.1.1.0 0.0.0.255
[RTB-ospf-1-area-0.0.0.0]network 22.1.1.1 0.0.0.0
[RTB-ospf-1]area 2
[RTB-ospf-1-area-0.0.0.2]network 10.1.3.0 0.0.0.25
```

③ RTC 的 10.1.2.0/24 以及 Loopback0 属于区域 1。

```
[RTC]router id 33.1.1.1
[RTC]ospf
[RTC-ospf-1]area 1
[RTC-ospf-1-area-0.0.0.1]network 33.1.1.1 0.0.0.0
[RTC-ospf-1-area-0.0.0.1]network 10.1.2.0 0.0.0.255
```

④ RTD 的 10.1.3.0/24 以及 Loopback0 属于区域 2。

```
[RTD]router id 44.1.1.1
[RTD]ospf
[RTD-ospf-1]area 2
[RTD-ospf-1-area-0.0.0.2]network 44.1.1.1 0.0.0.0
[RTD-ospf-1-area-0.0.0.2]network 10.1.3.0 0.0.0.255
```

（3）OSPF 相关配置验证

① 在 RTA 和 RTB 上检查 OSPF 邻居关系。

```
[RTA]dis ospf peer brief
            OSPF Process 1 with Router ID 11.1.1.1
              Peer Statistic Information
 ----------------------------------------------------------------
 Area Id            Interface               Neighbor id      State
 0.0.0.0            GigabitEthernet0/0/0    22.1.1.1         Full
 0.0.0.1            GigabitEthernet0/0/1    33.1.1.1         Full
 ----------------------------------------------------------------
[RTB]dis ospf peer brief
            OSPF Process 1 with Router ID 22.1.1.1
              Peer Statistic Information
 ----------------------------------------------------------------
 Area Id            Interface               Neighbor id      State
 0.0.0.0            GigabitEthernet0/0/0    11.1.1.1         Full
```

| 0.0.0.2 | GigabitEthernet0/0/1 | 44.1.1.1 | Full |
|---------|----------------------|----------|------|

由上述输出可见，在 RTA 上可以看到和同属区域 1 的 RTC 建立了邻居关系，邻居关系状态为 Full；在 RTB 上可以看到和同属区域 2 的 RTD 建立了邻居关系，邻居关系状态为 Full。

② 在 RTC 和 RTD 上查看 OSPF 路由表。

```
<RTC>dis ip routing-table protocol ospf
Route Flags: R - relay, D - download to fib
------------------------------------------------------------------------------
Public routing table : OSPF
          Destinations : 5        Routes : 5
OSPF routing table status : <Active>
          Destinations : 5        Routes : 5
Destination/Mask    Proto    Pre  Cost      Flags NextHop        Interface
       10.1.1.0/24  OSPF     10   2         D     10.1.2.1       GigabitEthernet0/0/1
       10.1.3.0/24  OSPF     10   3         D     10.1.2.1       GigabitEthernet0/0/1
       11.1.1.1/32  OSPF     10   1         D     10.1.2.1       GigabitEthernet0/0/1
       22.1.1.1/32  OSPF     10   2         D     10.1.2.1       GigabitEthernet0/0/1
       44.1.1.1/32  OSPF     10   3         D     10.1.2.1       GigabitEthernet0/0/1
OSPF routing table status : <Inactive>
          Destinations : 0        Routes : 0
<RTD>dis ip routing-table protocol ospf
Route Flags: R - relay, D - download to fib
------------------------------------------------------------------------------
Public routing table : OSPF
          Destinations : 5        Routes : 5
OSPF routing table status : <Active>
          Destinations : 5        Routes : 5
Destination/Mask    Proto    Pre  Cost      Flags NextHop        Interface
       10.1.1.0/24  OSPF     10   2         D     10.1.3.1       GigabitEthernet0/0/1
       10.1.2.0/24  OSPF     10   3         D     10.1.3.1       GigabitEthernet0/0/1
       11.1.1.1/32  OSPF     10   2         D     10.1.3.1       GigabitEthernet0/0/1
       22.1.1.1/32  OSPF     10   1         D     10.1.3.1       GigabitEthernet0/0/1
       33.1.1.1/32  OSPF     10   3         D     10.1.3.1       GigabitEthernet0/0/1
```

通过 display ip routing-table protocol ospf 命令查看 OSPF 路由表，如图 9-14 所示，有 5 个路由条目是通过 OSPF 学习到的。

（4）连通性测试

在 RTC 和 RTD 上进行连通性测试：

```
<RTC>ping -a 33.1.1.1 44.1.1.1
    PING 44.1.1.1: 56    data bytes, press CTRL_C to break
      Reply from 44.1.1.1: bytes=56 Sequence=1 ttl=253 time=40 ms
      Reply from 44.1.1.1: bytes=56 Sequence=2 ttl=253 time=20 ms
```

测试结果表明，RTC 的 Loopback0 接口可以成功 ping 通 RTD 的 Loopback0 接口。

# 9.4　小结

通过阅读本章，读者可以对 OSPF 这个企业网中常用的动态路由协议有了初步的了解。OSPF 是一种重要的链路状态协议，它具备区域的概念，普通区域都需要连接到骨干区域 0 才可以正常地更新路由信息。有关 OSPF 的其他内容，希望读者通过大量的实验来掌握。

# 9.5　练习题

## 1. 选择题

① OSPF 的 IP 协议号是多少？　____

A. 88　　　　　　B. 89　　　　　　C. 90

② OSPF 的骨干区域号码是多少？　____

A. 区域 0　　　　B. 区域 1　　　C. 区域 2

③ OSPF 的网络类型包含广播类型、点到点类型、点到多点类型和什么类型？　____

A. NBMA　　　　B. 主机类型　　　C. 环回类型

## 2. 判断题

在选举 DR 时，DR 优先级较高的路由器一定成为 DR，该说法是否正确？　____

A. 正确　　　　　B. 错误

# 第 10 章　VLAN 间路由

通过前面章节的学习，我们了解到 MAC 地址表只能解决同一 VLAN 内部通信问题。在路由章节，我们讨论了路由技术可以完成处于不同广播域的数据转发决策。一个 VLAN 就是一个逻辑的广播域，是一个逻辑子网，不同 VLAN 间通信需要采用路由技术去解决。在本章中，我们将介绍常用的 VLAN 间通信的技术，具体如下所述。

- 多臂路由实现 VLAN 间通信；
- 单臂路由实现 VLAN 间通信；
- 三层交换机实现 VLAN 间通信；
- 将交换接口转换为路由接口以实现 VLAN 间通信。

在以上这几个解决方案中，"都使用直连路由方式"。多臂路由由于扩展性不好在现网中少有应用；单臂路由是一种相对节约设备花费的解决方案，当然它的弱点在于转发性能不够强大；在三层交换机上实现 VLAN 间通信的方式采用 VLANIF（Virtual Local Area Network InterFace，虚拟局域网接口）技术，这种方式在现网中被广泛应用；将交换接口转换为路由接口以实现 VLAN 间通信在现网也有应用，而且在当下的 SDN（软件定义网络中）应用非常普遍。

## 10.1　多臂路由实现 VLAN 间通信

### 10.1.1　多臂路由简介

多臂路由这个名词很多时候并不被广大网络工程师所熟悉，因为，这种技术在现网中不太常用，原因无他，该技术过于浪费路由器的接口。

在前面的章节中，我们已经知道在数据转发过程中，源目 IP 地址（源 IP 地址和目的 IP 地址的简称）不发生变化（非 NAT 情况下）。但是，如果源目 IP 地址不处于同一个 VLAN 中，那么源目 MAC 地址将被重新封装。

多臂路由工作原理如图 10-1 所示，在图 10-1 中，交换机把接口 2 和接口 5 划入 VLAN200，把接口 1 和接口 3 划入 VLAN100，即 192.168.200.200 和 192.168.200.1 在同一个 VLAN（广播域）中，两者可以直接通信；192.168.100.1 和 192.168.100.100 在同一个 VLAN（广播域）中，两者可以直接通信。在此场景中，需要借助三层设备，即路由器的直连路由，也就是

192.168.200.0/24 和 192.168.100.0/24 来使得 192.168.200.200 和 192.168.100.100 通信。这种设计的问题在于太浪费路由器宝贵的接口资源了，很多的 AR 系列的路由器只有两个接口，没有多余的接口用于接入互联网，如果额外安装接口卡需要额外的费用，这也是该技术的缺点。

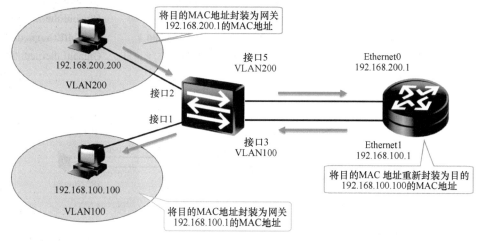

图 10-1　多臂路由原理

数据转发相关地址如表 10-1 所示。

表 10-1　数据转发相关地址

| 源 IP 地址 | 目的 IP 地址 | 源 MAC 地址 | 目的 MAC 地址 |
| --- | --- | --- | --- |
| 192.168.200.200 | 192.168.100.100 | 192.168.200.200 主机的 MAC 地址 | 192.168.200.1 的 MAC 地址 |
| 192.168.200.200 | 192.168.100.100 | 192.168.100.1 的 MAC 地址 | 192.168.100.100 的 MAC 地址 |

## 10.1.2　多臂路由配置实例

多臂路由拓扑结构如图 10-2 所示，图中 S3700-LSW1 代表二层交换机，在路由器 AR1 上配置 2 个物理接口生成直连路由。

（1）配置路由器 AR1 的物理接口

```
[Huawei]sysname AR1
[AR1]interface GigabitEthernet 0/0/0
[AR1-GigabitEthernet0/0/0]ip address 192.168.200.1 24
[AR1-GigabitEthernet0/0/0]int g0/0/1
[AR1-GigabitEthernet0/0/1]ip address 192.168.100.1 24
[AR1]display ip routing-table protocol direct  //在配置完接口的 IP 地址后，设备上自动产生直连
路由，多臂路由（单臂路由也是）通过直连路由来转发不同 VLAN 的数据
```

Route Flags: R - relay, D - download to fib

| Destination/Mask | Proto | Pre | Cost | Flags | NextHop | Interface |
|---|---|---|---|---|---|---|
| **192.168.100.0/24** | **Direct** | **0** | **0** | **D** | **192.168.100.1** | **GigabitEthernet0/0/1** |
| 192.168.100.1/32 | Direct | 0 | 0 | D | 127.0.0.1 | GigabitEthernet0/0/1 |
| 192.168.100.255/32 | Direct | 0 | 0 | D | 127.0.0.1 | GigabitEthernet0/0/1 |
| **192.168.200.0/24** | **Direct** | **0** | **0** | **D** | **192.168.200.1** | **GigabitEthernet0/0/0** |
| 192.168.200.1/32 | Direct | 0 | 0 | D | 127.0.0.1 | GigabitEthernet0/0/0 |

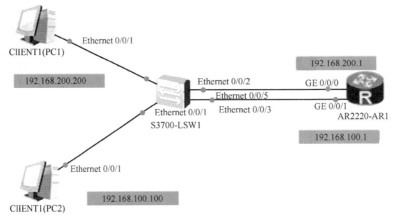

图 10-2　多臂路由拓扑结构

（2）配置交换机 SW1 的 VLAN 以及接口

```
sysname SW1
vlan batch 100 200    //在交换机上创建 VLAN100 和 VLAN200
interface Ethernet0/0/1
  port link-type access
  port default vlan 100    //将对应接口划分到 VLAN100
interface Ethernet0/0/2
  port link-type access
  port default vlan 200    //将对应接口划分到 VLAN200
interface Ethernet0/0/3
  port link-type access
  port default vlan 100
interface Ethernet0/0/5
  port link-type access
  port default vlan 200
[SW1]display port vlan active    //验证 VLAN 的划分情况
T=TAG U=UNTAG

-------------------------------------------------------------
Port                Link Type        PVID        VLAN List
-------------------------------------------------------------
```

| Eth0/0/1 | access | 100 | U: 100 |
| Eth0/0/2 | access | 200 | U: 200 |
| Eth0/0/3 | access | 100 | U: 100 |
| Eth0/0/5 | access | 200 | U: 200 |

（3）配置客户端计算机

分别如图 10-3 和图 10-4 所示，配置 ClIENT1(PC1)和 ClIENT2(PC2)的 IP 地址和网关（注意点击应用）。

图 10-3　设置 ClIENT1(PC1)的 IP 地址和网关

图 10-4　设置 ClIENT2（PC2）的 IP 地址和网关

（4）验证通信情况

```
PC>ping 192.168.200.1    //PC1 可以和自身的网关通信
Ping 192.168.200.1: 32 data bytes, Press Ctrl_C to break
From 192.168.200.1: bytes=32 seq=1 ttl=255 time=31 ms
From 192.168.200.1: bytes=32 seq=2 ttl=255 time=46 ms
PC>ping 192.168.100.1    //PC1 可以和目的主机所在的网关通信
From 192.168.100.1: bytes=32 seq=1 ttl=255 time=31 ms
From 192.168.100.1: bytes=32 seq=2 ttl=255 time=31 ms
PC>ping 192.168.100.100    //PC1 可以和 PC2 通信。注意第一个数据包超时，是 ARP 的请求消息
Ping 192.168.100.100: 32 data bytes, Press Ctrl_C to break
Request timeout!
From 192.168.100.100: bytes=32 seq=2 ttl=127 time=46 ms
From 192.168.100.100: bytes=32 seq=3 ttl=127 time=47 ms
```

由上可知，客户端计算机间可进行数据通信。

# 10.2　单臂路由实现 VLAN 间通信

## 10.2.1　单臂路由工作原理

在 10.1 节中我们发现，路由器的每个接口和交换机的每个接口都被"独占"了，虽然提升了用户数据的转发效率，但是由于成本过大，这种通信方式在现网中并不常见。而本节要讨论的单臂路由恰恰解决了该成本问题。网络设计方案的决策者通常会采用成本更小的方案。我们知道，一个 Trunk 接口可以承载多个 VLAN 的流量，我们可以在交换机上通过一个链路来承载多个 VLAN 的流量，而不采用"独占"接口方式来转发数据。现在的问题在于，在路由器上如何解决该问题呢？在路由器的以太接口上，我们可以采用子接口技术，将每个子接口作为一个单独的广播域，并且是其所属网络中主机的默认网关，这样在路由器上就具备了多个直连路由，自然就可以借助 IP 路由表来"路由"不同网段的数据了，当然单臂路由中的子接口也可以被动态路由协议通告给邻居，这样就可以实现与远端网络的通信了。子接口其实是一个逻辑接口，是一个"虚拟接口"，它们"衍生"出的 MAC 地址依旧为物理接口的 MAC 地址，这在一定程度上说明，无论逻辑路径是如何的，数据最终还需要在物理接口上转发。这也说明了单臂路由的一个缺点：如果数据流量过大，那么在服务质量方面，路由器上的单个链路是一个单点故障点。

图 10-5 所示为单臂路由数据转发示意图，在该图中，数据包由 192.168.20.20 到达

192.168.10.10 的路径是：数据包从 SWA 的接口 2 进入并被从接口 24 转发到路由器的子接口 20.1，然后从路由器子接口 10.1 再次转发回 SWA 的接口 24，最后从 SWA 的接口 1 转发到 192.168.10.1。

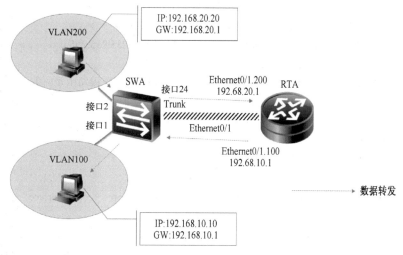

图 10-5　单臂路由数据转发示意图

接下来的一个问题是，路由器的一个物理接口如何识别属于来自 1 个 Trunk 接口（参见图 10-5 的 SWA 的接口 24）的不同 VLAN 的流量呢？答案是通过 Tag（标识）。从 SWA 的接口 24 发出的数据帧中携带了 VLAN200 的 Tag（标识），到达路由器的子接口后，子接口也采用 IEEE 802.1q 的封装方式，而且 VLAN ID 标识也为 200，因此可识别 VLAN200 的数据包，经过路由决策（直连路由），该数据包将从标识为 100 的子接口发出去，该数据包的 VLAN ID 为 100；当该数据包到达 SWA 的接口 24 时，SWA 自然是可以识别这个 VLAN ID 为 100 的数据包，然后将其从接口 1 发出，同时去掉相应 Tag（标识），使其成为一个 Untag 的数据包转发到 192.168.10.10。

## 10.2.2　单臂路由配置实例

使用图 10-5 完成单臂路由配置。

（1）配置路由器 A（RTA）

```
[Huawei]sysname RouterA
[RouterA]interface g0/0/1.200   //此处子接口的编号不一定和 VLAN ID 相同，当然，如果相同更
方便排障和识别
[RouterA-GigabitEthernet0/0/1.200]dot1q termination vid 200   //前文已经描述，此处的 VLAN ID
代表了该子接口采用 IEEE 802.1q 标准封装 VLAN ID，用于识别 Tag 对应的 VLAN 的流量
[RouterA-GigabitEthernet0/0/1.200]ip address 192.168.20.1 24
```

[RouterA-GigabitEthernet0/0/1.200]arp broadcast enable　//使能终结子接口的 ARP 广播功能，默认情况下该功能在 eNSP 上没有开启。如果不开启该功能，会发现同一网段的设备可以通信，但是不同网段的设备不能通信

[RouterA-GigabitEthernet0/0/1.200]interface GigabitEthernet0/0/1.100

[RouterA-GigabitEthernet0/0/1.100] dot1q termination vid 100

[RouterA-GigabitEthernet0/0/1.100] ip address 192.168.10.1 255.255.255.0

[RouterA-GigabitEthernet0/0/1.100] arp broadcast enable

[RouterA]display ip routing-table　//验证路由器的路由情况，关键路由是两条子接口产生的路由

Route Flags: R - relay, D - download to fib

------------------------------------------------------------------------------

Routing Tables: Public
　　　　　　　Destinations : 10　　　　　　Routes : 10

| Destination/Mask | Proto | Pre | Cost | Flags | NextHop | Interface |
|---|---|---|---|---|---|---|
| 127.0.0.0/8 | Direct | 0 | 0 | D | 127.0.0.1 | InLoopBack0 |
| 127.0.0.1/32 | Direct | 0 | 0 | D | 127.0.0.1 | InLoopBack0 |
| 127.255.255.255/32 | Direct | 0 | 0 | D | 127.0.0.1 | InLoopBack0 |
| 192.168.10.0/24 | Direct | 0 | 0 | D | 192.168.10.1 | GigabitEthernet0/0/1.100 |
| 192.168.10.1/32 | Direct | 0 | 0 | D | 127.0.0.1 | GigabitEthernet0/0/1.100 |
| 192.168.10.255/32 | Direct | 0 | 0 | D | 127.0.0.1 | GigabitEthernet0/0/1.100 |
| 192.168.20.0/24 | Direct | 0 | 0 | D | 192.168.20.1 | GigabitEthernet0/0/1.200 |
| 192.168.20.1/32 | Direct | 0 | 0 | D | 127.0.0.1 | GigabitEthernet0/0/1.200 |
| 192.168.20.255/32 | Direct | 0 | 0 | D | 127.0.0.1 | GigabitEthernet0/0/1.200 |
| 255.255.255.255/32 | Direct | 0 | 0 | D | 127.0.0.1 | InLoopBack0 |

（2）配置交换机

```
sysname SWA
#
vlan batch 100 200          //创建 VLAN
interface GigabitEthernet0/0/1
 port link-type access
 port default vlan 100       //将接口划分到对应的 VLAN100
#
interface GigabitEthernet0/0/2
 port link-type access
 port default vlan 200       //将接口划分到对应的 VLAN200
#
interface GigabitEthernet0/0/24
```

```
        port link-type trunk   //配置上行链路为 Trunk 链路
        port trunk allow-pass vlan 100 200   //读者不要忘记允许 VLAN 流量通过,默认情况下所有流量
都不允许通过 Trunk 链路
        <SWA>display port vlan active   //验证 VLAN 的划分情况和 Trunk 链路的工作情况
        T=TAG U=UNTAG
        -------------------------------------------------------------

        Port              Link Type      PVID       VLAN List
        -------------------------------------------------------------

        GE0/0/1           access         100        U: 100
        GE0/0/2           access         200        U: 200
        .....
        GE0/0/24          trunk          1          U: 1
                                                    T: 100 200
```

关于主机的配置此处省略,读者可以参考 10.1 节的主机配置。不同 VLAN 的通信流量如图 10-6 所示,该图表明两台主机已经实现了不同 VLAN 间通信。

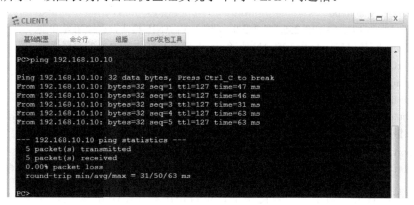

图 10-6　不同 VLAN 的通信流量

数据通信采用 IEEE 802.1q 封装标准,如图 10-7 所示,读者可以观察到 ICMP 报文中采用 IEEE 802.1 标准封装的 VLAN ID。

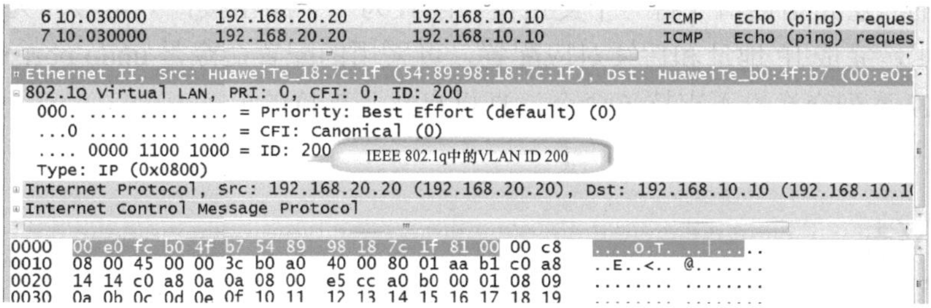

图 10-7　数据通信采用 IEEE 802.1q 封装标准

## 10.3　三层交换机实现 VLAN 间通信及其应用

如前所述，多臂路由和单臂路由各有缺点。虽然单臂路由在现网应用很多，但是在大型园区网或者数据中心网络中，更常用的解决方案是将三层交换机作为主机的网关使用，此时就需要该交换机具备三层功能，即路由功能。当然很多网络工程师更乐意把它们称为多层交换机，将这种实施方案称为 VLANIF 模式。当 VLANIF 创建完毕后，在三层交换机上会生成路由表，就可以完成不同 VLAN 的路由了。具体配置如下：

```
interface GigabitEthernet0/0/1
  port link-type access
  port default vlan 100
interface GigabitEthernet0/0/2
  port link-type access
  port default vlan 200
interface Vlanif100
    ip address 192.168.10.1 255.255.255.0   //进入 VLANIF 模式，直接配置 IP 地址即可。当然该接
口工作的前提是：有接口被划入了该 VLAN 或者 Trunk 链路允许该 VLAN 的数据通过
    interface Vlanif200
    ip address 192.168.20.1 255.255.255.0
interface GigabitEthernet0/0/24
    shutdown   //在该环境中，我们关闭了上行链路，其实读者可以考虑，如果路由器上只有一个
物理接口，该链路采用什么模式更合适
    port link-type trunk
    port trunk allow-pass vlan 100 200
```

在本章中，我们学习了采用多臂路由、单臂路由和 VLANIF 模式实现 VLAN 间通信。在现网中应用最多的方案是单臂路由（适合中小型企业网络）和 VLANIF（适合大中型企业网络）。作为知识扩展，读者可以将单臂路由在动态路由协议中通告，这样可以实现更大网络间通信。

交换机的三层路由接口（将一个交换接口配置为一个路由接口）可被作为一个三层以太网接口使用，完成 IP 地址和后续对应配置，可采用的配置命令是 undo portswitch（注意 eNSP 上的 X7 系列交换机不支持该命令，真机自然是支持的）。

## 10.4　小结

在本章中，我们重点讨论了如何将交换知识和路由的知识结合起来使用，使 VLAN 中

的主机通过三层路由协议在不同的 VLAN 之间进行通信。本章给出了 3 种方式，这些方式在现网中有各自不同的用处，请读者通过练习掌握。

## 10.5　练习题

### 1. 选择题

① 通过____设备，可以实现 VLAN 间的通信（多选）。
　　A. 二层交换机　　　　　　B. 三层交换机　　　　　　C. 路由器
② 在实施单臂路由时，使不同子网可以通信的命令是____。
　　A. arp broadcast enable　　　B. interface vlanif
③ VLAN 间通信本质是____。
　　A. MAC 地址的通信　　　B. 路由表的决策转发　　　C. ARP 表的数据通信

# 第 11 章　链 路 聚 合

## 11.1　链路聚合原理及适用场景

链路聚合技术可以在不进行硬件升级的条件下，通过将多个物理端口捆绑为一个逻辑端口，达到增加链路带宽的目的；在实现增大带宽目的的同时，链路聚合采用备份链路的机制，可以有效地提高设备之间链路的可靠性。另外，在生成树中，聚合链路被看作一条链路，所有链路都可以转发业务流量，从而提高了交换机之间链路的利用率。

### 11.1.1　链路聚合名词解释

① 链路聚合组（Link Aggregation Group）：将多条相同的以太链路捆绑在一起形成的逻辑链路，华为通常称其为 Eth-Trunk。

② 链路聚合端口：聚合组形成的一个逻辑端口，该逻辑端口被称为 Eth-Trunk 端口。

③ 成员端口和成员链路。

- 成员端口：在 Eth-Trunk 组中的每个物理端口。
- 成员链路：每个成员端口对应的链路。

④ 活动端口和非活动端口以及活动链路和非活动链路。

- 活动端口：在 Eth-Trunk 组中处于转发数据状态的端口；
- 非活动端口:在 Eth-Trunk 组中处于不转发数据状态的端口,和活动端口正好相反；
- 活动链路：活动端口所在的链路；
- 非活动链路：非活动端口所在的链路。

### 11.1.2　链路聚合原理

链路聚合（Link Aggregation）是将一组相同属性的物理端口捆绑在一起形成一个逻辑端口来增加带宽和可靠性的一种方法。链路聚合具有如下优势。

- 增加带宽：链路聚合端口的最大带宽可以达到各成员端口带宽之和。
- 提高冗余度：当某条活动链路出现故障时，流量可以切换到其他可用的成员链路上，从而提高链路聚合端口的冗余度和稳定性；其中一条物理链路断开并不会给拓扑带来变化，生成树不需要重新收敛。

- 分担负载：在一个链路聚合组内，可以实现在各成员活动链路上的负载分担。根据硬件的配置不同实现活动链路上的负载分担，例如，基于源、目的 MAC 地址或者基于源、目的 IP 地址实现负载分担。
- 节省成本：管理员不需要升级链路的速率，只需要对已有端口进行捆绑。
- 配置量少：人部分的配置在 Eth-Trunk 上完成即可，不需要在每个端口上配置，只要确保两端交换机一致即可。

链路聚合如图 12-1 所示，该图展示了一个链路聚合（Eth-Trunk）技术实现的例子。

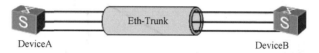

图 11-1  链路聚合

在图 11-1 中，DeviceA 与 DeviceB 之间通过 3 条以太网物理链路相连，将这 3 条链路捆绑在一起，就形成一条 Eth-Trunk 逻辑链路，该逻辑链路的带宽等于原先 3 条以太网物理链路的带宽总和，例如，3 条 100 Mbps 的物理链路，现在捆绑成为一条 300 Mbps 的 Eth-Trunk 逻辑链路，从而达到了增加链路带宽的目的；同时，这 3 条以太网物理链路相互备份，其中任意一条链路失效都不影响该 Eth-Trunk 链路转发数据，有效地提高了链路的可靠性。

特别需要注意的是，是不是所有的以太链路都可以进行捆绑呢？答案肯定是否定的。只有具有相同属性的链路才能捆绑成功，两个端口的配置参数不一致也会导致不能形成 Eth-trunk 链路。下面就给大家总结一下形成 Eth-Trunk 链路的基本要求，每个 Eth-Trunk 端口下最多可以包含 8 个成员端口。

- 成员端口不能配置任何业务和静态 MAC 地址。
- 当成员端口加入 Eth-Trunk 链路时，必须为默认的 Hybrid 类型端口。
- Eth-Trunk 端口不能嵌套，即成员端口不能是 Eth-Trunk 端口。
- 一个以太网端口只能加入一个 Eth-Trunk 端口，如果需要加入其他 Eth-Trunk 端口，必须先退出原来的 Eth-Trunk 端口。
- 一个 Eth-Trunk 端口中的成员端口必须是同一类型，例如，FE 端口和 GE 端口不能加入同一个 Eth-Trunk 端口。
- 可以将不同端口板上的以太网端口加入同一个 Eth-Trunk 端口。
- 如果本地设备使用了 Eth-Trunk 端口，与成员端口直连的对端端口也必须捆绑为 Eth-Trunk 端口，这样两端才能正常通信。
- 当成员端口的速率不一致时，实际使用中速率小的端口可能会出现拥塞，导致丢包。
- 当成员端口加入 Eth-Trunk 端口后，在学习 MAC 地址时是按照 Eth-Trunk 端口来学习的，而不是按照成员端口来学习的。

### 11.1.3　链路聚合的应用场景

链路聚合应用场景如图 11-2 所示，该图展示了一个企业网络架构，具有层次结构，分为接入层、分布层和核心层。其中，S1 为接入层交换机，与分布层的交换机 S2 和 S3 相连，S2 和 S3 与核心层交换机 S4 和 S5 相连。接入层交换机与分布层交换机之间承载流量多，需要增加带宽，以防止流量拥塞，导致业务中断，这时我们需要配置二层链路聚合，而分布层与分布层之间、分布层与核心层之间需要进行三层通信，故此需要配置三层链路聚合。

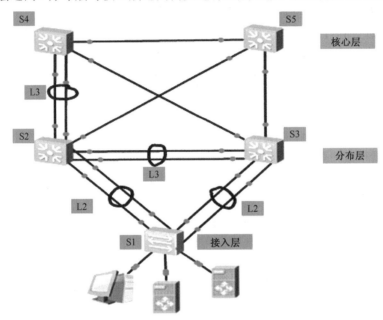

图 11-2　链路聚合的应用场景

## 11.2　链路聚合模式

链路聚合模式在华为系统中可以分为手工负载分担和 LACP（Link Aggregation Control Protocol，链路聚合控制协议）两种模式。

### 11.2.1　手工负载分担模式

手工配置 Eth-Trunk 和成员端口不需要链路聚合控制协议的参与。在手工负载分担模式下，所有活动链路都参与数据转发，平均分担流量，因此被称为负载分担模式，如图 11-3

所示。如果某条活动链路发生故障，链路聚合组会自动在剩余的活动链路中平均分担流量。当设备不支持 LACP 模式时，可以使用手工负载分担模式。

图 11-3　手工负载分担

在图 11-3 中，SwitchA 与 SwitchB 两台设备之间需要设置 Eth-Trunk1，而 SwitchB 不支持 LACP，此时可在设备 SwitchA 和 SwitchB 上创建手工负载分担模式的 Eth-Trunk，并加入多个成员端口来增加设备间的带宽和可靠性。手工负载分担模式允许所有的端口均处于转发状态，分担负载的流量。

## 11.2.2　手工聚合链路实例

手工聚合链路实验拓扑结构如图 11-4 所示。

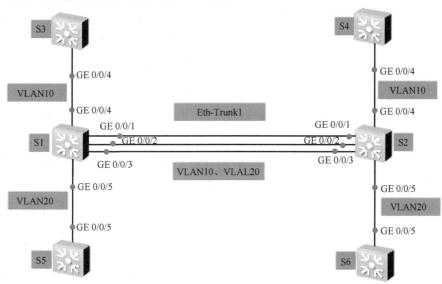

图 11-4　手工聚合链路实验拓扑结构

在图 11-4 中，某公司交换机 S1 和 S2 通过以太链路分别连接不同的业务 VLAN10 和 VLAN20 的网络，业务 VLAN10 和 VLAN 20 之间有大量数据流量需要传输，公司希望以最小的成本满足该需求，在不增加设备或者更高速率接口链路的情况下，使交换机 S1 和 S2 之间能够提供较大的链路带宽以实现相同 VLAN 间互相通信，同时还能具有一定的网络可靠性。

（1）创建 VLAN

分别在交换机 S1、S2、S3、S4、S5、S6 上创建 VLAN10 和 VLAN20：

```
[S1]vlan batch 10 20
[S2]vlan batch 10 20
[S3]vlan batch 10 20
[S4]vlan batch 10 20
[S5]vlan batch 10 20
[S6]vlan batch 10 20
```

（2）配置交换机 S1 与 S2 之间的 Eth-Trunk

配置交换机 S1 与 S2 之间的 Eth-Trunk 的方法有两种，分别介绍如下。

① 在交换机 S1 在配置：先创建 Eth-Trunk 组，然后将每个端口加入该组：

```
[S1]interface Eth-Trunk 1              //创建链路聚合组 1
[S1]interface GigabitEthernet 0/0/1    //将端口加入链路聚合组 1
[S1-GigabitEthernet0/0/1]eth-trunk 1
[S1]interface GigabitEthernet 0/0/2    //将端口加入链路聚合组 1
[S1-GigabitEthernet0/0/1]eth-trunk 1
[S1]interface GigabitEthernet 0/0/3    //将端口加入链路聚合组 1
[S1-GigabitEthernet0/0/1]eth-trunk 1
```

② 在交换机 S2 上配置：创建 Eth-Trunk 组，然后直接将 3 个端口加入该组：

```
[s2]interface Eth-Trunk 1    //创建链路聚合组 1
[s2-Eth-Trunk1]trunkport GigabitEthernet 0/0/1 to 0/0/3    //直接把端口加入该组，物理端口会自动
添加配置
```

上述两种方法都能完成创建 Eth-Trunk 组并加入成员，相比较而言，第二种方法比较简单且配置工作量少点，而且实现的效果是一样的。

检查创建的 Eth-Trunk。通过 display eth-trunk 1 命令查看，结果表明 Eth-Trunk 工作正常。

```
[S2]display eth-trunk 1
Eth-Trunk1's state information is:
WorkingMode: NORMAL               Hash arithmetic: According to SIP-XOR-DIP
Least Active-linknumber: 1    Max Bandwidth-affected-linknumber: 8
Operate status: up                Number Of Up Port In Trunk: 3
--------------------------------------------------------------------------------
PortName                 Status          Weight
GigabitEthernet0/0/1        Up              1
GigabitEthernet0/0/2        Up              1
GigabitEthernet0/0/3        Up              1
```

注释：在默认情况下，Eth-Trunk 的工作模式为手工负载分担模式。

（3）配置交换机 S1 与 S2 之间的 Eth-Trunk 为 Trunk

配置 S1 和 S2 的 Eth-Trunk 为 Trunk 并允许 VLAN10 和 VLAN20 的流量通过，实现两台交换机之间的 VLAN 通信。

配置交换机 S1：

```
[S1]interface Eth-Trunk 1
[S1-Eth-Trunk1]port link-type trunk
[S1-Eth-Trunk1]port trunk allow-pass vlan 10 20
```

（4）配置 Eth-Trunk 的负载分担方式

默认情况下，该模式的负载分担模式为基于源、目的 IP 地址，此处修改交换机 S1 和 S2 的配置，使负载分担方式为基于源、目的 MAC 地址。

① 配置交换机 S1。

```
[S1]interface Eth-Trunk 1
[S1-Eth-Trunk1]load-balance src-dst-mac
```

② 配置交换机 S2。

```
[S2]interface Eth-Trunk 1
[S2-Eth-Trunk1]load-balance src-dst-mac
```

③ 通过 display eth-trunk 1 命令查看负载分担结果。

```
[S1]display eth-trunk 1
Eth-Trunk1's state information is:
WorkingMode: NORMAL            Hash arithmetic: According to SA-XOR-DA
Least Active-linknumber: 1   Max Bandwidth-affected-linknumber: 8
Operate status: up           Number Of Up Port In Trunk: 3
--------------------------------------------------------------------------
PortName                     Status        Weight
GigabitEthernet0/0/1         Up            1
GigabitEthernet0/0/2         Up            1
GigabitEthernet0/0/3         Up            1
```

④ 具体负载分担模式介绍如下。

● dst-ip（基于目的 IP 地址）模式：从目的 IP 地址、出端口的 TCP/UDP 端口号中分别选择指定位的 3 bit 数值进行异或运算，根据运算结果选择 Eth-Trunk 表中对应的出端口。

● dst-mac（基于目的 MAC 地址）模式：从目的 MAC 地址、VLAN ID、以太网类型以及入端口信息中分别选择指定位的 3 bit 数值进行异或运算，根据运算结果选择 Eth-Trunk 表中对应的出端口。

- src-ip（基于源 IP 地址）模式：从源 IP 地址、入端口的 TCP/UDP 端口号中分别选择指定位的 3 bit 数值进行异或运算，根据运算结果选择 Eth-Trunk 表中对应的出端口。

- src-mac（基于源 MAC 地址）模式：从源 MAC 地址、VLAN ID、以太网类型以及入端口信息中分别选择指定位的 3 bit 数值进行异或运算，根据运算结果选择 Eth-Trunk 表中对应的出端口。

- src-dst-ip（基于源 IP 地址与目的 IP 地址的异或运算）模式：将目的 IP 地址、源 IP 地址两种负载分担模式的运算结果进行异或运算，根据运算结果选择 Eth-Trunk 表中对应的出端口。

- src-dst-mac（基于源 MAC 地址与目的 MAC 地址的异或运算）模式：从目的 MAC 地址、源 MAC 地址、VLAN ID、以太网类型以及入端口信息中分别选择指定位的 3 bit 数值进行异或运算，根据运算结果选择 Eth-Trunk 表中对应的出端口。

（5）配置端口的阈值

配置端口的阈值，设置活动端口数下限阈值是为了保证最小带宽，当活动链路数目小于下限阈值时，Eth-Trunk 端口的状态转变为关闭状态。

交换机 S1 和交换机 S2 的配置如下。

① 配置交换机 S1。

```
[S1]interface Eth-Trunk 1
[S1-Eth-Trunk1]least active-linknumber 3
```

② 配置交换机 S2。

```
[S2]interface Eth-Trunk 1
[S2-Eth-Trunk1]least active-linknumber 2
```

如果两台交换机设置的阈值不一样，会以哪台交换机的阈值为准呢？

- 下限阈值不同，以下限阈值数值较大的一端为准。

- 上限阈值最大为 8，可以进行更改，更改的命令为 max bandwidth-affected-linknumber 4。


# 11.3　LACP 基础

## 11.3.1　LACP 模式出现的背景

作为链路聚合技术，手工负载分担模式可以将多个物理端口聚合成一个 Eth-Trunk 口来提高带宽，同时能够检测出同一聚合组内的成员链路有断路等有限故障，但是无法检测出链路层故障和链路错连等故障。为了提高 Eth-Trunk 的容错性，并且能提供备份功能，保证成员链路的高可靠性，出现了链路聚合控制协议（Link Aggregation Control Protocol，LACP），LACP 模式就是采用 LACP 的一种链路聚合模式。

## 11.3.2 LACP 模式名词解释

（1）系统优先级

系统优先级用于区分两端设备优先级的高低。在 LACP 模式下，两端设备所选择的活动端口必须保持一致，否则链路聚合组就无法建立。如果其中一端具有更高的优先级，另一端根据高优先级的一端来选择活动端口。系统优先级的取值越小优先级越高。默认情况下，系统 LACP 优先级为 32768，在两端设备中选择系统 LACP 优先级高的一端作为主动端，如果系统 LACP 优先级相同则选择 MAC 地址较小的一端作为主动端。

（2）端口优先级

端口优先级用于区别不同端口被选为活动端口的优先程度，优先级高的端口将优先被选为活动端口。优先级低的端口将成为非活动端口，默认情况下，端口的 LACP 优先级是32768。端口优先级取值越小，端口的优先级越高。

（3）成员端口备份

LACP 模式链路聚合由 LACP 协商确定哪些是活动链路和非活动（备份）链路，华为称为 $M:N$ 模式，即 $M$ 条活动链路与 $N$ 条备份链路的模式。这种模式提供了更高的链路可靠性，并且可以在 $M$ 条链路中实现不同方式的负载均衡。

如图 11-5 所示为备份示意图，一共有 3 条链路。其中，两条处于活动状态，一条处于非活动状态，$M:N=2:1$。在聚合链路上转发流量时，在两条活动链路上分担负载，另外的一条链路不转发流量，这条链路提供备份功能，是备份链路。此时链路的实际带宽为两条链路的总和，但是能提供的最大带宽为 2+1 条链路的总和。当两条链路中有一条链路发生故障时，LACP 会用备份链路替换故障链路。此时链路的实际带宽还是两条链路的总和，但是能提供的最大带宽就变为 2+1-1 条链路的总和。

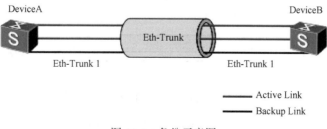

图 11-5 备份示意图

### 11.3.3　LACP 模式工作原理

LACP 基于标准协议 IEEE 802.3ad，通过链路聚合控制协议数据单元（Link Aggregation Control Protocol Data Unit，LACPDU）与对端交互信息，当原端口加入 Eth-Trunk 后，这些端口将通过发送 LACPDU 向对端通告自己的系统优先级、MAC 地址、端口优先级、端口号和操作 Key 等信息。对端接收到这些信息后，将这些信息与自身端口所保存的信息进行比较以选择能够聚合的端口，双方对哪些端口能够成为活动端口达成一致后，确定活动链路。

LACP 模式建立过程如下所述。

① DeviceA 和 DeviceB 如图 11-6 所示互相发送 LACPDU 报文，创建 Eth-Trunk，配置 LACP 模式，将端口接入到绑定的组中，这样端口就启用了 LACP，就可以发送 LACPDU 报文了。

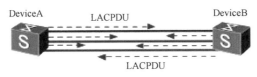

图 11-6　LACPDU 报文

② 如图 11-7 所示，确定主动端和活动链路。

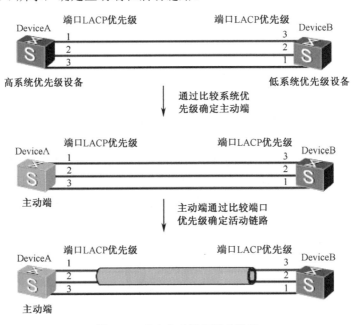

图 11-7　确定主动端和活动链路

在图 11-7 中，先比较系统优先级，系统优先级高的成为主动端，选出 DeviceA 成为主动端；再根据端口优先级比较选出哪些是活动链路，哪些是非活动链路，选出端口 1 和 2 为活动端口，3 为非活动端口。

### 11.3.4 LACP 模式分类

LACP 模式可以分为二层链路聚合和三层链路聚合。

（1）二层链路聚合

Eth-Trunk 技术可以用来捆绑相同类型的端口，在一个二层的交换机上，一般把接入层交换机与分布层交换机之间的链路进行成二层链路聚合，如果接入的终端设备也支持 Eth-Trunk 和 Trunk 技术，我们也可以汇聚 Access 端口，比如服务器端能支持 Eth-Trunk 和 Trunk 技术，那么接入层交换机就能配置 Eth-Trunk 链路，每个 Eth-Trunk 链路可以被看成一个逻辑连接，因此 Eth-Trunk 中的成员端口可以在所有正常传递流量的链路上对流量进行负载分担。在配置二层 Eth-Trunk 时，要求两端的端口使用相同的方式配置，都是交换端口（Access 端口、Trunk 端口、hybrid 端口），保持端口的参数一致就能形成二层的 Eth-Trunk。

（2）三层链路聚合

在三层交换机上，可以把端口变成三层路由端口，值得注意的是，华为 eNSP S 系列交换机（比如 S3700 和 S5700 系列的交换机）是三层交换机，但不能把端口变成三层端口，只能使用 VLANIF 端口作为三层端口，因此 S 系列的交换机是软三层交换机，并不是硬三层交换机。华为数据中心的交换机是硬三层交换机，可以用 undo portswitch 命令将端口变成三层端口，这些端口不再执行二层交换功能，而是成为与路由平台上端口类似的三层端口。三层端口也可以像二层端口一样执行 Eth-Trunk 功能。在多层交换机上配置 Eth-Trunk 是比较容易的，具体的配置取决于交换机所连接的设备和所在网络的位置，三层 Eth-Trunk 用于分布层到分布层以及分布层到核心层的部署。在配置 Eth-Trunk 时要求链路两边的端口使用相同的配置方式，都具有路由端口属性。

## 11.4 二层链路聚合配置实例

配置二层静态 LACP 模式，二层链路聚合拓扑结构如图 11-8 所示。

图 11-8 二层链路聚合拓扑结构

采用 LACP 模式配置二层链路聚合的步骤如下。

（1）创建链路聚合组 10

在 S1 和 S2 上创建链路聚合：

```
[S1]interface Eth-Trunk 10
[S2interface Eth-Trunk 10
```

（2）配置链路聚合模式为静态 LACP 模式

在 S1 和 S2 上完成配置：

```
[S1-Eth-Trunk1]mode lacp-static
[S2-th-Trunk1]mode lacp-static
```

（3）将端口加入聚合组 10

```
[S1Eth-Trunk10]trunkport GigabitEthernet 0/0/1    to 0/0/3
[S2-Eth-Trunk10]trunkport GigabitEthernet 0/0/1    to 0/0/3
```

一个基本的二层 LACP 模式的聚合链路配置完成后，可通过 display eth-trunk 10 命令查看配置结果：

```
[S2]display eth-trunk
Eth-Trunk10's state information is:
Local:
LAG ID: 10                      WorkingMode: STATIC
Preempt Delay: Disabled         Hash arithmetic: According to SIP-XOR-DIP
System Priority: 32768          System ID: 4c1f-cc71-4c4f
Least Active-linknumber: 1      Max Active-linknumber: 8
Operate status: up              Number Of Up Port In Trunk: 3
--------------------------------------------------------------------------------
ActorPortName          Status   PortType PortPri PortNo PortKey PortState Weight
GigabitEthernet0/0/1   Selected 1GE      32768   2      2609    10111100  1
GigabitEthernet0/0/2   Selected 1GE      32768   3      2609    10111100  1
GigabitEthernet0/0/3   Selected 1GE      32768   4      2609    10111100  1

Partner:
--------------------------------------------------------------------------------
ActorPortName          SysPri   SystemID        PortPri  PortNo   PortKey   PortState
GigabitEthernet0/0/1   32768    4c1f-cc57-7dbd  32768    2        2609      10111100
GigabitEthernet0/0/2   32768    4c1f-cc57-7dbd  32768    3        2609      10111100
```

| GigabitEthernet0/0/3 | 32768 | 4c1f-cc57-7dbd | 32768 | 4 | 2609 | 10111100 |

由上可知，WorkingMode 为 STATIC，表示为静态的 LACP 模式，其他都是默认值。

（4）手动定义活动端口阈值

① 在 S1 上配置：

```
[S1-Eth-Trunk10]max active-linknumber 2        //定义上限活动端口阈值为 2
```

② 通过 display eth-trunk 10 命令查看配置结果：

```
[S1]display eth-trunk
Eth-Trunk10's state information is:
Local:
LAG ID: 10                      WorkingMode: STATIC
Preempt Delay: Disabled         Hash arithmetic: According to SIP-XOR-DIP
System Priority: 32768          System ID: 4c1f-cc57-7dbd
Least Active-linknumber: 1      Max Active-linknumber: 2
Operate status: up              Number Of Up Port In Trunk: 2
--------------------------------------------------------------------------
ActorPortName          Status    PortType PortPri PortNo PortKey PortState Weight
GigabitEthernet0/0/1   Selected 1GE     32768    2    2609   10111100   1
GigabitEthernet0/0/2   Selected 1GE     32768    3    2609   10111100   1
GigabitEthernet0/0/3   Unselect 1GE     32768    4    2609   10100000   1

Partner:
--------------------------------------------------------------------------
ActorPortName          SysPri   SystemID       PortPri PortNo PortKey PortState
GigabitEthernet0/0/1   32768    4c1f-cc71-4c4f 32768    2    2609   10111100
GigabitEthernet0/0/2   32768    4c1f-cc71-4c4f 32768    3    2609   10111100
GigabitEthernet0/0/3   32768    4c1f-cc71-4c4f 32768    4    2609   10100000
```

通过观察结果可知，修改了最大活动链路的条目为 2，现在有 3 条链路，所以有一条链路为非活动链路，根据端口号，默认选择 G0/0/3 为非活动端口。

（5）修改系统 LACP 优先级，选择主动端

① 在 S1 上配置：

```
[S1]lacp priority 100
```

② 配置完成以后，Eth-Trunk10 端口在发生震荡之后重新建立，通过 display eth-trunk 10

命令查看结果：

```
[S1]display eth-trunk 10
Eth-Trunk10's state information is:
Local:
LAG ID: 10                      WorkingMode: STATIC
Preempt Delay: Disabled         Hash arithmetic: According to SIP-XOR-DIP
System Priority: 100            System ID: 4c1f-cc57-7dbd
Least Active-linknumber: 1      Max Active-linknumber: 2
Operate status: up              Number Of Up Port In Trunk: 2
-----------------------------------------------------------------------
ActorPortName        Status    PortType PortPri PortNo PortKey PortState Weight
GigabitEthernet0/0/1 Selected 1GE       32768   2      2609    10111100  1
GigabitEthernet0/0/2 Selected 1GE       32768   3      2609    10111100  1
GigabitEthernet0/0/3 Unselect 1GE       32768   4      2609    10100000  1
Partner:
-----------------------------------------------------------------------
ActorPortName        SysPri    SystemID       PortPri PortNo PortKey PortState
GigabitEthernet0/0/1 32768     4c1f-cc71-4c4f 32768   2      2609    10111100
GigabitEthernet0/0/2 32768     4c1f-cc71-4c4f 32768   3      2609    10111100
GigabitEthernet0/0/3 32768     4c1f-cc71-4c4f 32768   4      2609    10100000
```

由上可知，交换机 S1 的系统优先级变成 100 了，成为主动端。

（6）修改端口 LACP 优先级，选择活动端口与非活动端口

通过修改端口 LACP 优先级，选择哪些是活动端口，哪些是非活动端口。

① 在 S1 上配置：

```
[S1]int GigabitEthernet 0/0/2
[S1-GigabitEthernet0/0/2]lacp priority 100
[S1]interface GigabitEthernet 0/0/3
[S1-GigabitEthernet0/0/3]lacp priority 100
```

② 通过 display eth-truck10 命令查看结果：

```
[S1]display eth-trunk
Eth-Trunk10's state information is:
Local:
LAG ID: 10                      WorkingMode: STATIC
Preempt Delay: Disabled         Hash arithmetic: According to SIP-XOR-DIP
System Priority: 100            System ID: 4c1f-cc57-7dbd
```

Least Active-linknumber: 1    Max Active-linknumber: 2
Operate status: up            Number Of Up Port In Trunk: 2

------------------------------------------------------------------------

| ActorPortName | Status PortType | PortPri | PortNo | PortKey | PortState | Weight |
|---|---|---|---|---|---|---|
| GigabitEthernet0/0/1 | Selected 1GE | 32768 | 2 | 2609 | 10111100 | 1 |
| **GigabitEthernet0/0/2** | **Selected 1GE** | **100** | 3 | 2609 | 10111100 | 1 |
| **GigabitEthernet0/0/3** | **Unselect 1GE** | **100** | 4 | 2609 | 10100000 | 1 |

Partner:

------------------------------------------------------------------------

| ActorPortName | SysPri | SystemID | PortPri | PortNo | PortKey | PortState |
|---|---|---|---|---|---|---|
| GigabitEthernet0/0/1 | 32768 | 4c1f-cc71-4c4f | 32768 | 2 | 2609 | 10111100 |
| GigabitEthernet0/0/2 | 32768 | 4c1f-cc71-4c4f | 32768 | 3 | 2609 | 10111100 |
| GigabitEthernet0/0/3 | 32768 | 4c1f-cc71-4c4f | 32768 | 4 | 2609 | 10100000 |

由上可知，端口优先级已经变为 100 了，可还是没有成为活动端口，这是为什么呢？因为在默认情况下，抢占是被 Disabled（禁止的），接下来我们开启抢占功能。

（7）开启抢占功能

```
[S1]interface Eth-Trunk 10
[S1-Eth-Trunk10]lacp preempt enable        //开启抢占功能
```

通过 display eth-truck10 命令查看结果：

```
[S1]display eth-trunk 10
Eth-Trunk10's state information is:
Local:
LAG ID: 10                     WorkingMode: STATIC
Preempt Delay Time: 30         Hash arithmetic: According to SIP-XOR-DIP
System Priority: 100           System ID: 4c1f-cca7-96e0
Least Active-linknumber: 1     Max Active-linknumber: 2
Operate status: up             Number Of Up Port In Trunk: 2
--------------------------------------------------------------------------
ActorPortName          Status    PortType PortPri PortNo PortKey PortState Weight
GigabitEthernet0/0/1   Unselect  1000TG   32768   2      2705    10100000  1
GigabitEthernet0/0/2   Selected  1000TG   100     3      2705    10111100  1
GigabitEthernet0/0/3   Selected  1000TG   100     4      2705    10111100  1
```

由上可知，抢占功能已开启，G0/0/3 端口已成为活动端口（eNSP 存在一些 bug，请关闭 G0/0/1 后再开启该端口验证）。

（8）配置负载分担方式

① 在 S1 和 S2 上配置：

```
[S1]interface Eth-Trunk 10
[S1-Eth-Trunk10]load-balance src-dst-mac
```

```
[S2]interface Eth-Trunk 10
[S2-Eth-Trunk10]load-balance src-dst-mac
```

② 通过 display eth-truck10 命令查看结果：

```
[S1]display eth-trunk 10
Eth-Trunk10's state information is:
Local:
LAG ID: 10                      WorkingMode: STATIC
Preempt Delay Time: 30          Hash arithmetic: According to SA-XOR-DA
System Priority: 100            System ID: 4c1f-cc57-7dbd
Least Active-linknumber: 1    Max Active-linknumber: 2
Operate status: up              Number Of Up Port In Trunk: 2
--------------------------------------------------------------------------------
ActorPortName          Status    PortType PortPri PortNo PortKey PortState Weight
GigabitEthernet0/0/1   Unselect 1GE       32768    2      2609   10100000   1
GigabitEthernet0/0/2   Selected 1GE       100      3      2609   10111100   1
GigabitEthernet0/0/3   Selected 1GE       100      4      2609   10111100   1


Partner:
--------------------------------------------------------------------------------
ActorPortName          SysPri    SystemID       PortPri PortNo PortKey PortState
GigabitEthernet0/0/1   32768     4c1f-cc71-4c4f 32768    2      2609   10100000
GigabitEthernet0/0/2   32768     4c1f-cc71-4c4f 32768    3      2609   10111100
GigabitEthernet0/0/3   32768     4c1f-cc71-4c4f 32768    4      2609   10111100
```

由上可知，负载分担方式已经变成 SA-XOR-DA，原来为 SIP-XOR-DIP 方式。至此，配置完毕。

# 11.5　三层链路聚合配置实例

配置三层静态 LACP 模式，三层链路聚合拓扑结构如图 11-9 所示（本例使用 AR 路由器而非交换机）。

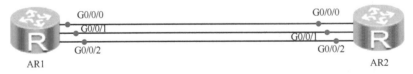

图 11-9　三层链路聚合拓扑结构

采用 LACP 模式配置三层链路聚合的步骤如下。

（1）定义链路聚合组，开启三层链路聚合

定义链路聚合组为 Eth-Trunk1，开启三层链路聚合。

```
[AR1]interface Eth-Trunk 1                    //定义 Eth-Trunk1
[AR1-Eth-Trunk1]undo portswitch               //开启三层链路聚合
[AR1-Eth-Trunk1]ip address 12.1.1.1 24        //配置 IP 地址
[AR2]interface Eth-Trunk 1                    //定义 Eth-Trunk1
[AR2-Eth-Trunk1]undo portswitch               //开启三层链路聚合
[AR2-Eth-Trunk1]ip address 12.1.1.2 24        //配置 IP 地址
```

此时只是创建了组，并没有加入组成员端口，此时端口状态为关闭状态。

（2）配置模式为静态 LACP

```
[AR1]interface Eth-Trunk 1
[AR1-Eth-Trunk1]mode lacp-static
[AR2-interface Eth-Trunk 1
[AR2-Eth-Trunk1]mode lacp-static
```

（3）将端口加入链路聚合组

```
[AR1-Eth-Trunk1]trunkport GigabitEthernet 0/0/0    to 0/0/2
[AR2-Eth-Trunk1]trunkport GigabitEthernet 0/0/0    to 0/0/2
```

通过 diplay eth-trunk 命令查看结果：

```
[AR2]display eth-trunk
Eth-Trunk1's state information is:
Local:
LAG ID: 1                           WorkingMode: STATIC
Preempt Delay: Disabled             Hash arithmetic: According to SIP-XOR-DIP
System Priority: 32768              System ID: 00e0-fc47-442a
Least Active-linknumber: 1   Max Active-linknumber: 8
Operate status: up           Number Of Up Port In Trunk: 3
--------------------------------------------------------------------------------
ActorPortName          Status     PortType PortPri PortNo PortKey PortState Weight
GigabitEthernet0/0/1   Selected 1GE        32768   1      305     10111100  1
GigabitEthernet0/0/2   Selected 1GE        32768   2      305     10111100  1
GigabitEthernet0/0/0   Selected 1GE        32768   3      305     10111100  1

Partner:
--------------------------------------------------------------------------------
```

| ActorPortName | SysPri | SystemID | PortPri | PortNo | PortKey | PortState |
|---|---|---|---|---|---|---|
| GigabitEthernet0/0/1 | 32768 | 00e0-fc5b-0b0e | 32768 | 2 | 305 | 10111100 |
| GigabitEthernet0/0/2 | 32768 | 00e0-fc5b-0b0e | 32768 | 3 | 305 | 10111100 |
| GigabitEthernet0/0/0 | 32768 | 00e0-fc5b-0b0e | 32768 | 1 | 305 | 10111100 |

由上可知，Eth-Trunk 链路状态处于工作状态，并且物理端口 G0/0/0、G0/0/1 和 G0/0/2 成功加入链路聚合组 Eth-Trunk1。

（4）完成数据通信测试

```
[AR1]ping 12.1.1.2
    PING 12.1.1.2: 56    data bytes, press CTRL_C to break
        Reply from 12.1.1.2: bytes=56 Sequence=1 ttl=255 time=120 ms
        Reply from 12.1.1.2: bytes=56 Sequence=2 ttl=255 time=10 ms
        Reply from 12.1.1.2: bytes=56 Sequence=3 ttl=255 time=20 ms
```

此时，可以看到三层的 Eth-Trunk 可以进行通信了，并且其端口可以当作一个物理端口使用，可以运行路由协议。至此，实验完毕。

# 11.6　小结

在本章中，我们讨论了链路聚合，对该技术有了以下初步的认识。

① 链路聚合（Link Aggregation）是将一组属性相同的物理端口捆绑在一起作为一个逻辑端口来增加带宽和可靠性的一种方法。

② 链路聚合具有以下五大优势。

● 增加带宽：链路聚合端口的最大带宽可以达到各成员端口带宽之和。

● 提高可靠性：当某条活动链路出现故障时，流量可以切换到其他可用的成员链路上，从而提高链路聚合端口的可靠性。

● 分担负载：在一个链路聚合组内，在各成员活动链路上可实现负载分担。

● 节省成本：管理员不需要升级链路的速率，对已经有的端口进行捆绑即可。

● 配置量少：大部分的配置在 Eth-Trunk 上完成，不需要去每个端口上配置，确保两端交换机一致即可。

③ 链路聚合模式在华为设备上分为手工负载分担模式和 LACP 模式两种。

A. 手工负载分担模式

手工负载分担模式是指手工配置 Eth-Trunk 和加入成员端口，不需要链路聚合控制协议的参与。在该模式下，所有活动链路都参与数据的转发，平均分担流量，具体介绍如下。

● dst-ip（基于目的 IP 地址）模式；

- dst-mac（基于目的 MAC 地址）模式；
- src-ip（基于源 IP 地址）模式；
- src-mac（基于源 MAC 地址）模式；
- src-dst-ip（基于源 IP 地址与目的 IP 地址的异或运算）模式；
- src-dst-mac（基于源 MAC 地址与目的 MAC 地址的异或运算）模式。

B. LACP 模式

LACP 通过链路聚合控制协议数据单元（Link Aggregation Control Protocol Data Unit，LACPDU）与对端交互信息，当原端口加入 Eth-Trunk 后，这些端口将通过发送 LACPDU 向对端通告自己的系统优先级、MAC 地址、端口优先级、端口号和操作 Key 等信息。对端接收到这些信息后，将这些信息与自身端口所保存的信息进行比较以选择能够聚合的端口，当双方对哪些端口能够成为活动端口达成一致后，确定活动链路。

# 11.7  练习题

思考题

① 如果一个管理员希望将千兆位以太端口和百兆位以太端口加入同一个 Eth-Trunk，会发生什么？
② 哪种链路聚合方法可以使用链路备份？
③ 二层聚合链路和三层聚合链路有何差别？
④ 简述 LACP 模式的链路聚合原理。

# 第 12 章　无线局域网（WLAN）

当您走进餐馆吃饭时，向工作人员提的第一问题可能就是"请问 WiFi 密码是多少？"这是一个无线局域网应用场景。以有线电缆或光纤作为传输介质的有线局域网应用广泛，但有线传输介质的铺设成本高，位置固定，移动性差。随着人们对网络的便携性和移动性的要求日益增强，传统的有线网络已经无法满足人们的需求，WLAN（Wireless Local Area Network，无线局域网）技术应运而生了。

首先我们来看一下如图 12-1 所示的近年无线网络的发展，从该图中读者可以发现，几乎每三四年，无线局域网就会有新标准被提出，当下最常用的无线局域网标准是 IEEE 802.11n 和 IEEE 802.11ac，最令人瞩目的是 2019 年发布的 WiFi 6 标准。WiFi（Wireless Fidelity，无线保真）是按照 IEEE 802.11 标准实现无线局域网的技术，常有人将 WiFi 当作 IEEE 802.11 标准的同义术语。事实上，WiFi 是 WiFi 联盟的一个商标。

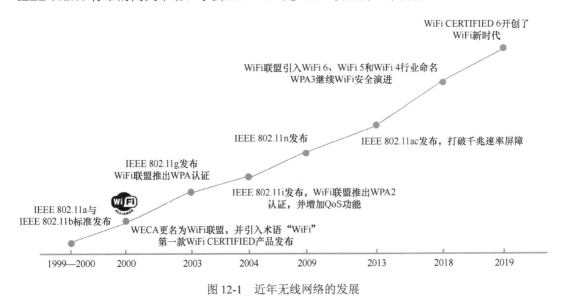

图 12-1　近年无线网络的发展

关于 WiFi 世代，迄今为止有 WiFi 4、WiFi 5 和 WiFi 6，WiFi 基于 IEEE 802.11 标准，WiFi 联盟在 2018 年发起"Generational WiFi"计划，基于主要的 WiFi 技术（PHY）版本，引入了对消费者友好的 WiFi 世代名称（WiFi Generation Name），鼓励采用世代名称作为行业术语。图 12-2 所示为 WiFi 世代发展史，表 12-1 所示为 WiFi 世代一览表，该表展示了 WiFi 世代的标准和理论速率。

图 12-2　WiFi 世代发展史

表 12-1　WiFi 世代一览表

| WiFi 世代 | IEEE 802.11 标准 | 年份 | 工作频段 | 理论速率 |
|---|---|---|---|---|
| WiFi 4 | IEEE 802.11n | 2009 | 2.4 GHz 或 5 GHz | 600 Mbps |
| WiFi 5 | IEEE 802.11 ac Wave 1 | 2013 | 5 GHz | 3.47 Gbps |
| | IEEE 802.11 ac Wave 2 | 2015 | 5 GHz | 6.9 Gbps |
| WiFi 6 | IEEE 802.11 ax | 2018/2019 | 2.4 GHz 或 5 GHz | 9.6 Gbps |

## 12.1　WLAN 基础

　　WLAN 技术使用射频（Radio Frequency，RF）传输信息，通过天线完成信息的发射和接收。射频（RF）表示可以辐射到空间的电磁频率，也可表示射频电流，通常人们把具有远距离传输能力的高频电磁波称为射频。WLAN 的工作频段是 2.4 GHz 频段（2.4～2.4835 GHz）和 5 GHz 频段（5.15～5.35 GHz，5.725～5.85 GHz），如果一个无线 AP（Wireless Access Point，无线接入点）同时支持 2 个频段，则该称 AP 支持双频段。这两个频段为工业和医学频段。

　　WLAN 的 ISM（Industrial, Scientific and Medical，工业、科学和医学）频段主要开放给工业、科学、医学三个主要机构，ISM 频段无须许可证和费用，只要遵循一定的发射功率（一般小于 1 W），不对其他频段造成干扰即可。对于无线通信，由于传输介质是无线电波，它连接了不可见的空口，该空口被称为空中接口或空间接口。

### 12.1.1　2.4 GHz 和 5 GHz 信道基础

　　前边我们已经提及，WLAN 采用射频（RF）传输信息，射频（RF）是通过信道来传输信息的，我们可以把信道理解为高速路上的多个车道，每个车道跑着多辆汽车。信道是传输信息的通道，无线信道就是空间中无线电波传输信息的通道，所以无线通信协议除了要定义允许使用的频段，还要精确划分出频率范围，频率范围就是信道，信道之间不能重叠。如果在一个空间中存在多个重叠信道，则会产生信道干扰。

为了避免信道干扰，需要使用非重叠信道来部署无线网络，2.4 GHz 只有 1、6 和 11 才是非重叠信道，但是由于 IEEE 802.11b（频宽 22 MHz）已经淡出 WLAN，不考虑兼容性问题，通常情况下，可以认为 1、5、9 和 13 信道也是非重叠信道。2.4 GHz 的非重叠信道示意图，如 12-3 图所示。

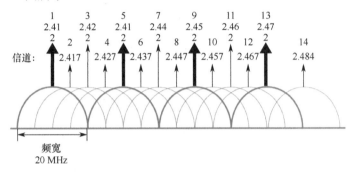

图 12-3   2.4 GHz 的非重叠信道示意图

采用 2.4 GHz 频段的无线技术是一种短距离无线传输技术，2.4 GHz 频段是全世界公开通用使用的无线频段，越来越多的技术选择了 2.4 GHz 频段，逐渐使得该频段日益拥挤，所以出现了 5 GHz 频段。WiFi 的 5 GHz 不是通信标准 5G，而是指工作在 5 GHz 频段的 WiFi，5 GHz 频段在频率、速度、抗干扰方面都比 2.4 GHz 频段强很多。但 5 GHz 频段由于频率高，与 2.4 GHz 频段相比，波长要短很多，因此穿透性、距离性偏弱。各国对 WiFi 可用的 5 GHz 频段的范围略有不同，5 GHz 频段的频宽比较宽，而且干扰小，适合高速传输，例如，在无线分布式系统（Wireless Distribution System，WDS）网络中，AP 互联就采用 5G 频段。

由于 5G 频段频率资源更为丰富，AP 不仅支持 20 MHz 带宽的信道，还支持 40 MHz、80 MHz，以及更大带宽的信道，IEEE 802.11a/n 每个信道需要占用 20 MHz，IEEE 802.11ac 每个信道可支持 20 MHz、40 MHz、80 MHz 几种带宽。在中国，在 5.8 GHz 频段内有 5 个非重叠信道，分别为 149，153，157，161，165，如图 12-4 所示，该图给出了 5.8 GHz 频段网络非重叠信道示意图。

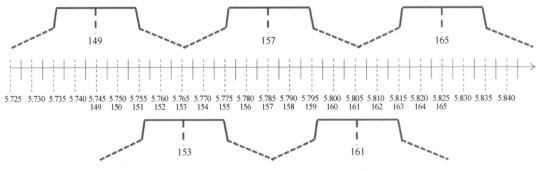

图 12-4   5.8 GHz 频段网络非重叠信道示意图

### 12.1.2　空间流和信道干扰

　　每一个信号都是一个空间流，空间流使用发射端的天线进行发送，每个空间流通过不同的路径到达接收端。无线系统能够发送和接收空间流，并能够区分发往或来自不同空间方位的空间流（信号）。

　　通常情况下，一个发送天线和一个接收天线间可以建立一个空间流，比如说 AP 有 4 个天线，与之连接的 STA（STAtion，站，无线终端）也有 4 个天线，那么同时就有 4 个空间流。空间流示意图如图 12-5 所示，该图展示一个 2 个空间流示意图。

　　由于 IEEE 802.11ac 和 IEEE 802.11ax 协议规定一个射频最多有 8 个空间流，在这种情况下，就算有 12 个天线，也只能有 8 个空间流。

　　一个射频模块可以使用多个天线，AP 与终端之间可以采用多空间流交互数据，提升传输速率。现在的 AP 通常都是双频（2.4 GHz+5 GHz 射频）或者三频（2.4 GHz+2 个 5 GHz 射频），这样做的优势就是在相同的物理空间中，提高了一倍的接入密度。因此双频 AP 可以用于高密度客户端的覆盖场景，而三射频 AP 多提供一路射频，该射频既可用于业务覆盖，以提升用户接入能力，也可以用于频谱监测、安全扫描和无线定位等。

图 12-5　空间流示意图

　　WLAN 通过无线信号传输数据，随传输距离的增加无线信号强度会越来越弱，且相邻的无线信号之间会存在重叠干扰问题，都会降低无线网络信号质量甚至导致无线网络无法使用，干扰会对有用信号的接收造成损伤。干扰主要来自非 WiFi 设备（比如工作在 2.4 GHz 频段的微波炉、雷达和遥控器等）和 WiFi 设备，WiFi 设备干扰一般出现在一定空间内存在大量 AP 的场景，当未进行信道优化或不重叠信道不足时会产生同信道干扰。WLAN 干扰加剧了冲突与退避，当多台设备同时传输造成空口碰撞时，接收端将无法正常解析报文，发送端重传退避使得空闲等待时长拉长，降低了信道利用率。图 12-6 所示为因信道被占用导致的信道利用率降低示意图。

图 12-6　因信道被占用导致的信道利用率降低示意图

## 12.2　华为 WLAN 产品及其特性

无线局域网（WLAN）产品主要包括无线接入控制器（Access Controller，AC）和无线接入点（Access Point，AP）。在企业级 WLAN 中，为了简化管理以及统一管理大量的 AP，通常会使用 AC 作为统一管控设备，而 AP（通常是瘦 AP）不能独立工作，需要依赖 AC 工作。AC 负责 WLAN 的接入控制、转发和统计，AP 的配置监控，漫游管理，AP 的网管代理和安全控制。常见的华为 AC 产品如表 12-2 所示，图 12-7 展示了华为经典产品 AC6605。

Fit AP（瘦 AP）负责 IEEE 802.11 报文的加 / 解密、接受 AC 的管理、提供 IEEE 802.11 物理层功能和空口统计等简单功能。

表 12-2　常见的华为 AC 产品

| 产 品 型 号 | 形　　　　态 | 可管理 AP 数目 / 个 | 适 用 场 景 |
|---|---|---|---|
| AC6605 | 1U 高无线 AC | 4～1024 | 中小型企业 |
| AC6805 | 1U 高无线 AC | 4～6000 | 中大型企业 |
| ACU2 无线单板 | 安插在交换机中，用来实现 WLAN 无线 AC 功能的单板 | 4～32000 | 中大型企业 |
| AirEngine 9700-M | 1U 高 AC | 4～32000 | 中大型企业 |

图 12-7　华为经典产品 AC6605

图 12-8　支持 WiFi 6 的华为
AirEngine 5760-51

AC 和 AP 之间使用的通信协议是 CAPWAP。

与 Fat AP 架构相比，AC+Fit AP 架构的优点是：配置与部署更容易，安全性更高，更新与扩展容易

限于篇幅，本书不大篇幅地介绍华为无线 AP 产品，只介绍华为较新的支持 WiFi 6 产品的 AirEngine 5760-51，该 AP 内置智能天线，信号随用户而动，极大地增强用户对 WLAN 的使用体验，适合部署在中小型企业、机场车站、体育场馆、咖啡厅和休闲中心等商业环境，支持 Fit/Fat/云管理三种工作模式。支持 WiFi 6 的华为 AirEngine 5760-51 如图 12-8 所示。

## 12.3    WLAN 架构

不同的企业组织由于规模以及安全性等对于 WLAN 的要求是不同的,构建一个满足其业务要求的 WLAN 是一个重要的课题,下面我们就介绍构建 WLAN 的相关内容。

### 12.3.1    WLAN 基本概念

首先，我们介绍无线局域网相关的基本概念。

① STA：STAtion，无线终端，可以是笔记本电脑，也可以是智能手机等。

② BSS（Basic Service Set）：基本服务集，是一个 AP 所覆盖的范围，BSS 的服务范围可以涵盖整个小型办公室或家庭。

③ SSID：Service Set IDentifier，服务集标识符，是无线局域网中一个逻辑网段的网络名称，即"无线热点"的名字，用来区分不同的无线网络，接入点作为一个连接设备通常会广播该标识符。

④ BSSID：Basic Service Set Identifier，基本服务集标识符，实际上就是 AP 的 MAC地址，用来标识 AP 管理的 BSS，在同一个 AP 内 BSSID 和 SSID 一一映射。

⑤ VAP：Virtual Access Point，虚拟 AP。AP 通常支持创建多个 VAP，每个 VAP 对应1 个 BSS。这样只需要安放 1 个 AP，就可以提供多个 BSS,再为这些 BSS 设置不同的 SSID，用户就可以看到多个 WLAN 共存，也称为多 SSID。

WALN 的基本概念如图 12-9 所示。

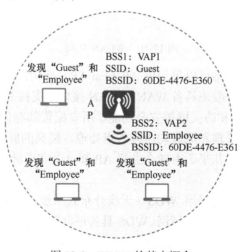

图 12-9    WALN 的基本概念

## 12.3.2　WLAN 组网

① 无线接入控制器（Access Controller，AC）：负责对对 WLAN 中的所有 AP 进行控制和管理。

② 接入点（Access Point，AP）：为 STA 提供基于 IEEE 802.11 标准的无线接入服务，具有有线网络和无线网络的桥接作用。

③ 瘦接入点（Fit Access Point，Fit AP）：又称瘦 AP，一般指无线网关或网桥，集中式网络架构的瘦 AP 提供 STA 无线接入服务，区别于传统的 Fat AP，只提供可靠、高性能的无线连接功能，其他的增强功能统一在 AC 上集中部署。

④ 无线接入点的控制与配置协议（Control And Provisioning of Wireless Access Points Protocol Specification，CAPWAP）：实现 AP 和 AC 之间互通的一个通用封装和传输机制协议。

WLAN 架构图如图 12-10 所示，在企业网络中，无线 AC 通过 CAPWAP 通道管理瘦 AP，瘦 AP 不能单独工作，需要由 AC 集中维护管理，AP 本身零配置，适合大规模组网，它作为无线终端的接入点连入无线网络，将 WLAN 的数据传输到有线网络。

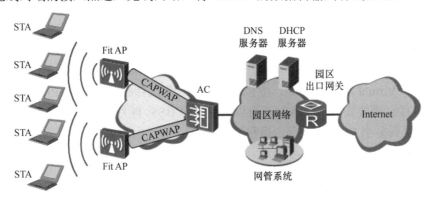

图 12-10　WLAN 架构

家庭或者小规模无线网络可以采用胖 AP（Fat AP）架构，胖 AP 一般指无线路由器，除了具备无线接入功能，一般还具备 WAN 和 LAN 接口，支持 DHCP 服务、DNS 和 MAC 地址克隆，以及 VPN 接入和防火墙等安全功能。所有配置都存储在胖 AP（即自治型接入点）设备上，因此设备的管理和配置均由接入点处理。经典的胖 AP 组网采用无线路由器方式组网，需要说明的是，几乎所有的企业级 AP 都可以完成胖瘦 AP 的转换。限于篇幅，本书不讨论胖 AP 组网。

对于企业级无线组网，可采用 WDS（无线分布式系统），通过无线通道连接两个或者多个独立的有线局域网或者无线局域网，WDS 具备很高的灵活性和便捷性，常用于临时性、应急性以及抗灾通信保障等场景。常见的 WDS 点到点组网方式，如图 12-11 所示，Root AP 和 Leaf AP 被设置为相同信道，采用无线方式桥接了 2 个位于不同位置的网络。

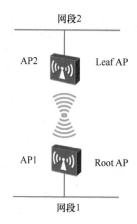

图 12-11　常见的 WDS 点到点组网方式

另外一种 WDS 组网方式为点到多点的组网方式，以一台设备作为中心设备，其他所有的设备都只与中心设备建立无线桥接，实现多个网络互联，WDS 点到多点组网方式如图 12-12 所示，由该图可知，位于网段 1 的 Root AP 通过无线桥接连接了多个 Leaf AP，如果网段 2 需要访问网段 3，数据需要经过 Root AP 中转。

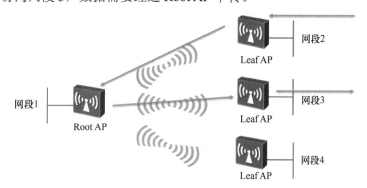

图 12-12　WDS 点到多点组网方式

# 12.4　CAPWAP

CAPWAP：Control And Provisioning of Wireless Access Points Protocol Specification，CAPWAP，无线接入点的控制与配置协议，用以支持大规模 WLAN 组网，同时实现多厂商 AC 和 AP 间互通。在现网应用中，CAPWAP 已经作为企业级组网的必然选择，但是多厂商互通还无法实现。

CAPWAP 主要用于 AP 和 AC 的通信交互，实现 AC 对其所关联的 AP 的集中管理和控制。该协议的主要功能包括：

- 实现 AP 对 AC 的自动发现及 AP 和 AC 的状态机运行与维护；
- 完成 AC 对 AP 的管理和业务配置下发；
- 将无线终端数据封装在 CAPWAP 隧道进行转发（前提是采用隧道转发模式）。

CAPWAP 报文主要有以下两类。

① 控制报文：主要功能是管理 AP，该类报文采用 UDP 的 5246 端口发送。

② 数据报文：主要功能为转发业务报文，该类报文采用 UDP 的 5247 端口发送。

## 12.4.1　AP 发现 AC 过程

由于瘦 AP 不能独立工作，所以需要发现 AC 后，由 AC 管理。AP 发现 AC 的方式有两种：静态方式和动态方式。静态方式发现 AC 是指在 AP 上预先配置了 AC 的静态 IP 地址列表，单播发送发现请求报文到 AC；动态方式是指 AP 通过 DHCP 方式、DNS 方式或者广播（同一子网）方式去发现 AC。在 AP 上电后，如果存在预配置的 AC IP 地址列表，则 AP 直接启动预先配置的静态发现流程并与指定的 AC 连接；如果未预先配置 AC 的 IP 地址列表，则启动 AP 动态发现 AC 机制，执行 DHCP/DNS/广播发现流程后与 AC 连接。

瘦 AP 动态发现 AC 的流程如图 12-13 所示。

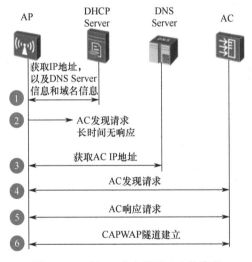

图 12-13　瘦 AP 动态发现 AC 的流程

① AP 启动以后会从 DHCP Server 获取 AP 需要的 IP 地址，以及 DNS Server 信息和域名信息。

② AP 发出二层广播发现请求报文试图联系一个 AC。

③ 如果长时间（30 秒）没有响应，AP 会启动三层发现流程以发现 AC。

④ AP 会从 DHCP Server 通过 Option43 获得 AC 的 IP 地址，或者通过 Option15（DNS 方式）获得 AC 的域名，AP 向该 IP 地址（域名）发送发现请求。

⑤ 接收到发现请求报文的 AC 会检查该 AP 是否有接入本机的权限，如果有则回应发现响应。

⑥ AC 和 AP 间建立 CAPWAP 隧道。

## 12.4.2　建立 CAPWAP 隧道

总体上，CAPWAP 隧道的建立过程可以分成如下几个阶段。

① 发现阶段：使用 AC 发现机制来获知哪些 AC 可用，AP 启动 CAPWAP 发现机制，以单播或广播的形式发送发现请求报文试图关联 AC；AC 收到发现请求报文后，使用单播方式回应响应报文。

② 数据传输层安全协议协商阶段：即进入 DTLS 阶段（可选阶段），该过程表明是否采用 DTLS 加密方式发送 UDP 报文，需要配置命令 capwap dtls data-link encrypt enable。

③ 加入阶段：AC 与 AP 开始建立控制通道，同时检查 AP 的版本是否与 AC 匹配，如果不匹配就进入固件升级阶段。

④ Image Data 阶段（可选阶段）：AP 将在 CAPWAP 隧道上开始更新对应的 VRP 版本，AP 在更新完成会自动重启，之后再次进行 AC 发现、建立隧道和加入的过程。

⑤ 配置阶段：AP 将自身现有配置与 AC 设定配置进行匹配检查。AP 发送配置请求到控制器，包含现有 AP 的配置数据；如果 AP 的配置与 AC 的配置不匹配，AC 会发送配置响应通知 AP。

⑥ 数据检查阶段：AC 检查 AP 的射频和编码等信息

⑦ 运行数据阶段和运行控制阶段：已经完成管理隧道建立的过程，开始进入正常工作。

# 12.5　无线数据转发方式

AP 与 AC 间的控制报文必须采用 CAPWAP 隧道转发到 AC，而数据报文则除了可以采用 CAPWAP 隧道转发（业务流被封装在 CAPWAP 隧道中转发），还可以采用直接转发方式，直接转发也称本地转发或分布转发（数据流不经过 AC，直接在交换机上处理和转发）。

隧道转发示意图如图 12-14 所示。首先终端数据报文到达 AP，然后 AP 通过 CAPWAP 隧道将数据报文发送到 AC，最后根据 AC 的转发表把数据报文转发到外部网络。隧道转发的优点是 AC 集中转发数据报文，安全性好，方便集中管理和控制。缺点是数据报文必须经过 AC 转发，数据报文转发效率比直接转发方式低，AC 所受压力大。

直接转发指用户的数据报文到达 AP 后，不经过 CAPWAP 的隧道封装而直接通过 AP 到达交换机，然后转发到外部网络。直接转发示意图如图 12-15 所示。直接转发的优点是数据报文不需要经过 AC 转发，数据报文转发效率高，AC 所受压力小。缺点是数据报文不便于集中管理和控制。

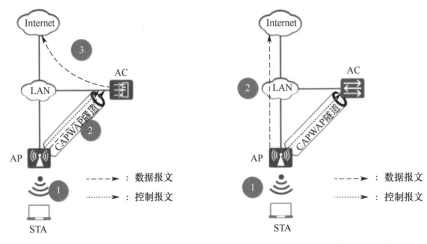

图 12-14　隧道转发示意图　　　　图 12-15　直接转发示意图

除企业网中常见的隧道转发和本地转发之外，还有一种运营商实用的 Soft-GRE 转发方式，无线用户的认证和计费都能在原有的 BRAS（Broadband Remote Access Server，宽带远程接入服务器）上完成，由 BRAS 进行 Portal 认证或 MAC 认证等，实现有线和无线用户的认证计费统一管理，限于篇幅本书不讨论。

在企业网络中，最常用的部署方式是旁挂式组网。旁挂式组网是指 AC 旁挂在现有网络中（多在汇聚交换机旁边），实现对 AP 的 WLAN 业务管理。在旁挂式组网中，AC 只承担对 AP 的管理功能，管理流被封装在 CAPWAP 隧道中传输。数据业务流可以通过 CAPWAP 数据隧道经 AC 完成隧道转发，也可以不经过 AC 转发直接转发。后者无线用户业务流经汇聚交换机传输至上层网络。旁挂式组网环境下的本地转发如图 12-16 所示。首先，AP 发现 AC，建立 CAPWAP 隧道成功上线；然后客户的数据到达 AP，由于是直接转发，此时二层封装的目的 MAC 地址是交换机上网关的 MAC 地址，源地址为 PC 的 MAC 地址，由于业务 VLAN 是 VLAN101，如果部署了 Trunk 模式，那么会增加 DOT1q 的 Tag，VLAN ID 为 101；最后当数据到达交换机之后交换机查找转发表，直接把数据转发到上层网络。

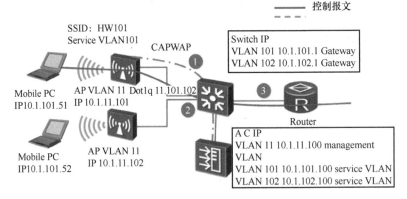

图 12-16　旁挂式组网环境下的本地转发

## 12.6   无线漫游

WLAN 漫游是指无线终端在不同 AP 覆盖范围之间移动且保持用户业务不中断的行为。WLAN 漫游策略主要解决以下问题。

- 避免在漫游过程中认证时间过长导致丢包甚至业务中断；
- 保证用户授权信息不变；
- 保证用户 IP 地址不变。

注意，实现 WLAN 漫游的两个 AP 必须使用相同的 SSID 和安全模板（安全模板名称可以不同，但是安全模板的配置必须相同），认证模板的认证方式和认证参数配置也要相同。

无线漫游示意图如图 12-17 所示，我们可通过该图来理解漫游的基本工作过程。当无线终端在正常的信号区域时可发送数据，访问互联网；当无线终端渐渐远离 AP1 时，射频信号质量逐渐下降，无线终端能感知到信号质量的下降，直到触发漫游门限；无线终端会和 AP2 进行关联，同时 IP 地址并未发生变化，可以继续发送数据到互联网。

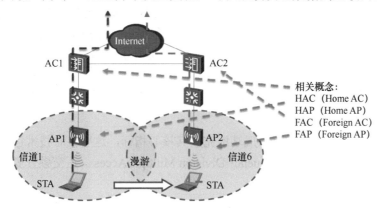

图 12-17   无线漫游示意图

和漫游相关的几个概念如下所述。

- Home AP：终端最初关联的 AP；
- Home AC：Home AP 所关联的 AC；
- FAP：漫游后的 AP；
- FAC：FAP 所关联的 AC。

漫游种类可分为二层漫游和三层漫游两种。

二层漫游：1 个无线客户端在 2 个 AP（或多个 AP）之间来回切换连接无线网络，前提是这些 AP 都绑定的是同 1 个 SSID 并且业务 VLAN 都属于同 1 个 VLAN（在同一个 IP

地址段内），在漫游切换的过程中，无线客户端的接入属性（比如无线客户端所属的业务VLAN、获取的 IP 地址等属性）不会有任何变化，直接平滑过渡，在漫游的过程中不会出现丢包和断线重连现象。

三层漫游：漫游前后 SSID 的业务 VLAN 不同，AP 所提供的业务网络为不同的三层网络，对应不同的网关。此时，为保持漫游用户 IP 地址不变的特性，需要将用户流量迂回到初始接入网段的 AP，实现跨 VLAN 漫游。

网络中有时候会出现以下情况：两个业务 VLAN 的 VLAN ID 相同，但是这两个子网又属于不同的网段。此时为了避免系统仅仅依据 VLAN ID 将用户在两个子网间的漫游误判为二层漫游，需要通过漫游域来确定设备是否在同一个子网内，只有当 VLAN 相同且漫游域也相同时才是二层漫游，否则是三层漫游。

# 12.7　华为 WiFi 6 技术

在无线技术发展过程中，每三四年就会出现新的更新换代产品，2018 年 10 月，WiFi联盟新命名了 IEEE 802.11ax，即 WiFi 6。与之前的 WiFi 5 相比，WiFi 6 每个用户带宽超过50 Mbps（WiFi 5 每个用户带宽为 10 Mbps 左右），延迟小于 20 ms（WiFi 5 的延迟小于 30 ms）。WiFi 6 具有 4 大优势：宽带宽、高并发、低延迟和低功耗，在高密度用户环境中，其用户平均吞吐量比 WiFi 5 提高了 4 倍，同时并发用户数也提升了 3 倍以上。

## 12.7.1　WiFi 6 核心技术

WiFi 6 的核心技术使得它可以成功地完成其核心指标，这些核心技术包括：

- OFDMA（Orthogonal Frequency Division Multiple Access，正交频分多址接入）技术；
- DL-UL MU-MIMO 技术；
- 高级调制技术 1024-QAM；
- BSS Color 着色技术；
- 扩展覆盖范围（ER）技术。

### 1. OFDMA 技术

在 WiFi 6 之前，数据传输采用 OFDM（Orthogonal Frequency Division Multiplexing，正交频分复用）技术，而 WiFi 6 采用了 OFDMA 技术，其优势在于它更充分提升了频谱利用率，多用户可以同时进行数据传输，减小了延迟，减少了多用户的冲突退避。

在 WiFi 5 中，在特定时间段，每个用户独占信道资源发送数据；而在 WiFi 6 中，4 个用户的数据被分别承载在每一个资源单元（RU）上，从时频资源上来看，在同一个时间点上，可以支持多个用户同时发数据。OFDMA 示意图如图 12-18 所示。

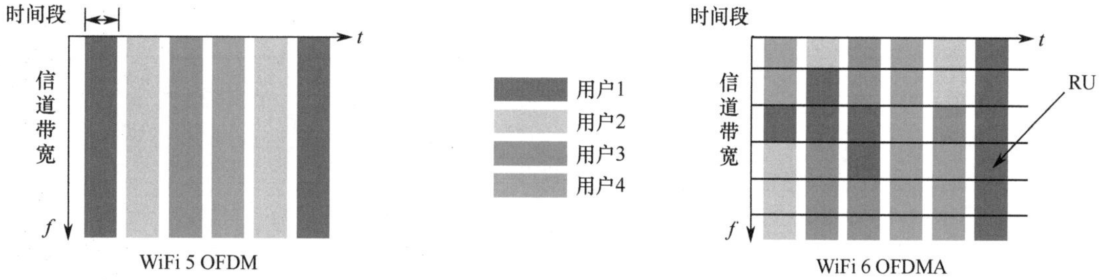

图 12-18 OFDMA 示意图

### 2. DU-UL MU-MIMO 技术

MU-MIMO 即多用户多输入多输出，在同一时刻实现 AP 与多个终端同时传输数据，提升了吞吐量。该技术在 WiFi 5 中引入，但是它受限于 DL 4×4 MU-MIMO，而 WiFi 6 可以支持 DL 8×8 MU-MIMO，同时和下行 OFDMA 配合，增加了吞吐量和并发数。

如果说 DL MU-MIMO（下行多用户多输入多输出）从数量上进行了增加，那么 UL MU-MIMO（上行多用户多输入多输出）就是 WiFi 6 的全新概念了。WiFi 5 及其之前的标准使用 UL SU-MIMO（上行单用户多输入输出），从名字上可以看出，它只能接受单个用户发来的数据，多用户并发效率低，WiFi 6 则大大地提升了多用户并发数据传送效率。

注意：在 WiFi 6 中，允许 OFDMA 和 MU-MIMO 共用，OFDMA 支持多用户在子信道提高并发效率，MU-MIMO 支持多用户使用多空间流（天线）来提高吞吐量。MU-MIMO 和 OFDMA 对比如表 12-3 所示。

表 12-3 MU-MIMO 和 OFDMA 对比

| MU-MIMO | OFDMA |
| --- | --- |
| 提升吞吐量 | 提升效率 |
| 单用户速率更高 | 降低延迟 |
| 更适合宽带宽应用 | 更适合窄带宽应用 |
| 更适合较大报文传输 | 更适合较小报文传输 |

### 3. 高级调制技术 1024-QAM

WiFi 5 采用 256-QAM 调制技术，而 WiFi 6 采用了 1024-QAM 调制，每个符号位传输 10 比特数据，即 2 的 10 次方为 1024。与 WiFi 5 相对，WiFi 6 单个空间流吞吐量提高了 25%。1024-QAM 星座图如图 12-19 所示，由该图可知，1024-QAM 调制机制具有更高的调制效率。

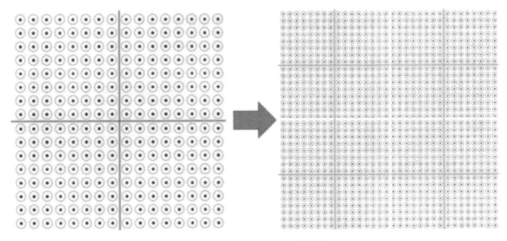

图 12-19　1024-QAM 星座图

### 4. BSS Color 着色技术

我们需要从无线网络中的冲突退避说起：单位时间内，在一个信道上只允许一个用户传输数据，如果在同一个信道上监听到了其他用户在传输数据，那么将自动进行冲突退避（即延迟一段时间再去传输数据）。WiFi 5 及其之前的标准通过识别同频干扰强度，忽略同频弱干扰信号实现同频并发传输。

在 WiFi 6 中引入了 BSS Color 着色技术。在无线报文中添加 BSS Color 字段，可以对来自不同 BSS（基本服务集）的数据给予不同的颜色，为每个传输通道分配一种颜色。如果颜色相同则是来自同一个 BSS 内的干扰信号，延迟发送数据帧，否则认为无干扰，可并行传输数据。12-20 所示为 WiFi 6 着色机制示意图，其中，左图代表没有 BSS 着色机制时的通信情况，在 BSS 中存在同信道干扰。右图代表在 BSS 中，只有在颜色相同（灰色的两个 "1" 信号）时才会发生拥塞，延迟发送数据；当颜色不同时不会发生延迟。

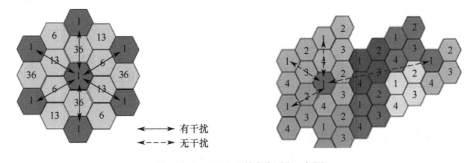

图 12-20　WiFi 6 着色机制示意图

### 5. 扩展覆盖范围（ER）技术

扩展覆盖范围（ER）技术是 WiFi 6 的关键技术之一，IEEE 802.11ax 标准采用了长 OFDM

符号（Long OFDM Symbol）发送机制，在 IEEE 802.11ac 以及之前的 IEEE 802.11 标准中，OFDM 符号长度被定义为 3.2 μs，而 IEEE 802.11ax 将 OFDM 符号长度增加了 4 倍，即增加到了 12.8 μs。较长的符号长度有助于延迟扩展较大的传播场景，因为长 OFDM 符号允许在不牺牲频谱效率的情况下增加保护间隔的长度（IEEE 802.11ax 支持 0.8 μs、1.6μs 和 3.2 μs 三种保护间隔），这能够提高对较大延迟扩展的传播环境的抗扰度，使得在多径信道条件下的数据传输更加稳健，同时降低了上行链路多客户端模式的抖动敏感性，这使 IEEE 802.11ax 更适合于传输距离较大的场景。图 12-21 所示为 WiFi 6 中的扩展覆盖机制技术示意图。

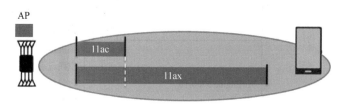

图 12-21　WiFi 6 中的扩展覆盖机制技术示意图

另外，WiFi 6 具有目标唤醒时间（TWT）等特性，借鉴 IEEE 802.11h，WiFi 6 允许终端协商何时或者多久后被唤醒，这样可以增大终端的续航时间。据统计，该技术可使终端功耗降低 30%，对于很多 IoT（物联网）设备意义重大。

### 12.7.2　华为 WiFi 6 AP

WiFi 6 技术的实现载体主要是 WiFi AP，AP 分为室内 AP 和室外 AP，表 12-4 列出了常见的华为 WiFi 6 AP 产品。

表 12-4　常见的华为 WiFi 6 AP 产品

| AP 类型 | AP 型号 | AP 特性和参数 |
|---|---|---|
| 室内 AP | AirEngine 8760-X1-PRO | 整机速率：10.75 Gbps<br>空间流：4+12 / 4+8+4<br>内置智能天线<br>BLE5.0，内置双 IoT 插槽<br>2*10GE 电口+10GE 光口 |
| | AirEngine 6760-X1 | 整机速率：10.75 Gbps<br>空间流：4+8 / 4+4+4<br>内置智能天线<br>BLE5.0，内置双 IoT 插槽<br>1*10GE 电+1*GE 电+10GE 光口 |

（续表）

| AP 类型 | AP 型号 | AP 特性和参数 |
|---|---|---|
|  | AirEngine 6760-X1E | 整机速率：10.75 Gbps<br>空间流：4+8 / 4+4+4<br>外置天线<br>BLE5.0，内置双 IoT 插槽<br>1*10GE 电+1*GE 电+10GE 光口 |
|  | AirEngine 5760-51 | 整机速率：5.95 Gbps<br>空间流：4+4 / 2+2+4<br>内置智能天线<br>BLE5.0，内置双 IoT 插槽<br>1*5GE 电口+1*GE 电口 |
|  | AirEngine 5760-10 | 整机速率：1.77 Gbps<br>空间流：2+2<br>内置智能天线<br>BLE5.0<br>1GE 电口 |
|  | AP7060DN | 整机速率：5.95 Gbps<br>空间流：4+8<br>内置智能天线<br>BLE5.0，外置 IoT 模块<br>10GE 电口+1GE 电口 |
| 室外 AP | AirEngine 8760R-X1 | 整机速率：10.75 Gbps<br>空间流：8+8 / 4+12<br>内置室外型智能天线<br>BLE 5.0，PoE out<br>1*10GE 电+1*GE 电+10GE 光口 |
|  | AirEngine 8760R-X1E | 整机速率：10.75 Gbps<br>空间流：8+8 / 4+4+4<br>外置天线<br>BLE5.0，PoE out<br>1*10GE 电+1*GE 电+10GE 光口 |
|  | AirEngine 6760R-51 | 整机速率：5.95 Gbps<br>空间流：4+4<br>内置智能天线<br>BLE5.0<br>1*5GE 电口+1*GE 电口+10GE 光口 |
|  | AirEngine 6760R-51E | 整机速率：5.95 Gbps<br>空间流：4+4<br>外置天线<br>BLE5.0<br>1*5GE 电口+1*GE 电口+10GE 光口 |

## 12.8　练习题

**选择题**

① 在 2.4 GHz 频段中，常用的非重叠信道有信道 1、信道 5、信道 9 和信道多少？＿＿＿
　　A. 3　　　　　　　B. 7　　　　　　　C. 11　　　　　　　D. 13

② 在 5 GHz 频段中，常用的非重叠信道有信道 149、信道 153、信道 157、信道 161 和信道多少？＿＿＿
　　A. 165　　　　　　B. 159　　　　　　C. 154　　　　　　D. 160

③ 在 AP 发现 AC 过程中，通常会使用 DHCP Server 配置的选项多少来获得 AC 的 IP 地址？＿＿＿
　　A. 14　　　　　　B. 82　　　　　　C. 16　　　　　　　D. 43

④ 无线数据的转发方式主要有隧道转发和什么转发？＿＿＿
　　A. 集中转发　　　B. 直接转发　　　C. 分离转发　　　D. 比特转发

⑤ 如下哪款 AP 是华为支持 WiFi 6 的产品？＿＿＿
　　A. 5760-10　　　B. 5030-DN　　　C. 6508　　　　　　D. 7020

# 第 13 章　网络地址转换（NAT）

采用 NAT（Network Address Translation，网络地址转换）技术可实现中小企业私有网络 IP 地址和公有网络 IP 地址之间的转换，NAT 是私有网络在节约 IP 地址的前提下访问互联网的常用工具。当然，NAT 还具备其他的功能，诸如增强安全性、隐藏服务器等功能。本章将重点讨论如下主题：

- NAT 的操作与实现；
- 配置 NAT；
- NAT 的一些潜在问题。

## 13.1　NAT 基本工作原理

在 RFC 1631 中对 NAT 有很多描述，非常类似于 CIDR（Classless Inter-Domain Routing，无类别域间路由），NAT 设计之初的目的是解决 IP 地址不足的问题，慢慢地其作用发展到隐藏内部地址、实现服务器负载均衡、完成端口地址转换等功能。

NAT 完成将 IP 报文报头中的 IP 地址转换为另一个 IP 地址的过程，主要用于实现内部网络（简称内网，使用私有网络 IP 地址）访问外部网络（简称外网，使用公共网络 IP 地址）的功能。NAT 功能一般部署在连接内网和外网的网关设备上。当收到的报文源地址为私有网络（简称私网）地址、目的地址为公共网络（简称公网）地址时，采用 NAT 功能可以将源私网地址转换成公网地址。这样公网目的地就能够收到报文，并做出响应。此外，在网关上还会创建一个 NAT 映射表，以便判断从公网收到的报文应该发往的私网目的地址。

所谓公网是由运营商运维的互联网，是指除 RFC 1918 规定的私网 IP 地址之外的公网 IP 地址组成的互联网。在公网上不能路由私网的 IP 地址，私网 IP 地址范围包括：

- A 类 IP 地址——10.0.0.0～10.255.255.255；
- B 类 IP 地址——172.16.0.0～172.31.255.255；
- C 类 IP 地址——192.168.0.0～192.168.255.255。

这意味着这些地址都不能出现在互联网上，只可以在企业、家庭内部使用（而且不同企业之间完全不会相互影响，比如 A 公司可以使用 10.1.1.0/24 网络，B 公司也可以使用 10.1.1.0/24 网络）。图 13-1 所示描述了一个典型的 NAT 应用，内网中的私网地址被转换完毕之后可以访问互联网（公共网络）。

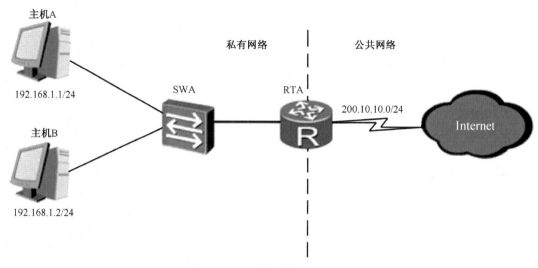

图 13-1　一个典型的 NAT 应用

我们在图 13-1 基础上进行扩展，扩展后的网络拓扑如图 13-2 所示，该图描述了一个典型的内部地址在网关设备上的转换过程。在网关 RTA 上进行了私网 IP 地址 192.168.1.1到公网 IP 地址 200.10.10.1 的转换配置，当网关收到主机 A 发送的报文后，会先将报文中的源地址 192.168.1.1 转换为 200.10.10.1，然后将报文路由到目的设备。目的设备回复的报文目的 IP 地址是 200.10.10.1。当网关收到回复报文后，也会执行地址转换，将 200.10.10.1转换成 192.168.1.1，然后转发报文到主机 A。和主机 A 在同一个网络中的其他主机，如主机 B，访问公网的过程也需要网关 RTA 完成 NAT。

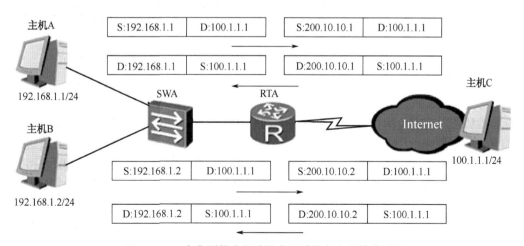

图 13-2　一个典型的内部地址在网关设备上的转换过程

在本书中，我们主要阐述 NAT 在接入互联网时的应用，关于 NAT 的负载均衡、双向NAT 等技术，我们不进行讨论。

## 13.2　NAT 的实现

在华为设备上实现 NAT 的基本方式有：
- Basic NAT；
- NAT 服务器；
- 动态 NAT；
- Easy IP。

### 1．Basic NAT 方式

Basic NAT 方式是一对一的、静态地址转换方式，在这种方式下，只转换 IP 地址，而不处理 TCP/UDP 的端口号。一个公网 IP 地址不能同时被多个私网用户使用，静态 Basic NAT 方式并不能起到节约 IP 地址的作用，所以应用场景较少。

### 2．NAT 服务器

NAT 功能在使内网用户访问公网的同时，也满足了公网用户访问私网主机的需求。当一个私网需要向公网用户提供 Web 和 FTP 等服务时，私网中的服务器必须随时向公网用户提供访问，NAT 服务器可以满足这个需求，但是需要通过配置将服务器私网 IP 地址和端口号转换为公网 IP 地址和端口号并发布出去。路由器在收到一个公网主机的请求报文后，根据报文的目的 IP 地址和端口号查询地址转换表项，路由器根据匹配的地址转换表项，将报文的目的 IP 地址和端口号转换成私网 IP 地址和端口号，并将报文转发给私网中的服务器。该技术可以起到"隐藏"服务器的目的，是现网常用的技术。

### 3．动态 NAT

动态 NAT 基于地址池实现私有地址与公有地址的转换。动态 NAT 首先要定义合法地址池，然后采用动态分配的方法映射到内部网络。动态 NAT 是动态一对一的映射，每台主机都会分配到地址池中的一个唯一地址。当网关收到回复报文后，会根据之前的映射再次进行转换之后转发给对应主机。当不需要此连接时，对应的地址映射将会被删除，相应的公网地址也会重新出现在地址池中待用。该功能也称为 NAPT（网络地址端口转换）。

### 4．Easy IP

Easy IP 方式利用访问控制列表来控制哪些内部地址可以进行地址转换。Easy IP 方式特别适合中小型局域网访问 Internet 的情况，此时内部主机较少、出端口通过拨号方式获得临时公网 IP 地址以供内部主机访问 Internet。对于这种情况，可以使用 Easy IP 方式使局域网用户都通过这个临时公网 IP 地址接入 Internet。该技术很多时候和 PPPoE 结合起来一起使用。

## 13.2.1　静态 NAT 配置实例

配置静态 NAT 拓扑结构如图 13-3 所示，在该图中，网络 10.1.1.0/24 为内网，网络 202.100.1.0/24 属于公网，在内网中有一台服务器（CLIEN1），其 IP 地址为 10.1.1.1。

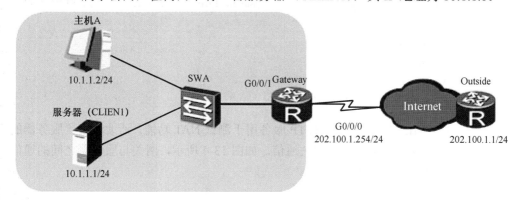

图 13-3　配置静态 NAT 拓扑结构

静态 NAT 很多时候又被称为 Basic NAT，是最为简单的 NAT 实现方式。因为它并不能节约公网 IP 的地址资源，所以在现网中静态 NAT 方式常常被排除在外。静态 NAT 原理非常简单，要求私网 IP 地址和公网 IP 地址一一对应。读者可以在实现 NAT 之后观察报文的变化，以便加深对报文转换过程的理解。

> [Gateway]ip route-static 0.0.0.0 0 GigabitEthernet 0/0/0 202.100.1.1　//在企业网连接互联网的设备上配置默认路由，使得通过使用静态 NAT 功能，将数据经该路由转发给运营商
> [Gateway]interface GigabitEthernet0/0/0
> [Gateway-GigabitEthernet0/0/0] ip address 202.100.1.254 255.255.255.0
> [Gateway-GigabitEthernet0/0/0] nat static global 202.100.1.253 inside 10.1.1.1 netmask 255.255.255.255　//将内部的 IP 地址 10.1.1.1 转换为公网的 IP 地址 202.100.1.253

注意：在华为设备上，采用静态 NAT 方式的公网 IP 地址不能使用已经配置（或者通过其他方式得到的）在该公网端口的地址（即不能是 202.100.1.254），但可以为同一网段的其他 IP 地址，这是因为静态 NAT 方式进行一对一转换，会占用整个协议栈。一个浅显的例子是，如果读者配置另外一条 NAT 命令，其中的公网 IP 地址为另外一个 IP 地址，那么设备会提示覆盖之前的命令。

验证配置情况（已经存在默认路由）：

| [Gateway]display ip routing-table protocol static | | | | | | |
| --- | --- | --- | --- | --- | --- | --- |
| Destination/Mask | Proto | Pre | Cost | Flags | NextHop | Interface |
| 0.0.0.0/0 | Static | 60 | 0 | D | 202.100.1.1 | GigabitEthernet0/0/0 |

验证静态 NAT：

```
<Gateway>display nat static
Static Nat Information:
Interface  : GigabitEthernet0/0/0
   Global IP/Port  : 202.100.1.253/      //全局（公网）IP 地址为 202.100.1.253
   Inside IP/Port   : 10.1.1.1/          //内部（私网）IP 地址为 10.1.1.1, 该地址和 202.100.1.253
一一对应
   Protocol : ----
   VPN instance-name   : ----
   Acl number          : ----
   Netmask  : 255.255.255.255
```

在服务器（CLIENT1）上开启 HTTP 服务用于测试 NAT 功能，请读者设置服务器的地址、网关等参数，保证服务器能与网关通信。如图 13-4 所示，网关与服务器之间的通信测试成功，服务器可以与网关通信。

图 13-4　网关与服务器之间的通信测试成功

如图 13-5 所示，在服务器上开启 HTTP 服务。

在外部设备上测试 HTTP 服务：

```
<Outside>telnet 202.100.1.253 80      //这是一种网络工程师常用的测试方案，即去 Telnet 某个服
务器的端口
    Press CTRL_] to quit telnet mode
    Trying 202.100.1.253 ...
    Connected to 202.100.1.253          //连接该设备
```

图 13-5　在服务器上开启 HTTP 服务

查看 NAT 设备的会话情况：

```
<Gateway>display nat session all
NAT Session Table Information:
     Protocol            : TCP(6)
     SrcAddr    Port Vpn : 202.100.1.1       46531
     DestAddr Port Vpn : 202.100.1.253       20480
     NAT-Info
       New SrcAddr      : ----
       New SrcPort      : ----
       New DestAddr     : 10.1.1.1
       New DestPort     : ----

     Protocol            : TCP(6)
     SrcAddr    Port Vpn : 202.100.1.1       60869
     DestAddr Port Vpn : 202.100.1.253       20480
     NAT-Info
       New SrcAddr      : ----
       New SrcPort      : ----
       New DestAddr     : 10.1.1.1
       New DestPort     : ----
 Total : 2
```

以上会话报文转换过程如表 13-1 所，由该表可知，客户端 202.100.1.1 访问公网 IP 地址 202.100.1.253，此时目的 IP 地址 202.100.1.253 被转换为 10.1.1.1，客户端访问服务器的报文如图 13-6 所示。

表 13-1　会话报文转换过程

| | 客户端发送到服务器的报文 | |
|---|---|---|
| NAT 之前的原始报文 | 202.100.1.1 | 202.100.1.253 |
| NAT 之后的报文 | 202.100.1.1 | 10.1.1.1 |
| | 服务器发送到客户端的报文 | |
| NAT 之前的原始报文 | 10.1.1.1 | 202.100.1.1 |
| NAT 之后的报文 | 202.100.1.253 | 202.100.1.1 |

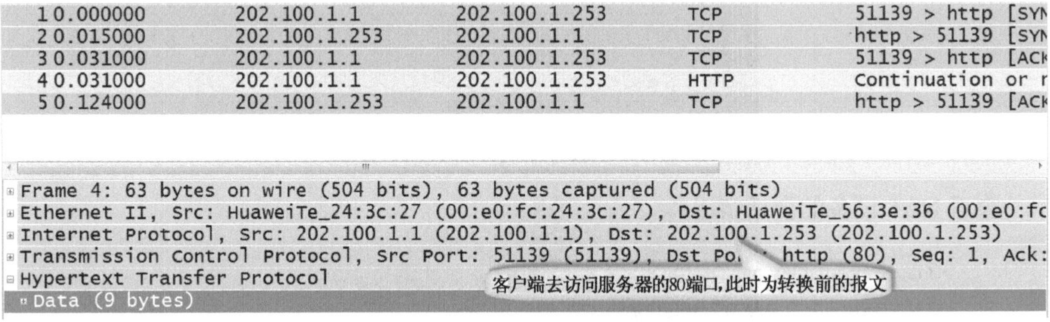

```
1 0.000000      202.100.1.1      202.100.1.253    TCP    51139 > http [SYN
2 0.015000      202.100.1.253    202.100.1.1      TCP    http > 51139 [SYN
3 0.031000      202.100.1.1      202.100.1.253    TCP    51139 > http [ACK
4 0.031000      202.100.1.1      202.100.1.253    HTTP   Continuation or r
5 0.124000      202.100.1.253    202.100.1.1      TCP    http > 51139 [ACK
```

```
⊞ Frame 4: 63 bytes on wire (504 bits), 63 bytes captured (504 bits)
⊞ Ethernet II, Src: HuaweiTe_24:3c:27 (00:e0:fc:24:3c:27), Dst: HuaweiTe_56:3e:36 (00:e0:fc
⊞ Internet Protocol, Src: 202.100.1.1 (202.100.1.1), Dst: 202.100.1.253 (202.100.1.253)
⊞ Transmission Control Protocol, Src Port: 51139 (51139), Dst Po    http (80), Seq: 1, Ack:
⊟ Hypertext Transfer Protocol
⊟ Data (9 bytes)
```
客户端去访问服务器的80端口,此时为转换前的报文

图 13-6　客户端访问服务器的报文

服务器回送客户端发送的报文，源地址为服务器的 10.1.1.1，目标地址为 202.100.1.1，此时源 IP 10.1.1.1 被转换为 202.100.1.253，其真实过程如图 13-7 所示。

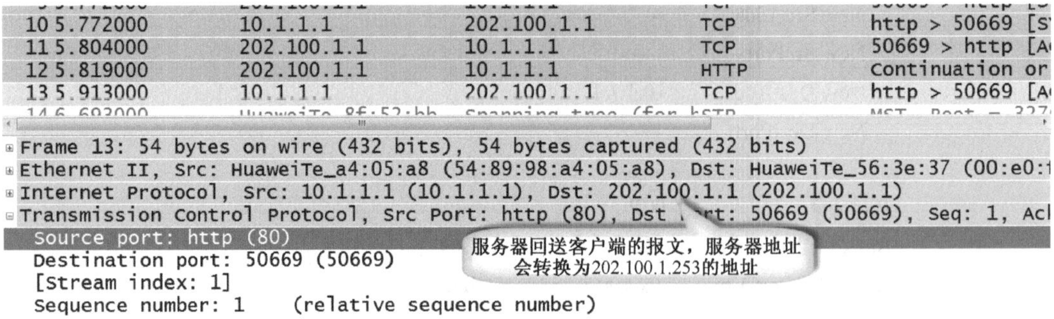

```
 9 5.772000      202.100.1.1                      TCP    50009 > http [S
10 5.772000      10.1.1.1        202.100.1.1       TCP    50009 > http [S
11 5.804000      202.100.1.1     10.1.1.1          TCP    50669 > http [A
12 5.819000      202.100.1.1     10.1.1.1          HTTP   Continuation or
13 5.913000      10.1.1.1        202.100.1.1       TCP    http > 50669 [A
14 6.693000      HuaweiTe_9f:52:bb  Spanning-tree (for-bSTP    MST Root = 327
```

```
⊞ Frame 13: 54 bytes on wire (432 bits), 54 bytes captured (432 bits)
⊞ Ethernet II, Src: HuaweiTe_a4:05:a8 (54:89:98:a4:05:a8), Dst: HuaweiTe_56:3e:37 (00:e0:
⊞ Internet Protocol, Src: 10.1.1.1 (10.1.1.1), Dst: 202.100.1.1 (202.100.1.1)
⊟ Transmission Control Protocol, Src Port: http (80), Dst  rt: 50669 (50669), Seq: 1, Ac
    Source port: http (80)
    Destination port: 50669 (50669)
    [stream index: 1]
    Sequence number: 1    (relative sequence number)
```
服务器回送客户端的报文,服务器地址会转换为202.100.1.253的地址

图 13-7　服务器回送客户端的报文

读者可以在客户端设置另外一个 IP 地址 10.1.1.0/24，就会发现将无法进行报文将转换，静态 NAT 方式是一对一的地址转换方式。另外，请读者不用尝试在客户端通过命令 ping 10.1.1.1 来测试连通性，因为此时客户端没有去往 10.1.1.1 的路由，会将报文丢弃。

## 13.2.2　NAT 服务器配置实例

通过配置 NAT 服务器，即定义"公网 IP 地址＋端口号"与"私网 IP 地址＋端口号"间的映射关系，可使位于公网的主机能够通过该映射关系访问位于私网的服务器，并且可以起到隐藏内部服务器的作用，当然端口发生了变化。

配置 NAT 服务器拓扑结构如图 13-8 所示。

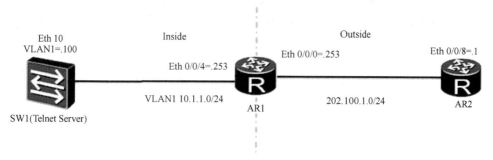

图 13-8　配置 NAT 服务器拓扑结构

配置 NAT 服务器具体步骤如下：

```
        sysname AR1
        interface Ethernet0/0/0
          undo portswitch
          ip address 202.100.1.254 255.255.255.0
          nat server protocol tcp global 202.100.1.253 4444 inside 10.1.1.100 telnet   //配置 NAT 服务器，
当外部设备访问 202.100.1.253 的 4444 端口时将被转换为内部设备的 10.1.1.100 的 23 端口。注意，和静态
NAT 一样，这里的全局地址也不能是物理地址，可以为和物理地址在同一网段的地址
        interface Ethernet0/0/4
          ip address 10.1.1.254 255.255.255.0
        ip route-static 0.0.0.0 0.0.0.0 Ethernet0/0/0 202.100.1.1   //配置静态默认路由指向运营商，这是网
关设备重要的功能，如果配置了 PPPoE，出端口应该为 Dialer 端口。
        SW1:
        #
        interface Vlanif1
          ip address 10.1.1.100 255.255.255.0   //配置 VLAN1 的地址，用于与网关通信
        ip route-static 202.100.1.0 255.255.255.0 10.1.1.254    //需要注意的是，NAT 有顺序，当从内部访
问外部时，必须先进行路由，如果没有路由会丢弃数据，所以必须配置路由。读者在检查 NAT 实现时并
不能简单地通过 ping 测试来完成，而需要观察转换表项
        aaa
          local-user qyt password cipher %@%@\cpCC8n-TUkKSl"FGlt2IjFR%@%@
```

```
    local-user qyt service-type telnet    //配置用户名和密码用于 Telnet 访问
    local-user admin password cipher %@%@5d～9:M^ipCfL\iB)EQd>3Uwe%@%@
user-interface vty 0 4
    authentication-mode aaa    //只有 VTY 的认证模式才需要 AAA 模式
[LSW1]ping 10.1.1.254    //保证交换机可以与网关通信
    PING 10.1.1.254: 56    data bytes, press CTRL_C to break
      Reply from 10.1.1.254: bytes=56 Sequence=1 ttl=255 time=3 ms
      Reply from 10.1.1.254: bytes=56 Sequence=2 ttl=255 time=3 ms
```

在外部设备上测试：

```
    <AR2>telnet 202.100.1.253 4444    //客户端尝试访问服务器的 4444 端口，此时可以远程登录成功
    Press CTRL_] to quit telnet mode
    Trying 202.100.1.253 ...
    Connected to 202.100.1.253 ...
Warning: Telnet is not a secure protocol, and it is recommended to use Stelnet.
Login authentication
Username:QYT    //输入用户名和密码
Password:
Info: The max number of VTY users is 10, and the number
      of current VTY users on line is 2.
[AR1]display nat server    //验证网关设备的地址转换情况
Nat Server Information:
Interface  : Ethernet0/0/0
    Global IP/Port        : 202.100.1.253/4444
    Inside IP/Port        : 10.1.1.100/23(telnet)    //读者可以看到地址+端口的转换信息
    Protocol : 6(tcp)
[AR1]display nat session all  //验证网关设备上的 NAT 会话
NAT Session Table Information:
    Protocol            : TCP(6)
    SrcAddr   Port Vpn : 202.100.1.1        52721
    DestAddr Port Vpn : 202.100.1.253      4444
    NAT-Info
      New SrcAddr      : ----
      New SrcPort      : ----
      New DestAddr     : 10.1.1.100
      New DestPort     : 23
  Total : 1
```

NAT 服务器配置实验完成。

## 13.2.3　Easy IP 配置实例

很显然，NAT 服务器方式在使用少数服务器来提供对外服务时起着重要作用，但是无法满足大量内部私网 IP 地址访问互联网的需求，虽然动态 NAT 方式可以配置地址池来满足一定的需求，可是地址池中的全局地址一旦被用光，内网用户也无法访问公网了。此时复用技术就有了用武之地，通过采用复用技术，使内部私网 IP 地址（需要被访问控制列表过滤）可以复用一个公网 IP 地址。

依旧采用图 13-8 来完成 Easy IP 配置（在 AR1 上进行配置）：

```
acl 2001
rule 5 permit source 10.1.1.100 0    //定义 ACL2001 来匹配哪些网络可以进行 NAT，在本例中
仅仅匹配了 10.1.1.100（Telnet Server）这一台单独的主机
interface Ethernet0/0/0
 undo portswitch
 ip address 202.100.1.254 255.255.255.0
 nat server protocol tcp global 202.100.1.253 4444 inside 10.1.1.100 telnet
 nat outbound 2001    //端口下配置 Easy IP，调用 ACL2001
[LSW1]ping 202.100.1.254    //从内部设备去访问互联网上的设备，数据测试成功
  PING 202.100.1.254: 56    data bytes, press CTRL_C to break
    Reply from 202.100.1.254: bytes=56 Sequence=1 ttl=255 time=3 ms
    Reply from 202.100.1.254: bytes=56 Sequence=2 ttl=255 time=4 ms
[AR1]dis nat outbound    //验证 Easy IP 的配置情况
Interface                    Acl        Address-group/IP/Interface      Type
--------------------------------------------------------------------
Ethernet0/0/0                2001       202.100.1.254                   easyip
--------------------------------------------------------------------
 Total : 1
[AR1]display acl all    //验证 ACL 是否匹配，这是一个重要的验证步骤，读者可以看到数据报文
已经匹配，这意味着该网络可以访问互联网
 Total quantity of nonempty ACL number is 1
 Basic ACL 2001, 1 rule
 Acl's step is 5
  rule 5 permit source 10.1.1.100 0 (1 matches)
```

至此，本实验完成。

## 13.3　练习题

**选择题**

① NAT 只能完成私网 IP 地址和公网 IP 地址的转换，该说法正确吗？＿＿＿

　　A. 正确　　　　B. 错误

② Easy IP 适用于如下哪种应用场景？＿＿＿

　　A. 互联网访问局域网

　　B. 内网 IP 地址与外网网 IP 地址一对一转换

　　C. 大量内网主机网访问互联网，同时转换 IP 地址和传输层端口

　　D. 源目 IP 地址全部完成转换

# 第14章 广 域 网

广域网（Wide Area Network，WAN）是覆盖较大地理范围的数据通信网络，所覆盖的范围从几十千米到几千千米。它能连接多个地区、城市和国家，或横跨几个洲，提供远距离通信。广域网中经常会使用串行（Serial）链路来提供远距离的数据传输，高级数据链路控制（High-level Data Link Control，HDLC）协议和点对点协议（Point to Point Protocol，PPP）是两种典型的串行接口封装协议。

常见的广域网接口有 E1 接口和 ATM 接口等，在本书中仅仅讨论串行接口。另外，POS（Packet Over SONET/SDH）接口是一种应用在城域网及广域网中的技术，它利用 SONET/SDH 提供的高速传输通道直接传送 IP 数据业务。POS 使用链路层协议（FR、PPP 和 HDLC）对 IP 数据进行封装，再由 SONET/SDH 通道层的业务适配器将封装后的 IP 数据映射到 SONET/SDH 同步净荷中，然后经过 SONET/SDH 传输层和段层，加上相应的通道开销和段开销，将净荷装入一个 SONET/SDH 帧中，在光网络中通过光纤传输。

目前，设备提供两种速率的 POS 接口，使用的信号等级是 OC-3/STM-1（155 Mbps）和 OC-12/STM-4（622 Mbps）关于串口，读者可以在 eNSP 的接口面板中找到。eNSP 中的串行接口如图 14-1 所示。

图 14-1　eNSP 中的串行接口

## 14.1　串行链路介绍

串行链路被普遍应用于广域网中。串行链路中定义了两种数据传输方式：异步传输和同步传输。

（1）异步传输

异步传输以字节为单位来传输数据，并且需要采用额外的起始位和停止位来标记每个字节的开始和结束位置。起始位为二进制值 0，停止位为二进制值 1。在这种传输方式下，起始位和停止位在发送数据中占相当大的比例，每发送 1 字节数据都需要额外的开销。

串行链路的同 / 异步传输模式如图 14-2 所示。

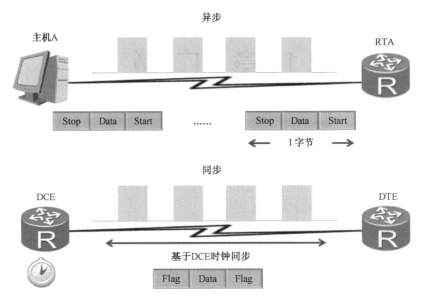

图 14-2    串行链路的同 / 异步传输模式

（2）同步传输

同步传输以帧为单位来传输数据，在通信时需要使用时钟来同步本端和对端设备通信。DCE（Data Communication Equipment，数据通信设备）提供了一个用于同步 DCE 和 DTE（Data Terminal Equipment，数据终端设备）之间数据传输的时钟信号。DTE 通常使用 DCE 产生的时钟信号。如图 14-2 所示，在 DCE 端配置时钟，DTE 会与 DCE 端的时钟同步。

（3）同步传输与异步传输的特性

① 在同步传输方式下，串行接口具有以下特性：

● 链路层支持的协议类型包括 PPP、X.25、LAPB、帧中继和 HDLC。

● 支持 IP 网络层协议。

② 在异步传输方式下，串行接口可以工作在协议模式或流模式下。

● 协议模式是指在串行接口的物理连接建立之后，接口直接采用已有的链路层协议配置参数，然后建立链路。在协议模式下，链路层协议类型为 PPP，并且支持 IP 网络层协议。

● 流模式是指采用串行接口的两端设备进入交互阶段后，链路一端的设备可以向对端设备发送配置信息，设置对端设备的物理层参数，然后建立链路。在流模式下，不支持链路层协议，也不支持 IP 网络层协议。

## 14.2 PPP

相对于 HDLC，PPP（Point to Point Protocol）是一个众所周知的二层协议，它被广泛应用于广域网接入，当企业网接入互联网时采用 PPPoE（PPP over Ethernet，以太网上的点对点协议）。相对其他封装协议，PPP 的最大优势在于其支持认证功能。常用于 PPP 认证的协议有 PAP（Password Authentication Protocol，口令验证协议）和 CHAP（Challenge Handshake Authentication Protocol，挑战握手认证协议），这也是华为设备支持的认证模式。其他的用于 PPP 认证的协议还有 MS CHAP 等。

PPP 是一种点对点链路层协议，主要用于在全双工的同／异步链路上进行点对点的数据传输。PPP 具有如下特点：

- PPP 既支持同步传输又支持异步传输，而 X.25、FR（Frame Relay）等数据链路层协议仅支持同步传输，SLIP（Serial Line Internet Protocol，串行线路互联网协议）仅支持异步传输。
- PPP 具有很好的扩展性，例如，当需要在以太网链路上承载 PPP 时，PPP 可以扩展为 PPPoE。
- PPP 支持 LCP（Link Control Protocol，链路控制协议），用于各种链路层参数的协商。
- PPP 支持各种 NCP（Network Control Protocol，网络控制协议）（如 IPCP 和 IPXCP），用于各网络层参数的协商，可更好地支持网络层协议。
- PPP 支持 CHAP 和 PAP，可更好地保证网络的安全性。
- 无重传机制，网络开销小，速度快。

### 14.2.1 PPP 应用场景

PPP 有很多应用场景，可以用于广域网接入，通过点对点链路实现广域网互联如图 14-3 所示，在该图中，企业分支路由器 A 通过串行接口与企业总部的路由器 B 连接，通过运行路由协议实现企业总部与企业分支通信。另外一个更加广泛的应用是家庭或者企业网通过 PPPoE 拨号方式接入互联网的场景。读者在家里完成宽带接入时，一定在家庭级路由器上设置过用户名和密码，这其实就是在不知不觉中完成了 PPPoE 设置。

除了 PPPoE，PPP 技术还衍生出了 PPPoA、PPPoEoA、PPPoFR、PPPoMFR 和 PPPoISDN 等技术，这些技术并不在本书讨论范围之内，在后续章节，我们重点讨论企业网接入互联网的 PPPoE 配置。

图 14-3　通过点对点链路实现广域网互联

## 14.2.2　PPP 组件

PPP 包含两个组件：链路控制协议（LCP）和网络控制协议（NCP）。

为了适应多种多样的链路类型，PPP 定义了 LCP。LCP 可以自动检测链路环境，检测是否存在环路；协商链路参数，决定最大数据包长度，使用何种认证协议，等等。与其他数据链路层协议相比，PPP 的一个重要特点是可以提供认证功能，链路两端可以协商使用何种认证协议来完成认证过程，只有认证成功之后才会建立连接。对于 PPP 认证的重要性，读者将在后续的学习中有更深的认识，有时，网络工程师会将 PPP 认证称为 PPP 的 2.5 层组件。

PPP 定义了一组 NCP，每一个 NCP 对应了一种网络层协议，用于协商网络层地址等参数。例如，IPCP（Internet Protocol Control Protocol，IP 控制协议）用于协商控制 IP，IPXCP 用于协商控制 IPX 等。常用的 NCP 包括 IPCP 和 IPv6CP，后者用于支持 IPv6 协议栈。

## 14.2.3　PPP 数据帧格式

PPP 数据帧格式如图 14-4 所示。

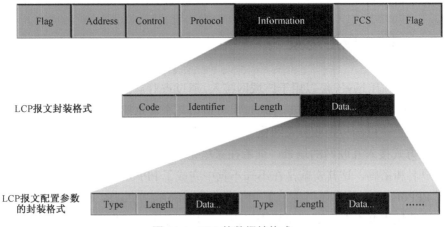

图 14-4　PPP 的数据帧格式

## 1．PPP 报文头部

PPP 报文头部字主要字段含义解释如下。

① Flag 字段：1 字节，表示帧开始或结束位置，该字节为 0x7E。

② Address 字段：1 字节，可以唯一标识对端。PPP 被运用在点对点的链路上，因此，使用 PPP 互联的两个通信设备无须知道对方的数据链路层地址，按照协议的规定将该字节填充为全 1 的广播地址，对于 PPP 来说，该字段无实际意义。

③ Control 字段：1 字节，该字段默认值为 0x03，表明为无序号帧，PPP 默认没有采用序列号和确认应答来实现可靠传输。用 Address 字段和 Control 字段一起标识此报文为 PPP 报文。

④ Protocol 字段：2 字节，可用来区分 PPP 数据帧中 Information 字段所承载的数据包类型。Protocol 字段的内容必须依据 ISO 3309 的地址扩展机制所给出的规定，该机制规定 Protocol 字段所填充的内容必须为奇数，也就是要求最低有效字节的最低有效位为"1"，最高有效字节的最低有效位为"0"。如果当发送端发送的 PPP 数据帧的 Protocol 字段不符合上述规定时，接收端则会认为此数据帧是不可识别的，接收端会向发送端发送一个 Protocol-Reject 报文，在该报文尾部将填充被拒绝报文的协议号。如果 Protocol 字段被设为 0xC021，则说明通信双方正通过 LCP 报文进行 PPP 链路的协商和建立。

⑤ Information 字段：包含 Code 域和 Identifier 域等。

- Code 域：1 字节，主要是用来标识 LCP 数据报文的类型。典型的报文类型有配置信息报文（Configure Packets：0x01）、配置成功信息报文（Configure-Ack：0x02）、终止请求报文（Terminate-Request：0x05）。
- Identifier 域：1 字节，用来匹配请求和响应消息。

PPP 的实际 LCP 报文示例如图 14-5 所示，该图展示了一个 PPP 的 LCP 组件报文示例，读者可以从中观察到 Address、Control、Protocol 等字段。

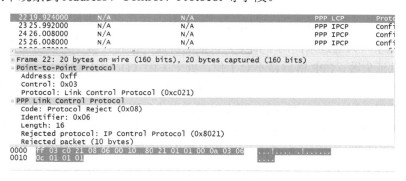

图 14-5　PPP 的实际 LCP 报文示例

## 2．LCP 中包含的报文类型

① Configure-Request（配置请求）：链路层协商过程中发送的第一个报文，该报文表明

点对点双方开始进行链路层参数的协商。

②  Configure-Ack（配置响应）：收到对端发来的 Configure-Request 报文，如果参数取值完全被认可，则以此报文响应。

③  Configure-Nak（配置不响应）：收到对端发来的 Configure-Request 报文，如果参数取值不被本端认可，则发送此报文并且携带本端可认可的配置参数。

④  Configure-Reject（配置拒绝）：收到对端发来的 Configure-Request 报文，如果本端不能识别对端发送的 Configure-Request 中的某些参数，则发送此报文并且携带那些本端不能识别的配置参数。

PPP 的实际 NCP（IPCP）报文如图 14-6 所示，该图展示了一个 PPP 的 NCP 组件报文示例，从该图中读者除了可以观察到 Address、Control、Protocol 等字段，还可以看到 NCP 承载的 IP 地址为 12.1.1.2。

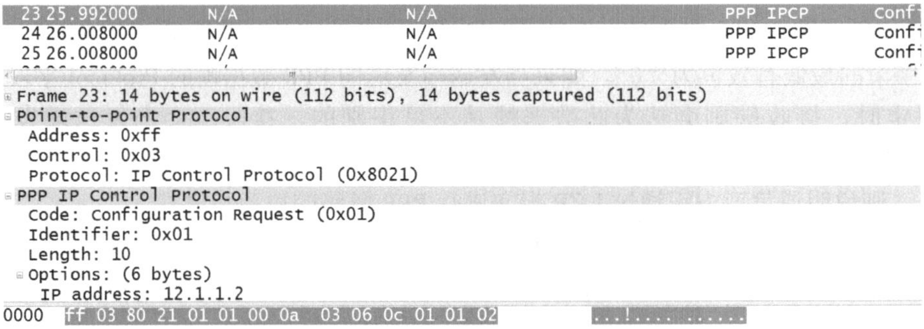

图 14-6　PPP 的实际 NCP（IPCP）报文

## 14.2.4　PPP PAP 认证

PAP（Password Authentication Protocol，口令验证协议）是一种典型的明文认证协议，PAP 是两次握手（只通过来回两个报文）认证的协议，密码（口令）以明文方式在链路上发送。如果认证失败，PPP 链路将不会工作，处于关闭（Down）状态。

完成 LCP 协商后，认证方要求被认证方使用 PAP 进行认证。被认证方将配置的用户名和密码信息采用 Authenticate-Request 报文以明文方式发送给认证方。认证方收到被认证方发送的用户名和密码信息后，根据本地配置的用户名和密码数据库检查用户名和密码信息是否匹配，如果匹配，则返回 Authenticate-Ack 报文，表示认证成功；否则返回 Authenticate-Nak 报文，表示认证失败。认证方指开启认证的设备，被认证方指需要提供用户名和密码等参数的设备，基于这一点，认证可以分为单向认证和双向认证（双方都开启认证）。

基本的 PAP 认证如图 14-7 所示，该图展示了一个基本的 PAP 认证过程。

被认证方将本地用户名和口令发送到认证方。认证方根据本地配置的用户数据库（也可以是服务器上的数据库）查看是否有被认证方的用户名，如果有，则查看口令是否正确，如果口令正确，则认证通过；如果口令不正确，则认证失败。认证失败会导致链路不工作，通常的认证方法为查看接口是否处于工作（Up）状态，以及路由是否存在。

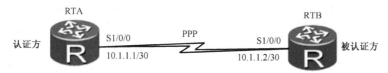

图 14-7 基本的 PAP 认证

（1）配置 RTA

```
aaa    //进入 aaa 视图
  local-user qyt-ender password cipher HCIE1234    //在实施认证的一端配置用户名和密码
  local-user qyt-ender service-type ppp    //该用户名和密码用于 PPP
interface Serial1/0/0
  link-protocol ppp    //该接口必须为 PPP 封装才可以配置认证，否则不会有认证参数
  ppp authentication-mode pap    //在接口上开启认证，采用 PAP 认证方式
  ip address 10.1.1.1 255.255.255.0
```

（2）配置 RTB

```
interface Serial1/0/0
  link-protocol ppp
  ppp pap local-user qyt-ender password cipher HCIE1234    //在被认证方的接口上配置对应的用户
名和密码
  ip address 10.1.1.2 255.255.255.0
```

（3）认证

```
[RTB]display ip routing-table
Route Flags: R - relay, D - download to fib
------------------------------------------------------------------------------
Routing Tables: Public
        Destinations : 9        Routes : 9

Destination/Mask    Proto  Pre  Cost     Flags NextHop         Interface
```

| 10.1.1.0/24 | Direct | 0 | 0 | | D | 10.1.1.2 | Serial1/0/0 |
| **10.1.1.1/32** | **Direct** | **0** | **0** | | **D** | **10.1.1.1** | **Serial1/0/0** |

//在点对点链路上，可以自动学习来自对端地址的 32 位主机路由，这是点对点链路的一个重要特色

| 10.1.1.2/32 | Direct | 0 | 0 | | D | 127.0.0.1 | Serial1/0/0 |
| 10.1.1.255/32 | Direct | 0 | 0 | | D | 127.0.0.1 | Serial1/0/0 |
| 11.1.1.0/24 | Static | 60 | 0 | | D | 10.1.1.2 | Serial1/0/0 |

[RTB]ping 10.1.1.1　//数据通信正常

PING 10.1.1.1: 56　data bytes, press CTRL_C to break

Reply from 10.1.1.1: bytes=56 Sequence=1 ttl=255 time=80 ms

Reply from 10.1.1.1: bytes=56 Sequence=2 ttl=255 time=10 ms

PAP 认证实际报文示例如图 14-8 所示，从图中读者可以观察到 PAP 认证的细节（Authenticate-Request 和 Authenticate-Ack），以及认证过程中传输的明文用户名和密码。

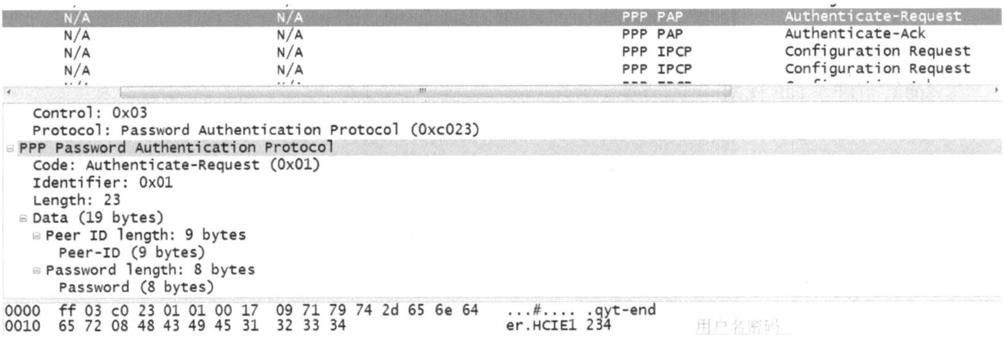

图 14-8　PAP 认证实际报文示例

基于 PAP 认证的不安全性（正如图 14-8 中显示的一样，在 PAP 的认证请求报文中，非常容易暴露用户名和密码），使得我们力求寻找一个更加安全的协议——CHAP。

## 14.2.5　PPP CHAP 认证

CHAP（Challenge Handshake Authentication Protocol，挑战握手认证协议）是 PPP 链路上基于密文发送的三次握手协议。CHAP 和 PAP 一样，都可以被配置为单向或者双向认证，双向认证是指两台设备都开启认证功能。

正如前文所述，CHAP 认证过程需要交互三次报文。为了匹配请求报文和回应报文，报文中含有 Identifier 字段，一次认证过程所使用的报文均使用相同的 Identifier 信息。CHAP 认证过程介绍如下。

用户（被认证方）通过 PPP 拨入之后会发送 LCP 报文来检测链路的可用性（注意，此时没有发送 CHAP 报文），认证方收到报文，表明链路可用。随后：

① 完成 LCP 协商（即用户或者被认证方拨入网络），认证方发送一个 Challenge 报文给被认证方，报文中含有 Identifier 字段和一个随机产生的 Challenge 报文，此 Identifier 即为后续报文所使用的 Identifier。

② 被认证方收到此 Challenge 报文之后进行一次加密运算，运算公式为 MD5 {Identifier + 密码 + Challenge}，意思是将 Identifier、密码和 Challenge 三部分连成一个字符串，然后对此字符串做 MD5 运算，得到一个 16 字节长的摘要信息，然后将此摘要信息和接口上配置的 CHAP 用户名一起封装在 Response 报文中发回认证方。

③ 认证方接收到被认证方发送的 Response 报文之后，按照其中的用户名在本地查找相应的密码信息，得到密码信息之后进行一次加密运算，运算方式和被认证方的加密运算方式相同，然后将加密运算得到的摘要信息和 Response 报文中封装的摘要信息进行比较，相同则认证成功，不相同则认证失败。

在使用 CHAP 认证方式时，被认证方的密码是完成 Hash 运算才进行传输的密文，而 MD5 算法是不可逆的，无法通过结果得到原始的密码，这样就极大地提高了安全性。CHAP 认证过程如图 14-9 所示。

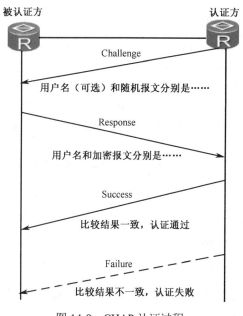

图 14-9　CHAP 认证过程

或许读者觉得这部分内容太难理解了，确实有一些。CHAP 认证过程通常是 HCIE 的面试题。为了帮助大家加深对 CHAP 认证过程的理解，我们再通过 CHAP 实际报文来认识该过程。注意：如下过程是一个单向认证过程，相关配置已经在图 14-7 中完成，当然我们会将之前的 PAP 认证修改为 CHAP 认证，同时将 RTA 作为被认证方、RTB 作为认证方完成配置，以方便读者理解图 14-9。

（1）认证方 RTB 的配置

```
        [RTB-aaa]local-user chap-user password cipher HCIE1234    //在认证方设置用户名和密码，该设置
服务于 PPP
        [RTB-aaa]local-user chap-user service-type ppp
        [RTB-aaa]int s1/0/0
        [RTB-Serial1/0/0]undo    ppp pap local-user    //在接口上删除之前的 PAP 配置
        [RTB-Serial1/0/0]ppp authentication-mode chap    //设置认证模式为 CHAP，即本端为认证方
        [RTB-Serial1/0/0]shutdown    //为了更快速地观察到 CHAP 认证过程，可以关闭接口然后再开启
        [RTB-Serial1/0/0]undo shutdown
        [RTB-Serial1/0/0]
        RTB %%01PPP/4/PEERNOCHAP(l)[5]:On the interface Serial1/0/0, authentication failed and PPP
link was closed because CHAP was disabled on the peer.
        [RTB-Serial1/0/0]
        RTB %%01PPP/4/RESULTERR(l)[6]:On the interface Serial1/0/0, LCP negotiation failed because
the result cannot be accepted    //LCP 协商失败，因为此时并没有接收到对方的响应信息
```

（2）被认证方 RBA 的配置

```
        [RTA-Serial1/0/0]ppp chap user chap-user    //配置被认证方的用户名为 chap-user
        [RTA-Serial1/0/0]ppp chap password ?
        cipher    Display the current password with cipher text
        simple    Display the current password with plain text
        [RTA-Serial1/0/0]ppp chap password cipher HCIE1234    //配置被认证方用于 Hash 运算的密码为
HCIE1234
        RTA %%01IFNET/4/LINK_STATE(l)[6]:The line protocol PPP on the interface Serial1/0/0 has
entered the UP state.
        [RTA-Serial1/0/0]
        Apr 12 2016 17:49:37-08:00 RTA %%01IFNET/4/LINK_STATE(l)[7]:The line protocol PPP IPCP on
the interface Serial1/0/0 has entered the UP state.
```

（3）认证

```
        [RTA]display ip interface brief    //接口状态在物理层面和协议协商层面都工作正常
        Interface                       IP Address/Mask        Physical        Protocol
        GigabitEthernet0/0/0            unassigned             down            down
        GigabitEthernet0/0/1            unassigned             down            down
        GigabitEthernet0/0/2            unassigned             down            down
        LoopBack0                       11.1.1.1/24            up              up(s)
        NULL0                           unassigned             up              up(s)
        Serial1/0/0                     10.1.1.1/24            up              up
```

```
Serial1/0/1                    unassigned         down           down
[RTA]display ip routing-table   //路由表中出现了对端接口的 32 位主机路由
Route Flags: R - relay, D - download to fib
-----------------------------------------------------------------------------
Routing Tables: Public
           Destinations : 11        Routes : 11
Destination/Mask    Proto      Pre      Cost     Flags    NextHop       Interface
    10.1.1.0/24     Direct     0        0        D        10.1.1.1      Serial1/0/0
    10.1.1.1/32     Direct     0        0        D        127.0.0.1     Serial1/0/0
    10.1.1.2/32     Direct     0        0        D        10.1.1.2      Serial1/0/0
    10.1.1.255/32   Direct     0        0        D        127.0.0.1     Serial1/0/0
    11.1.1.0/24     Direct     0        0        D        11.1.1.1      LoopBack0
    11.1.1.1/32     Direct     0        0        D        127.0.0.1     LoopBack0
    11.1.1.255/32   Direct     0        0        D        127.0.0.1     LoopBack0
```

本案例配置完毕。

# 14.3　练习题

### 选择题

① PPP 只支持同步串行链路，该说法____。

A. 正确　　　　　　　　B. 错误

② CHAP 是三次握手的____认证协议。

A. 明文　　　　　　　　B. 密文

③ PPP 的两大组件分别是____。（多选）

A. LCP　　　　　　B. PAP　　　　　　C. QoS　　　　　　D. NCP

# 第15章　网络安全基础

## 15.1　访问控制列表（ACL）

如果你是一个管理员，你会对什么比较关心呢？肯定不想公司的重要数据库被破坏者恶意入侵。那你就要想一想有什么解决方案了。本章给大家推荐一个华为的安全解决方案——ACL（Access Control List，访问控制列表），它是由一系列规则组成的集合，通过这些规则对 IP（Internet Protocol）报文、TCP（Transmission Control Protocol）报文、ICMP（Internet Control Message Protocol）报文等进行分类，并对这些类报文进行不同的处理；对网络访问行为进行控制，例如，对企业网中内、外网的通信和用户访问特定网络资源进行控制，在特定时间段内允许对网络的访问；限制网络流量和提高网络性能，例如，限定网络上行、下行流量的带宽，对用户申请的带宽进行收费，保证高带宽网络资源的充分利用，保障网络传输的稳定性和可靠性。

### 15.1.1　ACL 的工作原理与应用场景

#### 1. ACL 的工作原理

访问控制列表（ACL）实际上是对数据包进行分类，在控制网络流量方面非常有用。ACL 的工作原理比较好理解，主要内容包括：对报文进行匹配，对匹配的报文进行处理；处理动作有 Permit（允许）和 Deny（拒绝）。

#### 2. 专业名词介绍

rule-id：报文有很多种，需要通过规则进行区分，通过创建 rule-id（规则号）来标识，每个 ACL 包含多个 rule-id。

rule-id 有两种形式：第一种由系统默认分配，是按照 5, 10, 15, …来分配的；第二种为用户指定。

为什么 rule-id 间隔为 5 呢？原因就是，如果 rule-id 按 1, 2, 3, 4, …来分配，假如想在 1 和 2 之间插入一个 rule-id 就没有办法了，所以默认分配的目的是方便用户插入新规则。

### 3．ACL 报文规则匹配

当报文到达设备时，根据 rule-id，从小到大进行匹配，具体方法是，将该报文跟 ACL 中的 rule-id 标识的规则相比较，只要找到匹配的 rule-id，就停止往下查找 rule-id；如果没有符合条件的 rule-id，就继续往下执行，直到执行到最后一个 rule-id。如果最后一条规则也不匹配，怎么办呢？这里需要说明的是，ACL 最后隐藏了一个 rule-id（标识一个隐式的语句），不能匹配前面的 rule-id，那只能匹配最后的隐式语句（默认是一个 Deny 语句），拒绝其他所有流量。

这里可以举一个例子，就是我们学编程时用到的 if-then 语句，如果满足条件就执行操作，如果不满足就不操作继续向下执行。

### 4．ACL 分类

ACL 根据不同的划分方法可以有不同的分类，按照功能来分，可以分为基本 ACL、高级 ACL、基于接口的 ACL、二层 ACL、自定义 ACL、基于 MPLS 的 ACL、基本 ACL6、高级 ACL6。其中，应用较为广泛的是基本 ACL 和高级 ACL。

### 5．ACL 实际应用场景

ACL 实际应用场景如图 15-1 所示，该图展示了某企业内部网络，在该图中，主机连接交换机 SWA，交换机 SWA 连接边界路由器 RTA，边界路由器一条链路连接 Internet，使企业内部员工可以访问 Internet，另外一条链路去往公司内部服务器 A。那么问题就来了，企业要求部分主机能访问 Internet，部分主机能访问内部服务器，员工不允许同时访问 Internet 和内部服务器。例如，主机 A 和主机 B 能访问 Internet 但不允许访问内部服务器，主机 C 和主机 D 可以访问内部服务器但不能访问 Internet，请给出一个解决方案。

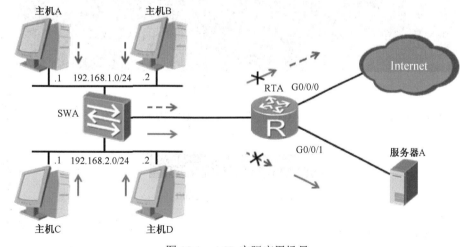

图 15-1　ACL 实际应用场景

在此应用场景中，可以应用 ACL 技术满足企业的要求。首先定义流量的分类以便进行区分。从图 15-1 中我们可以看到，主机 A 和主机 B 的流量为一类，用虚线箭头表示；主机 C 和主机 D 的流量为另一类，用实线箭头表示。先匹配这些流量，然后在路由器上进行操作，实现流量的分流。在 G0/0/0 接口调用匹配主机 A 和主机 B 流量的 Permit（允许）语句，Deny（拒绝）主机 C 和主机 D 的流量通过；在路由器 G0/0/1 接口调用匹配主机 A 和主机 B 流量的 Deny（拒绝）语句，Permit（允许）主机 C 和主机 D 的流量通过。从图中也能看出连接 Internet 的接口不允许实线箭头的流量通过，允许虚线箭头的流量通过；连接服务器 A 的接口不允许虚线箭头流量通过，允许实线箭头流量通过。

ACL 的实际应用场景还有很多，比如可以与防火墙（Firewall）、路由策略、QoS、流量过滤（Traffic Filtering）这些技术相结合使用。

## 15.1.2　基本 ACL 及其配置实例

### 1. 基本 ACL 介绍

基本 ACL 通过 IP 数据包中的源 IP 地址、分片标记和时间段信息对 IPv4 报文进行分类，从而达到过滤网络流量的目的。基本 ACL 的编号范围为 2000～2999，根据基本 ACL 的编号，路由器能知道这是基本 ACL，在 IP 报文经过路由器时只检查源 IP 地址部分。

下面让我们看看基本 ACL 是如何配置的。

（1）创建基本 ACL

如图 15-2 所示，创建 ACL。

```
[Huawei]acl ?
  INTEGER<2000-2999>  Basic access-list(add to current using rules)
  INTEGER<3000-3999>  Advanced access-list(add to current using rules)
  INTEGER<4000-4999>  Specify a L2 acl group
  ipv6                ACL IPv6
  name                Specify a named ACL
  number              Specify a numbered ACL
[Huawei]
```

图 15-2　创建 ACL

从图 15-2 中可以看到，基本 ACL 的编号为 2000～2999。如图 15-3 所示，创建基本 ACL 2000。

```
[Huawei]acl number 2000
[Huawei-acl-basic-2000]
```

图 15-3　创建 ACL 2000

（2）创建 ACL 的 rule-id

如图 15-4 所示，创建 ACL 的 rule-id。

图 15-4　创建 ACL 的 rule-id

从图 15-4 中可知，rule-id 为默认值，不是自己定义的，会有一个默认从 5 开始的值，每写一条自动加 5。首先，使用默认的 rule-id 来创建控制列表，结果如下：

[Huawei-acl-basic-2000]rule permit source 1.1.1.0 0
[Huawei-acl-basic-2000]rule deny source 10.1.1.0 0.0.0.255

我们可以通过 display this 命令来查看创建的基本 ACL rule-id。原始 ACL 序号如图 15-5 所示。

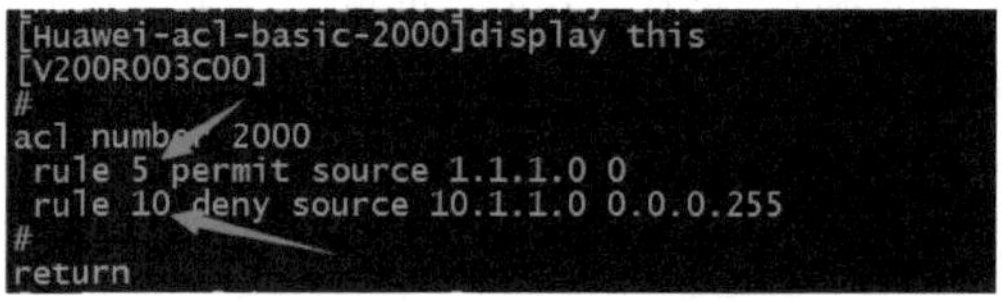

图 15-5　原始 ACL 序号

图 15-5 证明，默认 rule-id 是从 5 开始的并且以 5 为单位开始递增。为什么默认是从 5 开始，然后递增呢？因为如果我们要在 rule-id 5 和 rule-id 10 之间增加一个 rule-id，还有 6、7、8、9 四个 rule-id 可以增加，然而如果是在 rule-id 5 和 rule-id 6 之间，就没有办法增加了。当然，也可以自定义 rule-id，例如，在 5 和 10 之间自定义一个 ruld-id 8 的列表：

[Huawei-acl-basic-2000]rule 8 permit source 8.8.8.8 0

通过 display acl 2000 命令查看结果，增加新规则后的 ACL 如图 15-6 所示。

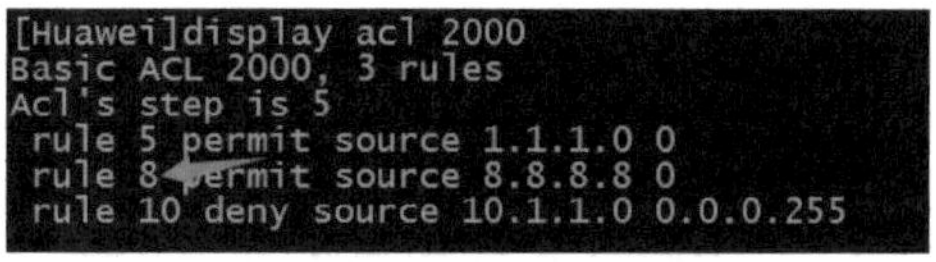

图 15-6　增加新规则后的 ACL

通过图 15-6 可以看出，自定义 ACL 增加新规则成功。

在简单了解基本 ACL 的架构以后，对其语法解释如下：

　　　acl [ number ] acl-number　//基本 ACL 编号（acl-number）的范围为 2000～2999。number 为可选项，不填时系统会使用默认值

　　　rule [ rule-id ] { deny | permit } [ source { source-address source-wildcard | any } | fragment | logging | time-range time-name ]

● 　rule：规则，为系统设定的关键字；

- rule-id：规则号，一个 acl-number 里面有很多规则，用 rule-id 来区别；
- deny/permit：拒绝 / 允许，ACL 执行的动作，根据需求而设定；
- source：源，包括源地址和源通配符两部分；源可以是 any（任意）；
- source-address：基本 ACL 要检查 IP 报头部分，只检查源地址；
- source-wildcard：源通配符；
- fragment：当指定该参数时意味着对所有分片报文（或首个分片报文）有效；
- logging：当指定该参数时意味着会产生系统日志；
- time-range time-name：指定 ACL 规则生效的时间段。

通配符定义如何检查一致的地址位，通常情况用二进制的"0"代表匹配位，二进制的"1"来代表忽略位。

实际上，通配符跟地址块大小有关系，它的本质是地址范围。通配符的格式可用点分十进制数表示，换算成二进制数后，"0"表示"匹配"，"1"表示"不关心"，忽略。另外，不像子网掩码，通配符掩码二进制中的"1"或者"0"可以不连续。

通配符规则示例如图 15-7 所示。

| 128 | 64 | 32 | 16 | 8 | 4 | 2 | 1 |
| --- | --- | --- | --- | --- | --- | --- | --- |
| 0 | 0 | 0 | 0 | 0 | 0 | 0 | 0 |
| 0 | 0 | 1 | 1 | 1 | 1 | 1 | 1 |
| 0 | 0 | 0 | 0 | 1 | 1 | 1 | 1 |
| 1 | 1 | 1 | 1 | 1 | 1 | 0 | 0 |
| 1 | 1 | 1 | 1 | 1 | 1 | 1 | 1 |

图 15-7　通配符规则示例

从图 15-7 可以看到，第 1 行为块大小，分别为 1、2、4、8、16、32、64、128。第 2 行为 8 个 0，前面已经说过 0 代表匹配，也就是说 8 位都要匹配，等于 IP 地址的第 1 组匹配。IP 地址一共 4 组，每组 8 位，一共 32 位。以此类推，第 3 行表示匹配前两位，忽略后 6 位。第 4 行表示匹配前 4 位，忽略后 4 位。第 5 行表示忽略前 6 位，匹配后两位。最后一行全部都是 1，表示全部忽略，不需要检查。

接下来我们看下面的通配符匹配示例，如图 15-8 所示。

172.30.16.0/24 to 172.30.31.0/24

这段地址怎么匹配？

可以看出前两组 172.30 是相同的；第三组为 16～31，光看十

| | |
| --- | --- |
| 0001 | 0000 |
| 0001 | 0001 |
| 0001 | 0010 |
| 0001 | 0011 |
| 0001 | 0100 |
| 0001 | 0101 |
| 0001 | 0110 |
| 0001 | 0111 |
| 0001 | 1000 |
| 0001 | 1001 |
| 0001 | 1010 |
| 0001 | 1011 |
| 0001 | 1100 |
| 0001 | 1101 |
| 0001 | 1110 |
| 0001 | 1111 |

图 15-8　通配符匹配示例

进制数是看不出的，要换算成二进制数进行查看，如图 15-8 所示。从图 15-8 可以看到，前 4 位相同，我们用 0 来匹配，后 4 位不相同，我们用 1 来匹配，所以第 3 组的结果就是 00001111，再加上前 16 位的结果，所以最终的结果为 172.16.0.0　　0.0.15.255。

### 2．基本 ACL 配置实例

基本 ACL 实验拓扑结构如图 15-9 所示。

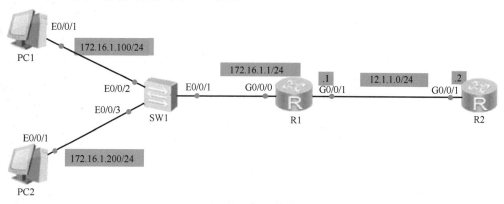

图 15-9　基本 ACL 实验拓扑结构

实验环境说明：在图 15-9 中，路由器 R1 模拟企业网边界路由器，路由器 R2 模拟 Internet，企业网（内网）由 SW1、PC1 和 PC2 三台设备组成，要求 PC1 不能够访问路由器 R2，PC2 可以访问路由器 R2。

配置基本 ACL 实验步骤如下。

（1）完成基本的配置

① 配置 R1：

```
[R1]interface   GigabitEthernet 0/0/0
[R1-GigabitEthernet0/0/0]ip address 172.16.1.1 24
[R1]interface GigabitEthernet 0/0/1
[R1-GigabitEthernet0/0/1]ip address 12.1.1.1 24
```

② 配置 R2：

```
[R2]interface GigabitEthernet 0/0/1
[R2-GigabitEthernet0/0/1]ip address 12.1.1.2 24
```

③ 配置 PC1：
PC1 基本配置如图 15-10 所示。
④ 配置 PC2：
PC2 基本配置如图 15-11 所示。

图 15-10　PC1 基本配置

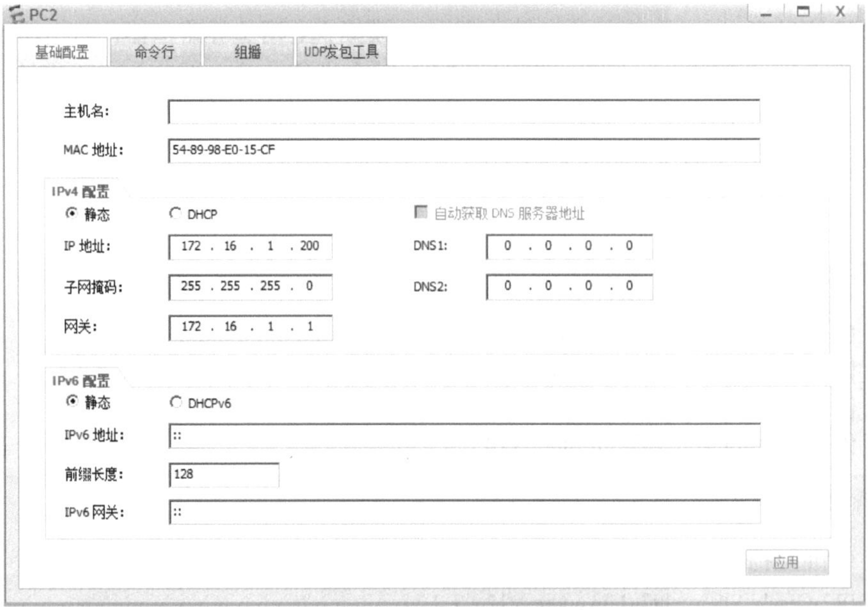

图 15-11　PC2 基本配置

（2）测试网络的连通性

① PC1 和 PC2 与网关路由器 R1 的直连路由测试如图 15-12 所示。

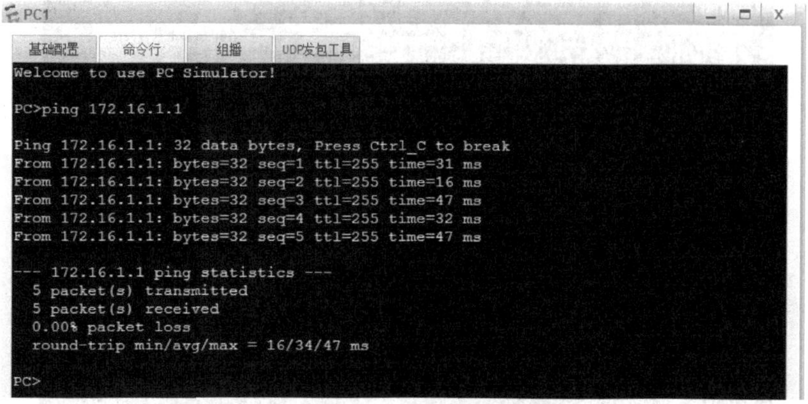

(a)

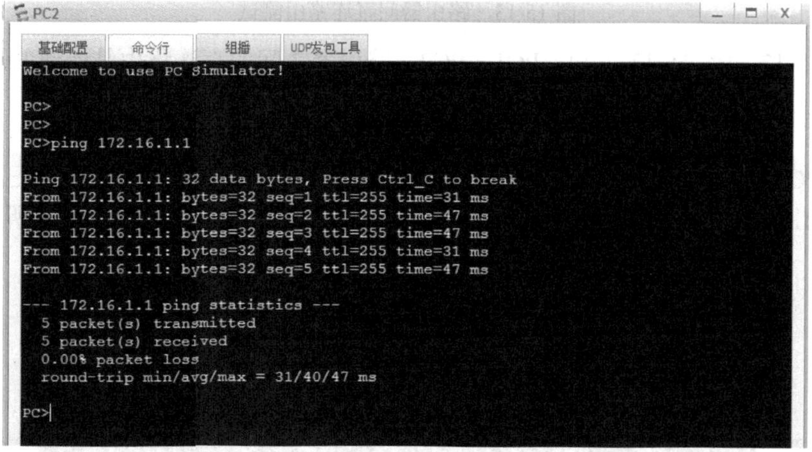

(b)

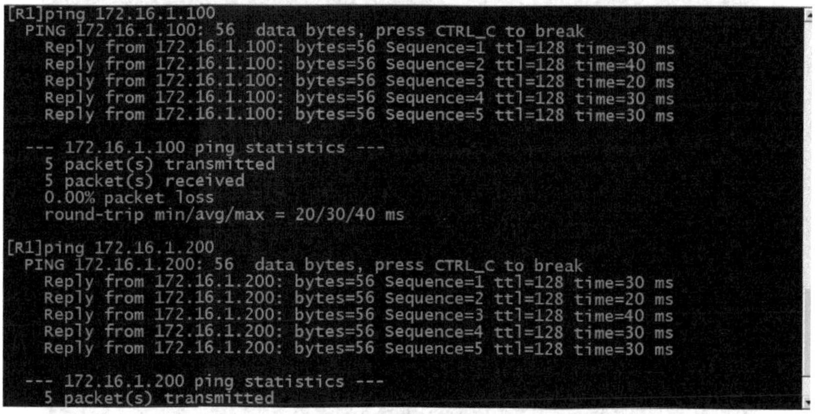

(c)

图 15-12　PC1 和 PC2 与网关路由器 R1 的直连路由测试

② 路由器间直连路由测试如图 15-13 所示。

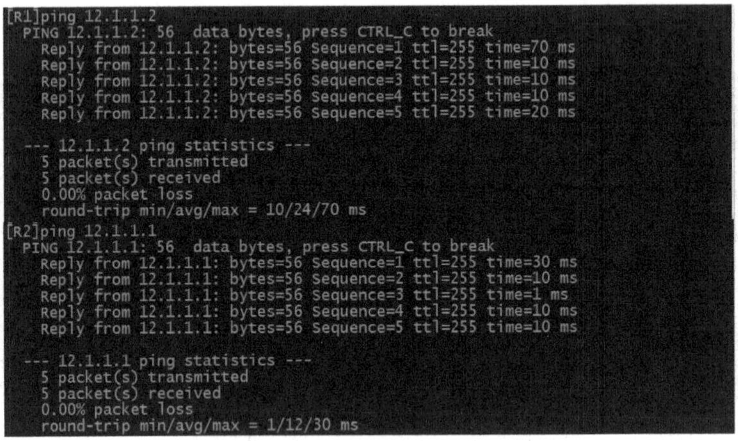

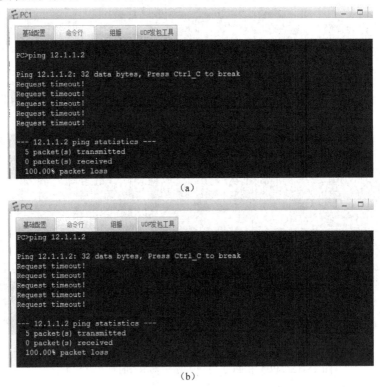

图 15-13　路由器间直连路由测试

由图 15-12 和图 15-13 可知，PC1、PC2、路由器之间的直连路由是连通的。

（3）配置路由

测试 PC1 和 PC2 能否访问路由器，只有保证 PC1 和 PC2 与路由器可以正常通信，才能通过 ACL 实现相关控制。测试结果表明，远端网络测试失败，如图 15-14 所示。

（a）

（b）

图 15-14　远端网络测试失败

　　由图 15-14 可以发现：PC1 和 PC2 与路由器不能进行正常通信。这是什么原因呢？原来只有去的路由，没有回来的路由，需要在路由器 R2 上配置回程路由。

　　　　[R2]ip route-static 172.16.1.0 24 12.1.1.1　　　　//去往 172.16.1.0 的路由

　　通过设置静态路由可实现正常通信。在路由器 R2 上配置回程路由后，如图 15-15 所示，验证静态路由配置结果。

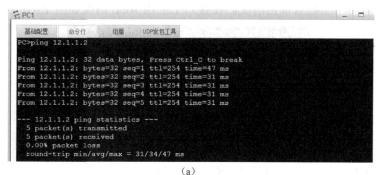

图 15-15　验证静态路由配置结果

　　再次测试 PC1 和 PC2 可否访问 R2 路由器，如图 15-16 所示，网络测试成功。

　　由图 15-16 可以知，PC1 和 PC2 都能访问路由器 R2 了，接下来，要实现 PC1 不能访问路由器 R2，PC2 能访问路由器 R2，这是本实验的核心——配置基本 ACL。

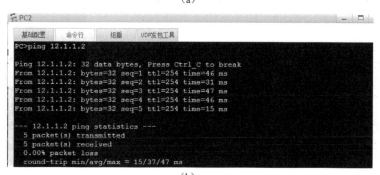

图 15-16　网络测试成功

（4）配置基本 ACL

① 在路由器 R1 上配置基本 ACL。

```
[R1]acl 2000
[R1-acl-basic-2000]rule deny source 172.16.1.100 0      //不允许 PC1 访问
[R1-acl-basic-2000]rule permit source 172.16.1.200 0    //允许 PC2 访问
[R1-acl-basic-2000]rule permit                          //放行其他流量，默认是拒绝所有流量
```

② 通过 display this 命令查看 ACL 配置结果，如图 15-17 所示。

```
acl number 2000
 rule 5 deny source 172.16.1.100 0
 rule 10 permit source 172.16.1.200 0
 rule 15 permit
```

图 15-17　查看 ACL 配置结果

由图 15-17 可以看到，默认 rule-id 分别为 5、10、15。

③ 在路由器 R1 上调用 ACL。

```
[R1]interface GigabitEthernet 0/0/1
[R1-GigabitEthernet0/0/1]traffic-filter outbound acl 2000
```

④ 在路由器 R1 上检查调用情况。在接口上应用 ACL 情况如图 15-18 所示。

```
[R1-GigabitEthernet0/0/1]display this
[V200R003C00]
#
interface GigabitEthernet0/0/1
 ip address 12.1.1.1 255.255.255.0
 traffic-filter outbound acl 2000
#
```

图 15-18　在接口上应用 ACL 情况

（5）测试 PC1 和 PC2 能否访问路由器 R2

① 如图 15-19 所示，测试 PC1 和 PC2 能否访问路由器 R2。

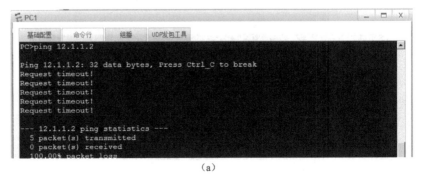

（a）

图 15-19　测试 PC1 和 PC2 能否访问路由器 R2

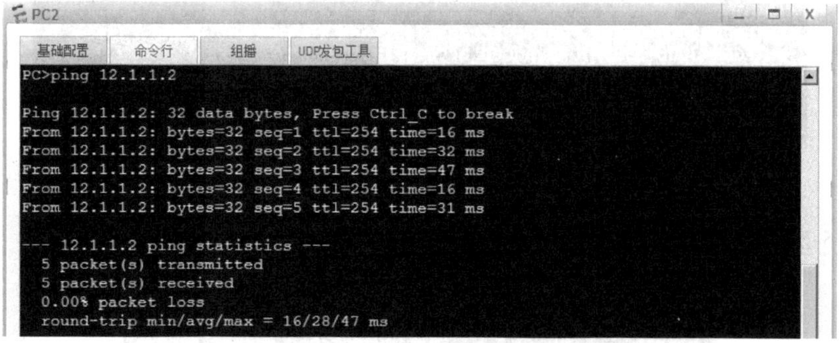

(b)

图 15-19 测试 PC1 和 PC2 能否访问路由器 R2（续）

由图 15-19 可知，PC1 不能访问路由器 R2，PC2 能访问路由器 R2。

② 如图 15-20 所示，检查 ACL 的匹配情况。

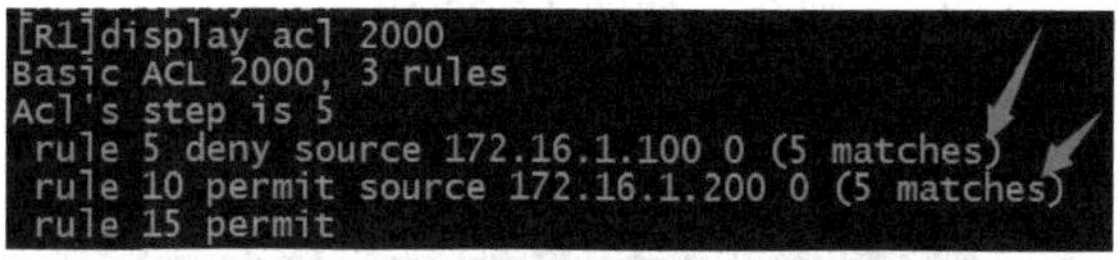

图 15-20 检查 ACL 的匹配情况

由图 15-20 可各，有匹配的数字，说明配置的基本 ACL 生效了，一个基本的 ACL 配置实验完成。

让我们总结一下基本 ACL 的配置思路：首先按需求写出规则，然后调用规则在接口上过滤流量。更加高级且详细的 ACL 配置，可以参考后续介绍的高级 ACL 配置部分。

## 15.1.3 高级 ACL 及其配置实例

### 1. 高级 ACL 的基本原理

高级 ACL 可以根据源 IP 地址、目标 IP 地址，以及协议或端口来控制路由器允许或拒绝数据包通过。高级 ACL 比基本 ACL 更加详细且精度更高。举个例子，企业有财务部，是不是每个部门都能访问财务部呢？肯定不能。比如市场部可以访问财务部，但能不能访问财务部任意一台主机和服务器呢？答案也是肯定不能，我们只能允许市场部的人访问财务部的某一台 FTP 服务器。这时如果使用基本 ACL，只能过滤来源于哪个地方，而不能过滤去往哪个特定目标的服务器。再说得明白点就是，基本 ACL 只能根据源 IP 地址过滤数据包，而高级 ACL 可根据源 IP 地址和目的 IP 地址来过滤数据包。

### 2. 高级 ACL 的语法解释

创建高级 ACL，其编号范围为 3000～3999，如图 15-21 所示。

```
[R1]acl ?
  INTEGER<2000-2999>  Basic access-list(add to current using rules)
  INTEGER<3000-3999>  Advanced access-list(add to current using rules)
  INTEGER<4000-4999>  Specify a L2 acl group
  ipv6                ACL IPV6
  name                Specify a named ACL
  number              Specify a numbered ACL
```

图 15-21　高级 ACL 及其编号范围

如图 15-22 所示，定义高级 ACL 的规则。

```
[R1-acl-adv-3000]rule ?
  INTEGER<0-4294967294>  ID of ACL rule
  deny                   Specify matched packet deny
  permit                 Specify matched packet permit
[R1-acl-adv-3000]rule
```

图 15-22　定义高级 ACL 的规则

由图 15-22 可知，规则号（rule-id）可以不用定义，这与基本 ACL 是一样的，默认从 5 开始，依次为 5、10、15，等等；可以直接跟动作"Permit"或"Deny"。

动作后面是协议名，ACL 规则命令如图 15-23 所示。

```
[R1-acl-adv-3000]rule permit ?
  <1-255>  Protocol number
  gre      GRE tunneling(47)
  icmp     Internet Control Message Protocol(1)
  igmp     Internet Group Management Protocol(2)
  ip       Any IP protocol
  ipinip   IP in IP tunneling(4)
  ospf     OSPF routing protocol(89)
  tcp      Transmission Control Protocol (6)
  udp      User Datagram Protocol (17)
```

图 15-23　ACL 规则命令

由图 15-23 可以看到，都是一些协议名（协议有知名的，如 ICMP、IP、 OSPF，也有不知名的），也可以直接跟协议号，如果是 TCP 或者 UDP，需要给出源端口号和目标端口号。

协议名之后为目标地址、目标通配符、目标端口。高级 ACL 的匹配项如图 15-24 所示。

```
[R1-acl-adv-3000]rule permit tcp destination 2.2.2.2 ?
  IP_ADDR<X.X.X.X>  Wildcard of destination
  0                 Wildcard bits : 0.0.0.0 ( a host )
[R1-acl-adv-3000]rule permit tcp destination 2.2.2.2 0
[R1-acl-adv-3000]rule permit tcp destination 2.2.2.2 0 destination-port ?
  eq     Equal to given port number
  gt     Greater than given port number
  lt     Less than given port number
  range  Between two port numbers
[R1-acl-adv-3000]rule permit tcp destination 2.2.2.2 0 destination-port
[R1-acl-adv-3000]rule permit tcp destination 2.2.2.2 0 destination-port eq ?
  <0-65535>  Port number
  CHARgen    Character generator (19)
  bgp        Border Gateway Protocol (179)
  cmd        Remote commands (rcmd, 514)
  daytime    Daytime (13)
  discard    Discard (9)
  domain     Domain Name Service (53)
  echo       Echo (7)
  exec       Exec (rsh, 512)
  finger     Finger (79)
  ftp        File Transfer Protocol (21)
  ftp-data   FTP data connections (20)
  gopher     Gopher (70)
  hostname   NIC hostname server (101)
```

图 15-24　高级 ACL 的匹配项

注释：eq 即等于，后续参数为端口号，有知名的，也有不知名的，不知名的端口号可以自定义。

目标配置参数之后是源地址、源通配符、源端口。高级 ACL 源端口示例如图 15-25 所示。

```
[R1-acl-adv-3000]rule permit tcp destination 2.2.2.2 0 destination-port eq 23 source ?
  IP_ADDR<X.X.X.X>  Address of source
  any               Any source
[R1-acl-adv-3000]rule permit tcp destination 2.2.2.2 0 destination-port eq 23 source
[R1-acl-adv-3000]rule permit tcp destination 2.2.2.2 0 destination-port eq 23 source 1.1.1.1 0 ?
  dscp                 Specify dscp
  fragment             Check fragment packet
  none-first-fragment  Check the subsequence fragment packet
  precedence           Specify precedence
  source-port          Specify source port
  tcp-flag             Specify tcp flag
  time-range           Specify a special time
  tos                  Specify tos
  vpn-instance         Specify a VPN-Instance
  <cr>                 Please press ENTER to execute command
[R1-acl-adv-3000]rule permit tcp destination 2.2.2.2 0 destination-port eq 23 source 1.1.1.1 0 source-port ?
  eq     Equal to given port number
  gt     Greater than given port number
  lt     Less than given port number
  range  Between two port numbers
[R1-acl-adv-3000]rule permit tcp destination 2.2.2.2 0 destination-port eq 23 source 1.1.1.1 0 source-port
```

图 15-25　高级 ACL 源端口示例

高级 ACL 的语法如下：

rule [ rule-id ] { deny | permit } ip [ destination { destination-address destination-wildcard | any } | source { source-address source-wildcard | any } ]

### 3. 高级 ACL 配置实例

高级 ACL 实验拓扑结构如图 15-26 所示。

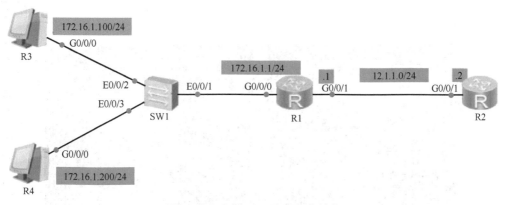

图 15-26　高级 ACL 实验拓扑结构

实验环境分析：在图 15-26 中，路由器 R1 为分公司的边界路由器，路由器 R2 为总公司的路由器，路由器 R3 为分公司的网管一，路由器 R4 为分公司的网管二，每个网管权限是不一样的，网管一可能 Telnet 总部的路由器 R2，而网管二不能 Telnet 总部的路由器 R2，其他的流量都能正常访问。

配置高级 ACL 实验步骤如下。

（1）基本配置

① 配置路由器 R1。

> [R1]interface　GigabitEthernet 0/0/0
> [R1-GigabitEthernet0/0/0]ip address 172.16.1.1 24
> [R1]interface GigabitEthernet 0/0/1
> [R1-GigabitEthernet0/0/1]ip address 12.1.1.1 24

② 配置路由器 R2。

> [R2]interface GigabitEthernet 0/0/1
> [R2-GigabitEthernet0/0/1]ip address 12.1.1.2 24

③ 配置路由器 R3。

> [R3]interface GigabitEthernet 0/0/0
> [R3-GigabitEthernet0/0/0]ip address 172.16.1.100 24

④ 配置路由器 R4。

> [R4]interface GigabitEthernet 0/0/0
> [R4-GigabitEthernet0/0/0]ip address 172.16.1.200 24

（2）测试直连路由

网络直连路由测试结果，如图 15-27 所示。

```
[R1]ping 172.16.1.100
  PING 172.16.1.100: 56  data bytes, press CTRL_C to break
    Reply from 172.16.1.100: bytes=56 Sequence=1 ttl=255 time=30 ms
    Reply from 172.16.1.100: bytes=56 Sequence=2 ttl=255 time=50 ms
    Reply from 172.16.1.100: bytes=56 Sequence=3 ttl=255 time=50 ms
    Reply from 172.16.1.100: bytes=56 Sequence=4 ttl=255 time=30 ms
    Reply from 172.16.1.100: bytes=56 Sequence=5 ttl=255 time=30 ms

  --- 172.16.1.100 ping statistics ---
    5 packet(s) transmitted
    5 packet(s) received
    0.00% packet loss
    round-trip min/avg/max = 30/38/50 ms

[R1]ping 172.16.1.200
  PING 172.16.1.200: 56  data bytes, press CTRL_C to break
    Reply from 172.16.1.200: bytes=56 Sequence=1 ttl=255 time=30 ms
    Reply from 172.16.1.200: bytes=56 Sequence=2 ttl=255 time=20 ms
    Reply from 172.16.1.200: bytes=56 Sequence=3 ttl=255 time=30 ms
    Reply from 172.16.1.200: bytes=56 Sequence=4 ttl=255 time=20 ms
    Reply from 172.16.1.200: bytes=56 Sequence=5 ttl=255 time=30 ms
```

（a）

图 15-27　网络直连路由测试结果

```
--- 172.16.1.200 ping statistics ---
  5 packet(s) transmitted
  5 packet(s) received
  0.00% packet loss
  round-trip min/avg/max = 20/26/30 ms

[R1]ping 12.1.1.2
  PING 12.1.1.2: 56  data bytes, press CTRL_C to break
    Reply from 12.1.1.2: bytes=56 Sequence=1 ttl=255 time=10 ms
    Reply from 12.1.1.2: bytes=56 Sequence=2 ttl=255 time=10 ms
    Reply from 12.1.1.2: bytes=56 Sequence=3 ttl=255 time=10 ms
    Reply from 12.1.1.2: bytes=56 Sequence=4 ttl=255 time=10 ms
    Reply from 12.1.1.2: bytes=56 Sequence=5 ttl=255 time=10 ms

  --- 12.1.1.2 ping statistics ---
  5 packet(s) transmitted
  5 packet(s) received
  0.00% packet loss
  round-trip min/avg/max = 10/10/10 ms
```

（b）

图 15-27　网络直连路由测试结果（续）

（3）配置静态路由

配置静态路由使得全网可以通信。

① 在路由器 R2 上配置静态路由。

[R2]ip route-static 172.16.1.0 255.255.255.0 12.1.1.1

检查配置 R2 静态路由，静态路由配置结果验证如图 15-28 所示。

```
[R2]display  ip routing-table protocol static
Route Flags: R - relay, D - download to fib
------------------------------------------------------------
Public routing table : Static
        Destinations : 1        Routes : 1        Configured Routes : 1

Static routing table status : <Active>
        Destinations : 1        Routes : 1

Destination/Mask    Proto   Pre  Cost      Flags NextHop         Interface

   172.16.1.0/24   Static   60   0          RD   12.1.1.1        GigabitEthernet0/0/1

Static routing table status : <Inactive>
        Destinations : 0        Routes : 0
```

图 15-28　静态路由配置结果验证

② 在路由器 R3 和 R4 上配置静态路由。

[R3]ip route-static 12.1.1.0 255.255.255.0 172.16.1.1
[R4]ip route-static 12.1.1.0 255.255.255.0 172.16.1.1

③ 测试全网连通性。

通过测试可知，路由器 R3 和 R4 能够访问路由器 R2，如图 15-29 所示，全网通信测试正常。

图 15-29　全网通信测试正常

④ 测试 Telnet 功能。

为了开启 Telnet 功能，在路由器 R2 上进行如下配置：

```
[R2]user-interface vty 0 4
[R2-ui-vty0-4]authentication-mode password
Please configure the login password (maximum length 16):huawei
```

分别在路由器 R3 和 R4 上测试 Telnet 功能，结果如图 15-30 所示，该图表明 Telnet 配置正常。

图 15-30　Telnet 配置正常

由图 15-30 可知，路由器 R3 和 R4 可以正常访问路由器 R2。接下来，我们将通过配置高级 ACL，使源路由器 R3 可以远程访问目标路由器 R2，而源路由器 R4 不能远程访问目标路由器标 R2。

（4）按要求配置高级 ACL

① 配置路由器 R2。

```
[R2]acl 3000
[R2-acl-adv-3000]rule permit tcp destination 12.1.1.2 0 destination-port eq   23 source 172.16.1.100 0
[R2-acl-adv-3000]rule deny tcp destination 12.1.1.2 0 destination-port eq   23 source 172.16.1.200 0
[R2-acl-adv-3000]rule permit ip destination any source any
```

② 如图 15-31 和图 15-32 所示，检查配置的高级 ACL。

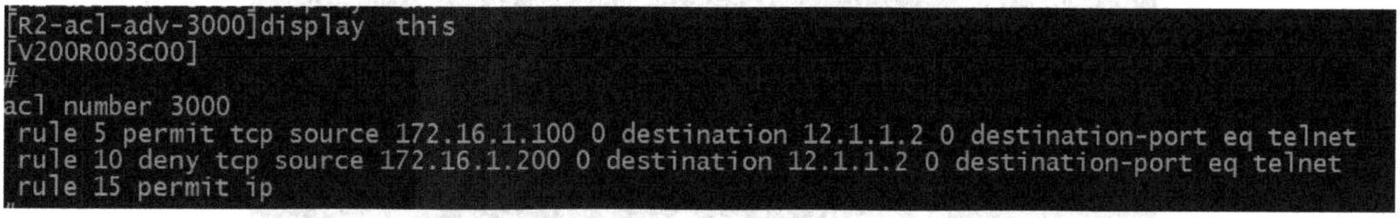

```
[R2-acl-adv-3000]display  this
[V200R003C00]
#
acl number 3000
 rule 5 permit tcp source 172.16.1.100 0 destination 12.1.1.2 0 destination-port eq telnet
 rule 10 deny tcp source 172.16.1.200 0 destination 12.1.1.2 0 destination-port eq telnet
 rule 15 permit ip
```

图 15-31　检查配置的高级 ACL（一）

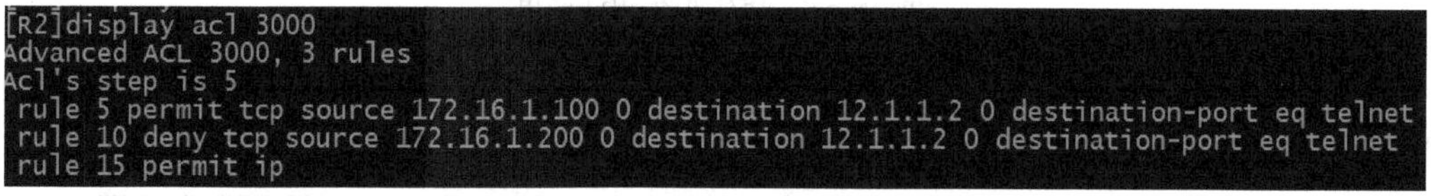

```
[R2]display acl 3000
Advanced ACL 3000, 3 rules
Acl's step is 5
 rule 5 permit tcp source 172.16.1.100 0 destination 12.1.1.2 0 destination-port eq telnet
 rule 10 deny tcp source 172.16.1.200 0 destination 12.1.1.2 0 destination-port eq telnet
 rule 15 permit ip
```

图 15-32　检查配置的高级 ACL（二）

③ 调用 ACL。

```
[R2]interface GigabitEthernet 0/0/1
[R2-GigabitEthernet0/0/1]traffic-filter inbound acl 3000
```

（5）检查测试结果

配置高级 ACL 之后的网络测试结果如图 15-33 所示。

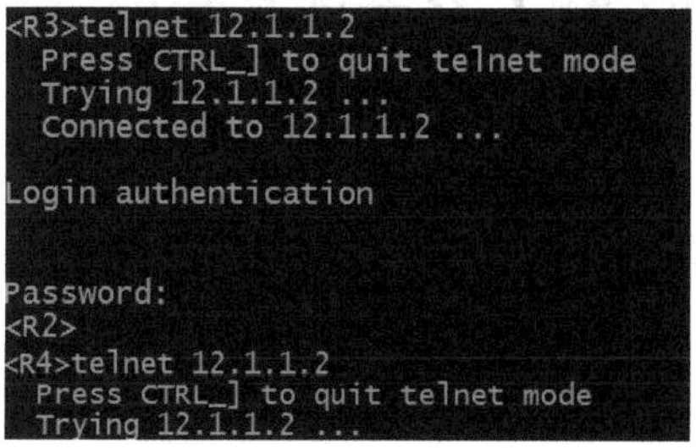

```
<R3>telnet 12.1.1.2
 Press CTRL_] to quit telnet mode
 Trying 12.1.1.2 ...
 Connected to 12.1.1.2 ...

Login authentication

Password:
<R2>
<R4>telnet 12.1.1.2
 Press CTRL_] to quit telnet mode
 Trying 12.1.1.2 ...
```

图 15-33　配置高级 ACL 之后的网络测试结果

由图 15-33 可知，路由器 R3 能够 Telnet 路由器 R2，路由器 R4 不能 Telnet 路由器 R2；

同时，其他业务没有受到影响，其他业务测试结果如图 15-34 所示。

```
<R3>ping 12.1.1.2
  PING 12.1.1.2: 56  data bytes, press CTRL_C to break
    Reply from 12.1.1.2: bytes=56 Sequence=1 ttl=254 time=30 ms
    Reply from 12.1.1.2: bytes=56 Sequence=2 ttl=254 time=10 ms
    Reply from 12.1.1.2: bytes=56 Sequence=3 ttl=254 time=20 ms
    Reply from 12.1.1.2: bytes=56 Sequence=4 ttl=254 time=20 ms
    Reply from 12.1.1.2: bytes=56 Sequence=5 ttl=254 time=20 ms

  --- 12.1.1.2 ping statistics ---
    5 packet(s) transmitted
    5 packet(s) received
    0.00% packet loss
    round-trip min/avg/max = 10/18/30 ms
```
（a）

```
<R4>ping 12.1.1.2
  PING 12.1.1.2: 56  data bytes, press CTRL_C to break
    Reply from 12.1.1.2: bytes=56 Sequence=1 ttl=254 time=20 ms
    Reply from 12.1.1.2: bytes=56 Sequence=2 ttl=254 time=10 ms
    Reply from 12.1.1.2: bytes=56 Sequence=3 ttl=254 time=10 ms
    Reply from 12.1.1.2: bytes=56 Sequence=4 ttl=254 time=20 ms
    Reply from 12.1.1.2: bytes=56 Sequence=5 ttl=254 time=30 ms

  --- 12.1.1.2 ping statistics ---
    5 packet(s) transmitted
    5 packet(s) received
    0.00% packet loss
    round-trip min/avg/max = 10/18/30 ms
```
（b）

图 15-34　其他业务测试结果

由图 15-34 可知，ICMP 的流量正常。最后，让我们查看一下 ACL 匹配情况。ACL 匹配项验证结果如图 15-35 所示。

```
<R2>display acl 3000
Advanced ACL 3000, 3 rules
Acl's step is 5
 rule 5 permit tcp source 172.16.1.100 0 destination 12.1.1.2 0 destination-port eq telnet (46 matches)
 rule 10 deny tcp source 172.16.1.200 0 destination 12.1.1.2 0 destination-port eq telnet (3 matches)
 rule 15 permit ip (10 matches)
```

图 15-35　ACL 匹配项验证结果

由图 15-35 可知，匹配情况正常，这说明 ACL 匹配成功，且应用成功。至此，配置实验完毕。

## 15.1.4　基于时间的 ACL 及其配置实例

### 1. 基于时间的 ACL 工作原理

基于时间的 ACL 就是指有时间规定，在规定的时间执行相应的操作，比如企业上班时间不允许上网聊天，中午休息时间允许上网聊天，以达到高效工作的目的。这就可以通过基于时间的 ACL 来控制，实现起来也比较容易。

### 2. 基于时间的 ACL 的语法

基于时间的 ACL 如图 15-36 所示，Time-rang 后的 name 可以取任意的名字。

```
[R2]time-range ?
   STRING<1-32>   Time-range name ( 32 letters max,start with [a-z,A-Z],except the
                  string "all" )
```

图 15-36　基于时间的 ACL

如图 15-37 所示，定义基于时间的 ACL 的范围，配置参数为开始时间和结束时间。

```
[R2]time-range kongzhi ?
   <hh:mm>   Starting time
   from      The beginning point of the time range
[R2]time-range kongzhi 11:11 to ?
   <hh:mm>   Ending Time
[R2]time-range kongzhi 11:11 to 22:22 ?
```

图 15-37　定义基于时间的 ACL 的范围

配置具体日期，比如，每天，或者周六、周日，或者周一到周五。基于时间的 ACL 的配置效果如图 15-38 所示。

```
[R2]time-range kongzhi 11:11 to 22:22 ?
   <0-6>         Day of the week(0 is Sunday)
   Fri           Friday
   Mon           Monday
   Sat           Saturday
   Sun           Sunday
   Thu           Thursday
   Tue           Tuesday
   Wed           wednesday
   daily         Every day of the week
   off-day       Saturday and Sunday
   working-day   Monday to Friday
```

图 15-38　基于时间的 ACL 的配置效果

由图 15-38 可知，可控参数较多，可以根据自己的实际情况进行控制。通常，可以定义在周一到周五工作期间不能上网聊天，周六、周日可以，等等。

### 3．基于时间的 ACL 配置实例

基于时间的 ACL 实验拓扑结构如图 15-39 所示。我们继续完成基于时间的 ACL 实验，规定路由器 R3 每天在工作时间可以远程访问路由器 R2，非工作时间不允许远程访问路由器 R2。

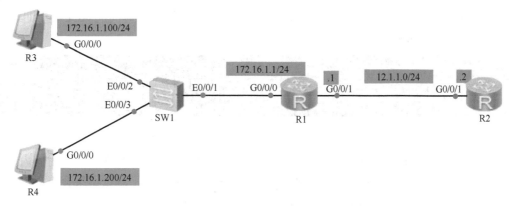

图 15-39　基于时间的 ACL 实验拓扑结构

配置基于时间的 ACL 实步骤如下。前面已经介绍过的配置不再赘述，直接开始配置基于时间的 ACL。

（1）配置基于时间的 ACL

① 在路由器 R2 上配置基于时间的 ACL：

[R2]time-range kongzhi 08:00 to 17:00 working-day　　//取名为控制

② 调用基于时间的 ACL：

[R2-acl-adv-3000]rule 5 permit tcp source 172.16.1.100 0 destination 12.1.1.2 0 destination-port eq
telnet time-range kongzhi

（2）测试

在路由器 R2 上查看时间，如图 15-40 所示，验证 VRP 系统的时间。

```
[R2]display clock
2016-03-31 22:04:35
Thursday
Time Zone(China-Standard-Time) : UTC-08:00
```

图 15-40　验证 VRP 系统的时间

由图 15-40 可知，在访问时间内，发起 Telnet 会话，如图 15-41 所示，完成有效时间内的网络测试。

```
<R3>telnet 12.1.1.2
 Press CTRL_] to quit telnet mode
 Trying 12.1.1.2 ...
 Connected to 12.1.1.2 ...

Login authentication

Password:
```

图 15-41　有效时间内的网络测试

由图 15-41 中可知，Telnet 配置成功。最后，我们来查看基于时间的 ACL 是否匹配，如图 15-42 所示，进行生效验证。

```
<R2>display acl 3000
Advanced ACL 3000, 3 rules
Acl's step is 5
 rule 5 permit tcp source 172.16.1.100 0 destination 12.1.1.2 0 destination-port eq telnet time-range kongzhi (Active) (7
matches)
 rule 10 deny tcp source 172.16.1.200 0 destination 12.1.1.2 0 destination-port eq telnet
 rule 15 permit ip
```

图 15-42　生效验证

由图 15-42 可知，有的字段为 Active，并且有匹配项，这说明是在正确的时间内进行访问的。读者可以测试一下，不在规则的时间内进行访问的结果，测试结果会告诉你，基于时间的 ACL 可以有效控制网络访问。

### 4. 小结

① 访问控制列表（ACL）实际上是对数据包进行分类，在控制网络流量方面非常有用。ACL 的工作原理也比较好理解，主要有两个要点：一个是对报文进行匹配；另一个是对匹配的报文按动作进行处理，主要动作有 Permit（允许）和 Deny（拒绝）。

② ACL 报文规则的匹配原则：当报文到达设备时，按照 rule-id 的大小开始匹配，从小往大进行匹配，如果该报文与 ACL 报文规则匹配，就停止往下查找 rule-id；如果没有符合条件的 rule-id，就继续往下执行，直到执行到最后一条 rule-id。

③ ACL 根据不同的划分方法可以有不同的分类，按照功能来分类，可以分为基本 ACL、高级 ACL、基于接口的 ACL、二层 ACL、自定义 ACL、基于 MPLS 的 ACL、基本 ACL6、高级 ACL6。其中，应用较为广泛的是基本 ACL 和高级 ACL。

④ 基本 ACL 通过 IP 数据包中的源 IP 地址、分片标记和时间段信息对 IPv4 报文进行分类，从而达到过滤网络流量的目的。通常使用 acl-number2000～2999 命令来创建基本 ACL。

⑤ 高级 ACL 可以根据源 IP 地址、目标 IP 地址，以及协议或端口来控制路由器是允许还是拒绝数据包通过。高级 ACL 比基本 ACL 更加详细且精度更高。

⑥ 基于时间的 ACL 有时间规定，在规定的时间内执行相应的操作，可以更加有效地控制网络访问。

## 15.2　AAA

AAA 是 Authentication（认证）、Authorization（授权）和 Accounting（计费）的简称，是网络安全的一种管理机制，提供了认证、授权、计费 3 种安全功能。用户可以只使用 AAA 提供的一种或两种安全服务。例如，公司只想让员工在访问某些特定资源时进行身份认证，那么网络管理员只要配置认证服务器即可。但是，如果希望对员工使用网络的情况进行记录，那么还需要配置计费服务器。

### 15.2.1　AAA 基本概念

AAA 是一种管理框架，它提供了授权部分用户去访问特定资源，同时可以记录这些用户操作行为的一种安全机制，因其具有良好的可扩展性，并且容易实现用户信息的集中管理而被广泛使用。AAA 可以通过多种协议来实现，目前设备支持基于 RADIUS（Remote Authentication Dial-in User Service，远程身份认证拨号用户服务）协议或 HWTACACS（HuaWei Terminal Access Controller Access Control System，华为终端访问控制器访问控制系统）协议来实现 AAA，在实际应用中，最常使用的协议是 RADIUS 协议。

### 1. AAA 基本原理

AAA 结构示意图如图 15-43 所示。

Access User　　　　　AAA Client　　　　　AAA Server

图 15-43　AAA 结构示意图

AAA 通常采用"CS"结构，当用户需要通过 AAA Client 访问网络时，需要先获得访问网络的权限，AAA Client 起到认证用户的作用，并且 AAA Client 负责把用户的认证、授权、计费信息发送给 AAA Server。这种结构既具有良好的可扩展性，又便于集中管理用户信息。

### 2. 什么时候使用 AAA 服务器

当用户人数过多或人员变动频繁，需要使用 NAS（Network Access Server，网络接入服务器）（为用户提供网络服务的设备就是 NAS，可以是 Router、FW 等）时，需要使用 AAA 服务器，其作用就是将用户名和密码集中到一个地方集中管理。

## 15.2.2　AAA 认证与授权

### 1. AAA 认证

认证：验证用户是否可以获得网络访问权。认证的方式有如下 3 种。

① 不认证：对用户非常信任，不对其进行合法性检查。一般情况下不采用这种方式。

② 本地认证：将用户信息配置在网络接入服务器（NAS）上。本地认证的优点是速度快，可以降低运营成本；缺点是存储信息量受设备硬件条件限制。

③ 远端认证：将用户信息配置在认证服务器上，通过 RADIUS 协议或 HWTACACS 协议进行远端认证。

当用户登录认证服务器时需要提供个人信息，个人信息匹配则提供服务，否则不提供服务。主要的目的就是告诉目标服务器我是谁，怎样才更安全。

认证方法主要有：

- 用户名密码对或者密码；
- 数字证书；
- 生物指纹信息。

采用的认证元素越多，认证功能就越强，以此来保证网络的安全性和合法性。

### 2. AAA 授权

授权：授权用户可以使用哪些服务，包括授权用户可以使用的命令，授权用户可以访问的资源, 授权用户可以获得的信息。

授权就是在用户都有效的情况下, 区分特权用户和普通用户。AAA 支持以下 4 种授权方式。

① 不授权: 不对用户进行授权处理。

② 本地授权: 根据网络接入服务器为本地用户账号配置的相关属性进行授权。

如果需要对用户进行认证或授权, 但是在网络中没有部署 RADIUS 服务器和 HWTACACS 服务器, 用户信息 (包括本地用户的用户名、密码和各种属性) 都配置在本地设备上, 那么可以采用本地方式进行认证和授权。本地方式进行认证和授权的优点是速度快, 可以降低运营成本; 缺点是存储信息量受设备硬件条件限制。

③ HWTACACS 授权: 由 HWTACACS 服务器对用户进行授权。HWTCACS 认证成功后开放所有权限 (免 HWTCACS 授权)。

④ If-authenticated 授权: 适用于用户必须认证且认证过程与授权过程可分离的场景, 即只有本地认证和 HWTACACS 认证支持该授权方式, RADIUS 认证不支持该授权方式。

通常使用本地方式对管理员进行认证和授权, 同时设备根据本地用户信息对接入用户进行认证和授权。接下来我们的实验重点是配置本地授权方式进行认证和授权。

## 15.2.3　AAA 基本配置实例

AAA 基本配置实验拓扑结构如图 15-44 所示。

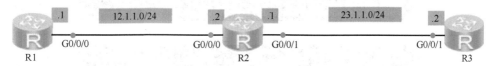

图 15-44　AAA 基本配置实验拓扑结构

实验要求: 在路由器 R1 上 Telnet 路由器 R3, 使用 AAA 本地认证方式。

配置 AAA 基本步骤如下。

(1) 完成基本配置

① 配置路由器 R1:

```
[R1]interface GigabitEthernet 0/0/0
[R1-GigabitEthernet0/0/0]ip address 12.1.1.1 24
```

② 配置路由器 R2:

```
[R2]interface GigabitEthernet 0/0/0
[R2-GigabitEthernet0/0/0]ip address 12.1.1.2 24
[R2]interface GigabitEthernet 0/0/1
```

[R2-GigabitEthernet0/0/1]ip address 23.1.1.1 255.255.255.0

③ 配置路由器 R3：

[R3]interface GigabitEthernet 0/0/1
[R3-GigabitEthernet0/0/1]ip address 23.1.1.2 24

（2）完成直连网络测试

如图 15-45 所示，完成直连网络测。

（a）

（b）

图 15-45　完成直连网络测

（3）配置路由使全网互通

① 在路由器 R1、R2 和 R3 上运行 OSPF，区域为 Area 0。

```
[R1]ospf
[R1-ospf-1]area 0
[R1-ospf-1-area-0.0.0.0]network 12.1.1.1    0.0.0.0
[R2]ospf
[R2-ospf-1]area 0
[R2-ospf-1-area-0.0.0.0]network 12.1.1.2    0.0.0.0
[R2-ospf-1-area-0.0.0.0]network 23.1.1.1    0.0.0.0
[R3]ospf
[R3-ospf-1]area 0
[R3-ospf-1-area-0.0.0.0]network 23.1.1.2 0.0.0.0
```

② 在路由器 R1 上访问路由器 R3，测试全网的连通性，全网配置测试结果如图 15-46 所示。

```
[R1]ping 23.1.1.2
  PING 23.1.1.2: 56  data bytes, press CTRL_C to break
    Reply from 23.1.1.2: bytes=56 Sequence=1 ttl=254 time=20 ms
    Reply from 23.1.1.2: bytes=56 Sequence=2 ttl=254 time=20 ms
    Reply from 23.1.1.2: bytes=56 Sequence=3 ttl=254 time=20 ms
    Reply from 23.1.1.2: bytes=56 Sequence=4 ttl=254 time=30 ms
    Reply from 23.1.1.2: bytes=56 Sequence=5 ttl=254 time=20 ms

  --- 23.1.1.2 ping statistics ---
    5 packet(s) transmitted
    5 packet(s) received
    0.00% packet loss
    round-trip min/avg/max = 20/22/30 ms
```

图 15-46　全网配置测试结果

（4）配置 AAA 认证

① 在路由器 R3 上定义认证和授权方案和方式。

```
R3:
[R3]aaa   //AAA 方式。采用默认认证方式和授权方式
[R3-aaa]authentication-scheme default   //这是华为默认认证方案，不能删除，只能修改
[R3-aaa-authen-default]authentication-mode local   //默认认证方式为本地认证
[R3-aaa-authen-default]quit
[R3-aaa]authorization-scheme default   //这是华为默认授权方案，不能删除，只能修改
[R3-aaa-author-default]authorization-mode local   //华为默认授权方式是本地授权
```

② 通过 display this 命令查看认证和授权方案和方式，AAA 配置验证结果如图 15-47 所示。

```
aaa
 authentication-scheme default
 authorization-scheme default
 accounting-scheme default
 domain default
 domain default_admin
 local-user admin password cipher %$%$K8m.Nt84DZ}e#<0`8bmE3Uw}%$%$
 local-user admin service-type http
#
return
```

图 15-47　AAA 配置验证结果

由图 15-47 可知，认证和授权方式为默认本地认证和授权。当然可以进行修改，可以将认证方式修改为 RADIUS 和 HWTACACS 方式；可将授权方式修改为 If-authenticated 和 HWTACACS 方式。

③ 在路由器 R3 上配置本地用户及登录方式。

```
[R3-aaa]local-user huawei password cipher Huawei     //用户名为 huawei，密码为 huawei
[R3-aaa]local-user huawei service-type telnet   //为该用户提供 Telnet 服务
[R3-aaa]local-user huawei privilege level 15   //定义用户名为 huawei 的用户权限为 15 级（级别为0～15 级，级别越高，权限越大）
```

④ 路由器 R3 在 VTY 线路上调用 AAA 认证。

```
[R3]user-interface vty 0 4
[R3-ui-vty0-4]authentication-mode aaa   //认证方式为 AAA，调用本地认证
```

（5）完成测试

① 在路由器 R1 上 Telnet 路由器 R3，测试结果如图 15-48 所示，从该图可知，网络管理协议测试成功。

```
<R1>
<R1>telnet 23.1.1.2
  Press CTRL_] to quit telnet mode
  Trying 23.1.1.2 ...
  Connected to 23.1.1.2 ...

Login authentication


Username:huawei
Password:
  ----------------------------------------------------------------------------
  User last login information:
  ----------------------------------------------------------------------------
  Access Type: Telnet
  IP-Address : 12.1.1.1
  Time       : 2016-04-01 13:48:15-08:00
  ----------------------------------------------------------------------------
<R3>
```

图 15-48　网络管理协议测试成功

② 在路由器 R3 上检查登录方式，如图 15-49 所示。

```
<R3>display users
  User-Intf   Delay      Type    Network Address     AuthenStatus      AuthorcmdFlag
+ 0   CON 0   00:00:00                                    pass                          Username : Unspecified
  129 VTY 0   00:01:26   TEL     12.1.1.1                 pass                          Username : huawei
```

图 15-49　在路由器 R3 上检查登录方式

③ 在路由器 R3 上使用 display users 命令，查看采用 AAA 认证方式的用户登录结果，如图 15-50 所示。

```
<R3>display users
  User-Intf   Delay      Type    Network Address     AuthenStatus      AuthorcmdFlag
  0   CON 0   00:00:53                                    pass                          Username : Unspecified
+ 129 VTY 0   00:00:00   TEL     12.1.1.1                 pass                          Username : huawei
```

图 15-50　查看采用 AAA 认证方式的用户登录结果

在图 15-50 中，VTY 前面的"+"号表明采用远程登录方式；而在图 15-49 中，CON 前面的"+"号表明采用 Console 端口直接登录方式。

总结：本实验成功验证用了 AAA 本地认证方式，表明该方式可使得网管更加有效地管理设备、控制安全登录并赋予用户不同的权限。

## 15.2.4　小结

① AAA 是 Authentication（认证）、Authorization（授权）和 Accounting（计费）的简称，是网络安全的一种管理机制，提供了认证、授权、计费 3 种安全功能。

② AAA 可以通过多种协议来实现，目前设备支持基于 RADIUS 协议或 HWTACACS 协议实现 AAA，在实际应用中，常使用 RADIUS 协议。

③ 认证：验证用户是否可以获得网络访问权。认证的方式有不认证、本地认证、远端认证 3 种。

④ 认证方法主要有用户名密码对或者密码、数字证书、生物指纹信息 3 种。采用的认证元素越多，认证功能就越强，以此来保证网络的安全性和合法性。

⑤ 授权：授权用户可以使用哪些服务，包括授权用户可以使用的命令、授权用户可以访问的资源和授权用户可以获得的信息。

⑥ AAA 支持的授权方式有不授权、本地授权、HWTACACS 授权、If-authenticated 授权 4 种。

# 15.3　练习题

### 1. 实验题

实验 1 拓扑结构如图 15-51 所示。

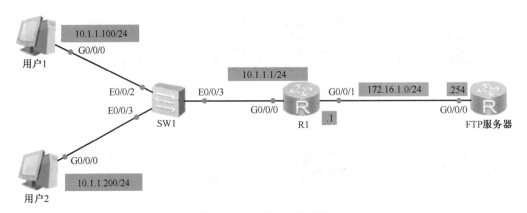

图 15-51　实验 1 拓扑结构

实验说明：用 3 台路由器分别模拟用户 1、用户 2 和 FTP 服务器。

实验需求：完成 IP 地址配置，用户 1 和用户 2 的网关为 10.1.1.1，运行的路由协议为 OSPF，区域为 Area 0；FTP 服务器启用 AAA 本地认证；用户名和密码分别为 HUAWEI 和 Huawei，用户 1 和用户 2 能够成功完成认证并访问 FTP 服务器。

问题：

① 简述基本 ACL 的优缺点。

② 简述基于时间的 ACL 的作用。

**2．思考题**

① 简述认证的方式有哪些，各自的优缺点是什么。

② 简述授权的方式有哪些，各自的优缺点是什么。

**3．操作题**

实验 2 拓扑结构如图 15-52 所示。

图 15-52　实验 2 拓扑结构

实验要求：使用高级 ACL 使路由器 R3 的 Loopback0 能访问路由器 R2 的 Loopback0 （FTP 服务器），R3 的 Loopback1 不能访问 R2 的 Loopback0（FTP 服务器）。

# 第 16 章　IPv6 和基础路由

随着 Internet 规模的扩大，IPv4 地址空间已经消耗殆尽。针对 IPv4 的地址短缺问题，曾先后出现过 CIDR 和 NAT 等临时性解决方案，但是 CIDR 和 NAT 都有各自的弊端，并不能作为 IPv4 地址短缺问题的彻底解决方案。另外，安全性、QoS（服务质量）、简便配置等要求也表明需要一个新的协议来根本解决目前 IPv4 面临的问题。

IETF 在 20 世纪 90 年代提出了下一代互联网协议 IPv6，IPv6 支持几乎无限的地址空间。IPv6 使用了全新的地址配置方式，使得配置更加简单。IPv6 还采用了全新的报文格式，提高了报文处理的效率和安全性，也能更好地支持 QoS。

虽然 IPv6 具备相当大的优势，但是从 IPv4 到 IPv6 的过渡是另外一个问题，看上去互联网界并没有那么急切地切换到 IPv6，这也是可以理解的，因为 IPv4 世界还有很多值得挖掘的资源（浪费的地址块重新利用等）。我国在 2017 年前后部署了大规模的商用 IPv6 网络，为 IPv6 的发展做出了巨大贡献。

或许 IPv6 在几年以前还被认为是不可能实现的技术，但是随着网络技术日新月异的发展，随着 Google、亚马逊实施 IPv6，随着"互联万物"理念的提出，IPv6 已经出现在我们的视线中。

笔者经常光顾的一个网站是 http://www.cidr-report.org/v6/as2.0/#Gains。从这里可以得到最新的互联网 IPv6 路由前缀数目，如图 16-1 所示为笔者在撰写本书时的最新数据，一个对比是，本书的上一版出版时的数据为 2 万条路由前缀，而 2021 年已经达到了 12 万条路由前缀。

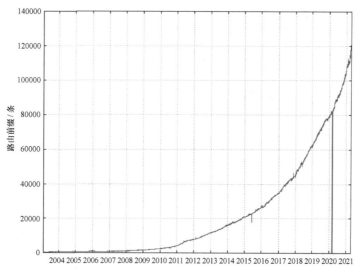

图 16-1　互联网上最新的 IPv6 路由前缀数目

IPv6 带给我们最大的好处就是"更多的 IP 地址",当然这里的 IP 不是 IPv4,而是 IPv6。让我们先从 IPv6 的表达方式说起,这可能也是人们不太主动将 IPv4 变为 IPv6 的原因之一,读者会发现 IPv6 的表达方式不再是我们熟悉的点分十进制方式了。

# 16.1 IPv6 基础

## 16.1.1 IPv6 地址格式

IPv6 地址的表示方式:总长度为 128 位,通常分为 8 组,每组由 4 个十六进制数组成,每组间用冒号分隔,举例说明如下。

> fe80:0210:1100:0006:0030:a4ff:000c:0097

别着急,让我们对 IPv6 地址进行压缩和简化处理。每组 16 位分段中的开头的零都可以压缩,那么自然可以修改为

> fe80:210:1100:6:30:a4ff:c:97

如果觉得还是太难记忆,也没有办法,只能接受了。对这个例子而言,这已经是极限的合法的且不能再短的书写方式了。

一个或多个临近的 16 位分段中所有的零都可以用双冒号::表示,但要记住它只能使用一次,因为一旦使用多次之后,就无法确定代表 0 的数目了。比如:

> ff02:0000:0000:0000:0000:0000:0000:0001→ff02::1

IPv6 地址由两部分组成:前缀部分+接口 ID 部分(对应 IPv4 为网络部分+主机部分)。

## 16.1.2 IPv6 地址分类

IPv6 地址分类显得更加简单明了,不再分为 A 类、B 类、C 类、D 类和 E 类地址 5 种类型。IPv6 地址分为单播(Unicast)地址、组播(Muticast)地址、任意播(Anycast)地址,不再有广播(Broadcast)地址。其实任意播也仅仅是一种服务而已,那么更简单地讲,IPv6 地址就只有单播地址和组播地址。图 16-2 展示了 IPv6 地址的分类。

### 1. IPv6 单播地址

IPv6 单播地址可以分为以下 3 种类型。

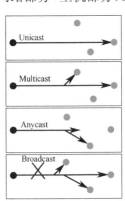

图 16-2　IPv6 地址的分类

① 链路-本地（Link-Local）地址；
● 用在单一链路上，地址前缀为 FE80::/10。
● 具有链路-本地源地址或目的地址的数据包不转发到其他链路。
② 唯一本地地址。
● 仅用于同一站点的地址，完成网络内的私有连接；
● 具有站点-本地源地址或目的地址的数据包不转发到其他站点；
● 应用与 RFC 1918 类似。
③ 全局（Global Unicast）单播地址。
● 全局唯一地址；
● 具有全球地址的数据包可被转发到全球网络的任意位置。

　　两种典型的 IPv6 单播地址结构如图 16-3 所示，该图展示了全局单播地址结构和链路-本地地址，站点-本地地址不在本书的讨论范围之内。

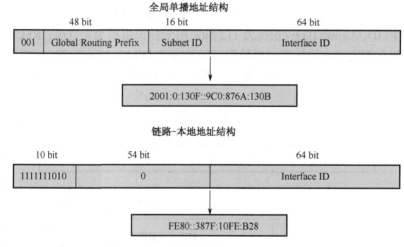

图 16-3　两种典型的 IPv6 单播地址结构

　　IPv6 地址分类如表 16-1 所示，该表给出了具体的 IPv6 地址类型，请读者重点掌握全局单播地址和链路-本地地址，因为这是读者日后学习中最经常用到的 IPv6 地址。

表 16-1　IPv6 地址分类

| 地 址 类 型 | 二进制前缀 | IPv6 标识 |
|---|---|---|
| 未指定（Unspecified）地址 | 00…0　（128 bit） | ::/128 |
| 环回地址 | 00…1　（128 bit） | ::1/128 |
| 组播地址 | 11111111 | FF00::/8～FFFF::/8 |
| 链路-本地地址 | 1111111010 | FE80::/10～FEBF::/10 |
| 唯一本地地址 | 1111110 | FC00::/7 |
| 全局单播地址 | 001 | 2000::/3～3FFF::/3 |

注释：在 2004 年的 RFC 4193 中，人们对站点-本地址提出了反对意见，将其替换为唯一本地地址。

### 2．IPv6 组播地址

IPv6 组播地址与 IPv4 组播地址相同，用来标识一组接口，一般这些接口属于不同的节点。一个节点可能属于 0 到多个组播组。目的地址为组播地址的报文会被该组播地址标识的所有接口接收。

一个 IPv6 组播地址由前缀、标志（Flag）字段、范围（Scope）字段以及组播组 ID（Group ID）4 部分组成。

① 前缀：IPv6 组播地址的前缀是 FF00::/8（11111111）。

② 标志字段（Flag）：长度为 4 bit，目前只使用了最后 1 bit（前 3 bit 必须置 0）。当该位值为 0 时，表示当前的组播地址是由 IANA 所分配的一个永久分配地址；当该值为 1 时，表示当前的组播地址是一个临时组播地址（非永久分配地址）。

③ 范围字段（Scope）：长度为 4 bit，用来限制组播数据流在网络中的发送范围。

④ 组播组 ID（Group ID）：长度为 112 bit，用于标识组播组。目前，RFC 2373 并没有将所有的 112 bit 都定义为组标识，而是建议仅使用该 112 bit 的最低 32 bit 作为组播组 ID，将剩余的 80 bit 都置 0，这样，每个组播组 ID 都可以映射到一个唯一的以太网组播 MAC 地址（RFC 2464）。

图 16-4 给出了 IPv6 组播地址结构和更新范围。

| 8 bit | 4 bit | 4 bit | 112 bit |
|---|---|---|---|
| 11111111 | Flag | Scope | Group ID |

| 地址范围 | 描述 |
|---|---|
| FF02::1 | 链路本地范围所有节点 |
| FF02::2 | 链路本地范围所有路由器 |

图 16-4　IPv6 组播地址结构和更新范围

还有一类组播地址：被请求节点（Solicited-Node）地址，该地址主要被用于获取同一链路上邻居节点的链路层地址，实现重复地址检测。每一个单播或任意播 IPv6 地址都有一个对应的被请求节点地址，其格式如下：

> FF02:0:0:0:0:1:FFXX:XXX

### 3．IPv6 任意播地址

任意播地址的使用通过共享单播地址方式来完成。将一个单播地址分配给多个节点或者主机，这样在网络中如果存在多条该地址路由，当发送者发送以任意播地址为目的 IP 数据报文时，发送者无法控制哪台设备能够收到，这取决于整个网络中路由协议计算的结果。这种方式适用于一些无状态的应用，如 DNS 等。

IPv6 中没有为任意播规定单独的地址空间，任意播地址和单播地址使用相同的地址空间。同一单播地址被分配给多个接口，仅用于路由器。

### 4．在华为设备上手工配置 IPv6 地址

IPv6　　//在华为设备的接口上配置 IPv6 地址之前，需要使能 IPv6 报文转发功能，在默认情况下该功能没有开启

interface GigabitEthernet0/0/0

IPv6 enable　　//使能接口的 IPv6 功能

ip address 10.0.123.1 255.255.255.0

IPv6 address 2123::1/64　　//手工配置 IPv6 全球单播地址为 2123::1/64，该接口既配置了 IPv6 地址，也配置了 IPv4 地址，我们将这种方式称为双栈

在配置了 IPv6 地址之后，可以通过命令认识 IPv6 地址的分类：

display IPv6 interface GigabitEthernet 0/0/0

GigabitEthernet0/0/0 current state : UP

IPv6 protocol current state : UP　　//UP 表示该接口在 IPv6 协议栈下是工作的

IPv6 is enabled, link-local address is FE80::2E0:FCFF:FE51:9D1　　//IPv6 已经使能并自动获得了链路本地地址

Global unicast address(es):

2123::1, subnet is 2123::/64　　//该接口的全局单播地址为 2123::1/64

Joined group address(es):　　//该接口默认加入一些组播组，比如上文我们提及的::1 和::2

FF02::1:FF00:1

FF02::2

FF02::1

FF02::1:FF51:9D1　　//该接口的被请求节点组播地址

关于接口配置 IPv6 的其他一些选项如下：

[R1-GigabitEthernet0/0/0] IPv6 address 2123::1/64　　?

anycast　　Configure the address as anycast address　　//配置该接口的任意播地址。注意：任意播地址只能作为目的地址使用

eui-64　　Use eui-64 interface identifier　　//通过 EUI-64 规范得到接口 ID

<cr>　　Please press ENTER to execute command

## 16.1.3　通过 EUI-64 计算 IPv6 地址

前面已经提到 IPv6 地址由两部分组成，对 IPv6 主机或者不重要的设备来讲，前缀部

分很多时候可以由其网关分配，而后 64 bit 的接口 ID 可以从 MAC 地址得到。MAC 地址作为唯一的硬件地址只有 48 bit，解决方案是可以通过 EUI-64 计算 IPv6 地址。

● 在 MAC 地址的组织唯一标识符（高 24 bit）和节点 ID（低 24 bit）中间插入 FFFE。

● 将 MAC 地址的 U/L 位（从高位开始的第 7 bit）反转。

图 16-5 清晰地展示了 EUI-64 的转换规范。

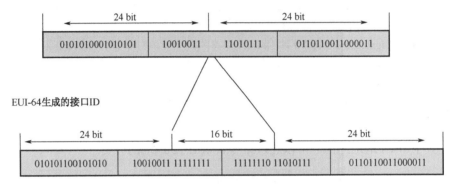

图 16-5　EUI-64 的转换规范

举例说明：如果 ca00.64d8.001c 为该接口的 MAC 地址，那么：

CA00=110010*1*000000000→C800=110010*0*000000000

得到的链路-本地地址如下：

**FE80::C800:64FF:FED8:1C**

在华为设备上通过 EUI-64 规范获得的一个实际地址如下：

interface GigabitEthernet0/0/0
　IPv6 enable
　ip address 10.0.123.1 255.255.255.0
　IPv6 address 2123::1/64　//手工定义的 IPv6 地址。在华为设备上，一个接口最多可以配置 10 个 IPv6 地址
　　IPv6 address 2023::/64 eui-64　//该接口地址的前 64 bit 已经定义，后 64 bit 的接口 ID 通过 EUI-64 方式获得
　[R1]display IPv6 interface GigabitEthernet 0/0/0
　GigabitEthernet0/0/0 current state : UP
　**IPv6 protocol current state : UP**
　**IPv6 is enabled, link-local address is FE80::2E0:FCFF:FE51:9D1**　//该地址为链路-本地地址，用心的读者可能会发现其实链路-本地地址的后 64 bit 是通过 EUI-64 方式得到的。请与该接口后续的通过 EUI-64 方式得到的 IPv6 地址进行对比
　　Global unicast address(es):

```
    2123::1, subnet is 2123::/64
    2023::2E0:FCFF:FE51:9D1, subnet is 2023::/64    //该地址为通过 EUI-64 方式得到的地址,接
口 ID 部分为 2E0:FCFF:FE51:9D1
    Joined group address(es):
    FF02::1:FF51:9D1
    FF02::2
    FF02::1
    FF02::1:FF00:1
MTU is 1500 bytes
ND DAD is enabled, number of DAD attempts: 1
ND reachable time is 30000 milliseconds
ND retransmit interval is 1000 milliseconds
Hosts use stateless autoconfig for addresses
```

## 16.1.4　IPv6 报头

IPv6 报头（简称报头）有 8 个字段，固定大小为 40 字节，每一个 IPv6 数据报文都必须包含报头。IPv6 报文由 IPv6 报头、IPv6 扩展报头以及上层协议数据单元 3 部分组成。IPv4 和 IPv6 报头对比如图 16-6 所示，在图 16-6 的右侧部分，读者可以看到 IPv6 报头和扩展报头，数据部分将在后续的实例中演示。

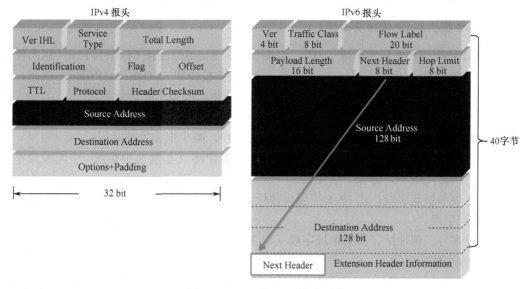

图 16-6　IPv4 和 IPv6 报头对比

与 IPv4 报头相比，IPv6 报头字段减少了，变得更加简洁和高效。接下来对这部分进行讨论。

### 1. IPv6 报头各字段解析

① Ver（Version）：版本号，长度为 4 bit。对于 IPv6，该值为 6。

② Traffic Class：流类别，长度为 8 bit。它等同于 IPv4 报头中的 ToS 字段，表示 IPv6 数据包的类或优先级，主要应用于 QoS。

③ Flow Label：流标签，长度为 20 bit。它用于区分实时流。流可以理解为特定应用或进程的来自某一源地址发往一个或多个目的地址的连续单播、组播或任意播报文。IPv6 中的流标签字段、源地址字段和目的地址字段一起为特定数据流指定了转发路径，保证了报文在 IP 网络中传输时会保持原有的顺序，提高了处理效率。随着三网合一技术的发展，IP 网络不仅要求能够传输传统的数据报文，还需要能够传输语音和视频等报文，在这种情况下，流标签字段的作用就显得更加重要。

④ Payload Length：有效载荷长度，长度为 16 bit。它是指紧跟 IPv6 报头的数据包的其他部分。

⑤ Next Header：下一个报头，长度为 8 bit。该字段定义了紧跟在 IPv6 报头后面的第一个扩展报头（如果存在）的类型。

⑥ Hop Limit：跳数限制，长度为 8 bit。该字段类似于 IPv4 报头中的 Time to Live 字段，它定义了 IP 数据包所能经过的最大跳数。每经过一个路由器，该数值减 1；当该字段的值为 0 时，数据包将被丢弃。

⑦ Source Address：源地址，长度为 128 bit，表示发送者的地址。

⑧ Destination Address：目的地址，长度为 128 bit，表示接收者的地址。

### 2. IPv6 报头与 IPv4 报头对比

与 IPv4 相比，IPv6 报头删除了 IHL（报头长度）、Identification（标识）、Flag（标志位）、Fragment Offset（分片偏移）、Header Checksum（报头校验和）、Options+Padding 字段，只增加了流标签字段，因此 IPv6 报文头较 IPv4 大大简化，提高了处理效率。

① 删除字段。

● 报头校验和字段：链路层和上层已做校验和，减少报文处理时间。

● 标识、标志位和分片偏移字段：相应功能在 IPv6 在扩展头中实现，中间节点不分片，提高效率，标识上层协议。

● 选项和填充字段：由 IPv6 扩展头替代。

② 相同字段。

● 版本号、源地址、目的地址字段（由 32 bit 变长为 128 bit）。

③ 更改名称的字段。

● 生存时间（TTL）：更改为跳数限制（Hop Limit）。

● 总长度：更改为下一个报头负荷长度（Payload Length），不包含报头。

● 协议：更改为下一个报头（Next Header）。

● 服务类型（ToS）：更改为流类别（Traffic Class），表示下一个报头传输级别。

④ 新增字段。

● 流标签（Flow Label）。

另外，IPv6 为了更好地支持各种选项处理，提出了扩展头的概念。

## 16.1.5　IPv6 扩展报头

IPv6 取消了 IPv4 报文头中的选项字段，引入了多种扩展报文，在提高处理效率的同时还大大增强了 IPv6 的灵活性，为 IPv6 提供了良好的扩展能力。IPv4 报文头中的选项字段最多只有 40 字节，也就是说，IPv4 的报文头部最大为 60 字节，而 IPv6 扩展报文头部并不在 IPv6 报文头部中，它的大小只受到 IPv6 报文大小的限制。

IPv6 在取消这些选项的同时，将对应的功能放到了 IPv6 扩展报头中，一个 IPv6 的扩展报头可以包含 0 个、1 个或者多个扩展报头，在该设备或者目的节点做相应处理时，才会由发送者添加相应的报头，这些报头总是 8 字节的整数倍。携带 IPv6 扩展报头的 IPv6报如图 16-7 所示，这是一个典型的携带 IPv6 扩展报头的 IPv6 报文，其携带了 3 个扩展头部。

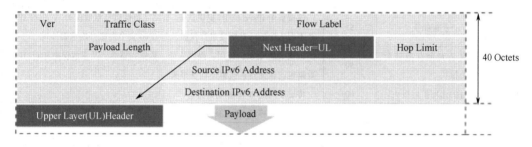

Packet with Extension Header

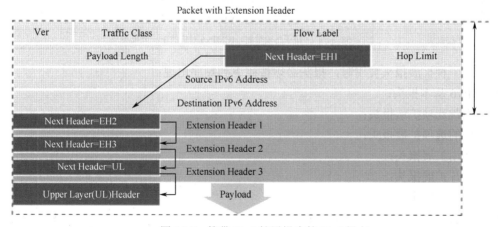

图 16-7　携带 IPv6 扩展报头的 IPv6 报文

IPv6 扩展报头在 FRC 2460 中被定义，IPv6 扩展报头和上层协议如表 16-2 所示。IPv6

报文如果携带多个 IPv6 扩展报头，必须依照特定的顺序出现。

表 16-2　IPv6 扩展报头与上层协议

| 顺　序 | 报 头 类 型 | 代　码 | 内　　容 |
|---|---|---|---|
| 1 | Pv6 报头 | — | — |
| 2 | 逐跳选项扩展报头 | 0 | 该报头目前的主要应用有以下 3 种：<br>● 用于巨型载荷（载荷长度超过 65535 字节）<br>● 用于设备提示，使设备检查该选项的信息，而不是简单地转发出去<br>● 用于资源预留（RSVP）和 IPv6 组播的 MLD（组播侦听发现） |
| 3 | 目的选项扩展报头 | 60 | 该报头携带了一些只有目的节点才会处理的信息。目前，该报头主要应用于移动 IPv6 |
| 4 | 路由扩展报头 | 43 | 该报头和 IPv4 的松散源路由记录选项类似，该报头能够被 IPv6 源节点用来强制数据包经过特定的设备 |
| 5 | 分片扩展报头 | 44 | 在 IPv4 中，当报文长度超过 MTU 时就需要将报文分片发送，而在 IPv6 中，分片发送使用的是分片扩展报头。IPv6 并不对数据包分片，发起数据包的节点要么通过 Path MTU 发现路径上的最小 MTU，要么不发送大于 1280 字节的数据包 |
| 6 | 认证扩展报头 | 51 | 该报头由 IPsec 使用，提供认证、数据完整性以及重放保护。它还对 IPv6 基本报头中的一些字段进行保护，是 IPv6 安全性提升的重要体现 |
| 7 | 封装安全有效载荷扩展报头 | 50 | 该报头由 IPsec 使用，提供认证、数据完整性以及重放保护和对 IPv6 数据包的保密性，类似于认证报头 |
| 8 | 目的选项扩展报头 | 60 | 特定应用的 IPv6 移动特性 |
| 9 | 移动头部扩展报头 | 135 | 用于支持移动 IPv6 服务 |
|  | 没有下一个头部 | 59 | — |
|  | 上层报头 | 6 | 用于传输数据，TCP 对应的下一个报头 |
|  | 上层报头 | 17 | 用于传输数据，UDP 对应的下一个报头 |
|  | 上层报头 | 58 | 用于传输数据，ICMPv6 对应的下一个报头 |

当超过一种扩展报头被用时，报头必须按照下列顺序出现：

● IPv6 基本报头；

● 逐跳选项扩展报头；

● 目的选项扩展报头；

● 路由扩展报头；

● 分片扩展报头；

● 认证扩展报头；

● 封装安全有效载荷扩展报头；

● 目的选项扩展报头；

● 上层报头。

路由设备在转发数据时，根据基本报头中 Next Header 值来决定是否要处理扩展报头，并不是所有的扩展报头都需要被转发路由设备查看和处理的。除了目的选项扩展报头可能出现一次或两次（一次在路由扩展报头之前，另一次在上层协议数据报文之前），其余扩展报头只能出现一次。

作为一个实际的例子，如图 16-8 展示了一个 IPv6 分片扩展报头。

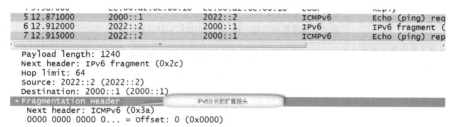

图 16-8　IPv6 分片扩展报头

## 16.1.6　IPv6 无状态自动配置实现

IPv6 邻居发现协议（Neighbor Discovery Protocol，NDP）是 IPv6 的一种基础协议，它利用 NA（Neighbor Advertisement，邻居通告）、NS（Neighbor Solicitation，邻居请求）、RA（Router Advertisement，路由器通告）、RS（Router Solicitation，路由器请求）和重定（Redirect）向 5 种类型的 ICMPv6 消息来确定邻居节点之间关系和地址信息，实现地址解析、验证邻居是否可达、重复地址检测、路由器发现 / 前缀发现、地址自动配置和重定向等功能。

邻居发现协议代替了 IPv4 中的 ARP 和 ICMP 路由器发现（Router Discovery）和 ICMP 重定向消息（Redirect Message），提供了一系列增强功能，保障了设备的安全性。

关于 RA（路由器通告），用户可以根据实际情况，配置接口是否发送 RA 消息及发送 RA 消息的时间间隔，同时可以配置 RA 消息中的相关参数以通告给主机。当主机接收到 RA 消息后，就可以采用这些参数进行相应操作，RA 消息参数解析如表 16-3 所示。

表 16-3　RA 消息参数解析

| RA 消息参数 | 内 容 描 述 |
|---|---|
| 跳数限制<br>（Cur Hop Limit） | 当主机发送 IPv6 报文时，将使用该参数值填充 IPv6 报文头中的 Hop Limit 字段。同时该参数值也作为设备应答报文中的 Hop Limit 字段值 |
| 前缀信息<br>（Prefix Information） | 在同一链路上的主机收到设备发布的前缀信息后，可以进行无状态自动配置等操作 |
| 被管理地址配置标志位<br>（M Flag） | 用于确定主机是否采用有状态自动配置方式获取 IPv6 地址。如果设置该标志位为 1，主机将通过有状态自动配置方式（例如 DHCP 服务器）来获取 IPv6 地址；否则，将通过无状态自动配置方式获取 IPv6 地址，即根据自己的链路层地址及路由器发布的前缀信息生成 IPv6 地址 |

（续表）

| RA 消息参数 | 内 容 描 述 |
|---|---|
| 其他配置标志位<br>（Other Flag） | 用于确定主机是否采用有状态自动配置方式获取除 IPv6 地址外的其他信息。如果设置其他配置标志位为 1，主机将通过有状态自动配置方式（例如 DHCP 服务器）来获取除 IPv6 地址外的其他信息；否则，将通过无状态自动配置方式获取其他信息 |
| 默认路由器时间<br>（Default Router Lifetime） | 默认路由器时间，也称为路由器生存时间，用于设置发布 RA 消息的路由器作为主机的默认路由器的时间。主机根据接收到的 RA 消息中的路由器生存时间参数值，就可以确定是否将发布该 RA 消息的路由器作为默认路由器 |
| 邻居请求消息重传时间间隔<br>（Retrans Timer） | 设备发送 NS 消息后，如果未在指定的时间间隔内收到响应，则会重新发送 NS 消息 |
| 保持邻居可达状态的时间<br>（Reachable Time） | 当通过邻居可达性检测确认邻居可达后，在所设置的可达时间内，设备认为邻居可达；当超过设置的时间后，如果需要向邻居发送报文，会重新确认邻居是否可达 |

本节讨论无状态自动配置，通常用于网关给内部主机分配 IP 地址等参数。

在 IPv6 中，IPv6 地址支持无状态自动配置方式，即主机通过某种机制获取网络前缀信息，然后主机自己生成地址的接口标识部分。路由器发现功能是 IPv6 地址自动配置功能的基础，主要通过以下两种消息实现。

① 路由器通告（Router Advertisement，RA）消息：每台设备为了让二层网络上的主机和设备知道自己的存在，都会定时组播发送 RA 消息，在 RA 消息中有网络前缀信息及其他一些标志位信息。RA 消息的 Type 字段值为 134。

② 路由器请求（Router Solicitation，RS）消息：在很多情况下，主机接入网络后希望尽快获取网络前缀进行通信，此时主机可以立刻发送 RS 消息，网络上的设备将回应 RA 消息。RS 消息的 Tpye 字段值为 133。

通过 RS 消息和 RA 消息获得 IPv6 地址如图 16-9 所示，该图展示了获得 IPv6 地址的过程，PC 可以主动发送 RS 消息请求 RA 消息以获得前缀等信息，路由器通过发送 RA 消息回复地址前缀信息。

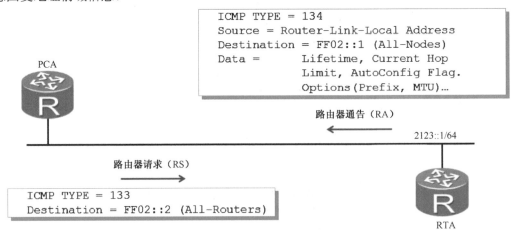

```
ICMP TYPE = 134
Source = Router-Link-Local Address
Destination = FF02::1 (All-Nodes)
Data =      Lifetime, Current Hop
            Limit, AutoConfig Flag.
            Options(Prefix, MTU)…
```

路由器通告（RA）

2123::1/64

路由器请求（RS）

```
ICMP TYPE = 133
Destination = FF02::2 (All-Routers)
```

PCA

RTA

图 16-9　通过 RS 消息和 RA 消息获得 IPv6 地址

IPv6 无状态自动配置实验案例介绍如下，读者可以参照图 16-9 进行配置。

> [RAT]IPv6　//配置路由器具备 IPv6 转发功能
> [RAT]interface GigabitEthernet0/0/0
> [RAT-GigabitEthernet0/0/0] IPv6 enable　//接口使能 IPv6
> [RAT-GigabitEthernet0/0/0] IPv6 address 2123::1/64　//手工配置 IPv6 全局单播地址
> [RAT-GigabitEthernet0/0/0] undo IPv6 nd ra halt　//当设备与主机相连接需要周期性地向主机发
> 布 RA 消息中的 IPv6 地址前缀和有状态自动配置标志位信息时，使用 undo IPv6 nd ra halt 命令使能系统发
> 布 RA 消息的功能
> [PC-A]IPv6
> [PC-A]interface GigabitEthernet 0/0/0
> [PC-A-GigabitEthernet0/0/0] IPv6 enable
> [PC-A-GigabitEthernet0/0/0] IPv6 address auto global　//该命令用来使能无状态自动配置生成 IPv6
> 全局地址，此处也可用命令使得该接口获得链路-本地地址
> Apr　3 2016 11:22:40-08:00 PC-A %%01IFNET/4/LINK_STATE(l)[0]:The line protocol IP on the
> interface GigabitEthernet0/0/0 has entered the UP state.

验证 PC-A 获得 IPv6 地址的情况：

> **\<PC-A\>display IPv6 interface GigabitEthernet 0/0/0**
> GigabitEthernet0/0/0 current state : UP
> IPv6 protocol current state : UP
> IPv6 is enabled, link-local address is FE80::2E0:FCFF:FEE9:98F　//自动生成 IPv6 地址
> 　Global unicast address(es):
> 　　2123::2E0:FCFF:FEE9:98F,　　//PC-A 获得的全局单播地址，其前缀部分 2123::/64 是路由器
> 所发布的，接口 ID 通过 EUI64 获得
> 　　subnet is 2123::/64 [SLAAC 1970-01-01 01:40:43 2592000S]
> 　Joined group address(es):
> 　　FF02::1:FFE9:98F
> 　　FF02::2
> 　　FF02::1
> MTU is 1500 bytes
> ND DAD is enabled, number of DAD attempts: 1
> ND reachable time is 30000 milliseconds
> ND retransmit interval is 1000 milliseconds
> Hosts use stateless autoconfig for addresses

## 16.1.7　IPv6 地址重复检测

IPv6 中去除了广播功能，ARP（Address Resolution Protocol，地址解析协议）功能被取

消了，随之而来的问题是，如何实现 ARP 发现网络中重复地址的功能呢？

当节点获取到一个 IPv6 地址后，需要使用重复地址检测（Duplicate Address Detection，DAD）功能确定该地址是否已被其他节点使用（与 IPv4 中 ARP 的功能相似），该功能通过 NS 和 NA 消息实现重复地址检测。

一个 IPv6 单播地址在被分配给一个接口之后、通过重复地址检测之前被称为试验地址（Tentative Address）。此时该接口不能使用该试验地址进行单播通信，但是仍然会加入两个组播组：ALL-NODES 组播组和试验地址所对应的 Solicited-Node 组播组。

IPv6 重复地址检测与 IPv4 中的 ARP 实现方式类似：节点向试验地址所对应的 Solicited-Node 组播组发送 NS 消息。NS 消息中目标地址即为该试验地址。如果收到某个其他站点回应的 NA 消息，就证明该地址已被使用，节点将不能使用该试验地址进行通信。

图 16-10 具体展示了 DAN 过程。

① PC-A 发送 NS 消息，NS 消息的源地址是未指定地址::，目的地址是待检测的 IPv6 地址对应的被请求节点组播地址，消息内容中包含了待检测的 IPv6 地址。

② 如果 PC-B 已经使用该 IPv6 地址，则会返回 NA 消息，其中包含自己的 IPv6 地址。

③ PC-A 收到 PC-B 发来的 NA 消息后，知道该 IPv6 地址已被使用。反之，则说明该地址未被使用，PC-A 就可使用此 IPv6 地址。

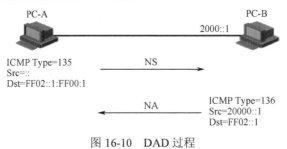

图 16-10　DAD 过程

读者可以通过在图 16-10 链路两侧配置相同的 IPv6 地址（不再自动获得）观察 DAD 过程。

```
[PC-A]int g0/0/0
[PC-A-GigabitEthernet0/0/0]undo   IPv6 address auto global   //删除之前配置的 IPv6 地址自动获得功能
[PC-A-GigabitEthernet0/0/0]IPv6 address 2123::1/64   //该地址与对端相同
[PC-A-GigabitEthernet0/0/0]q
[PC-A]display IPv6 interface GigabitEthernet 0/0/0
 GigabitEthernet0/0/0 current state : UP
IPv6 protocol current state : UP
IPv6 is enabled, link-local address is FE80::2E0:FCFF:FEE9:98F
  Global unicast address(es):
    2123::1, subnet is 2123::/64 [DUPLICATE]   //地址重复
  Joined group address(es):
```

FF02::1:FF00:1
FF02::2
FF02::1
FF02::1:FFE9:98F
MTU is 1500 bytes
ND DAD is enabled, number of DAD attempts: 1　　//发送了一个 DAD 报文
ND reachable time is 30000 milliseconds
ND retransmit interval is 1000 milliseconds
Hosts use stateless autoconfig for addresses

# 16.2　IPv6 路由基础

　　OSPFv3 是 IPv6 路由基础，关于 OSPFv3 的详尽描述出现在 RFC 2740 中，OSPFv3 是 OSPF Version 3 的简称，OSPFv3 是运行于 IPv6 的 OSPF 路由协议，OSPFv3 在 OSPFv2 基础上进行了修改，是一个独立的路由协议。当然，也可以认为 OSPFv3 和 OSPFv2 的关系类似于 RIPng 和 RIPv2 的关系，OSPFv3 依旧使用 SPF 算法、LSA 泛洪、DR 机制、区域和特殊区域等，但 OSPFv3 不向后兼容 OSPFv2。

　　除了相同点，OSPFv3 与 OSPFv2 也有很多不同点，比如 OSPFv3 不再支持认证（RIPng 也是如此）；OSPFv3 增加和改变了某些 LSA 的功能，比如大部分 OSPFv3 的 LSA 不再携带前缀信息，对 LSA 的结构也进行了较大改变；在 OSPFv3 中增加了链路-本地地址，这一点和 RIPng 相同，这些地址总是以 FE80::/10 开头并作为源地址和下一跳地址出现；OSPFv3 增加了每个链路上实例的概念，在同一个链路上实例相同的 OSPF 进程才可以建立邻居。

　　另外，OSPFv3 在升级时相比其他的 IPv6 协议更加麻烦，因为 OSPF 完全依赖 IP 层，而其他协议，比如 RIPng 依赖 UDP，BGP for IPv6 工作在 TCP 层面。

## 16.2.1　OSPFv3 基础

下面介绍一些 OSPFv3 的基础知识。
- OSPFv3 协议号仍然为 89，在 IPv6 Next Header 里标识。
- OSPFv3 以组播地址发送协议报文，而 IPv6 Hop Limit 限定为 1；在 OSPFv3 中 Virtual-Link 通过单播方式发送更新信息。
- OSPFv3 依旧采用组播方式（也可以通过单播方式）发送 Hello 报文：AllSPfRouters：FF02::5 和 AllDRouters：FF02::6。

OSPFv3 沿用了 OSPFv2 的区域概念，OSPFv3 区域如图 16-11 所示，从该图中读者可

以看到骨干区域 0 以及其中的区域骨干路由器（Backbone Router），普通区域 1、2、3、4，以及连接普通区域和骨干区域的区域边界路由器（Area Border Router，ABR），引入 IS-IS 协议的自治系统边界路由器（Autonomous System Boundary Router，ASBR）；读者不能从图中看到本书不涉及的特殊区域。

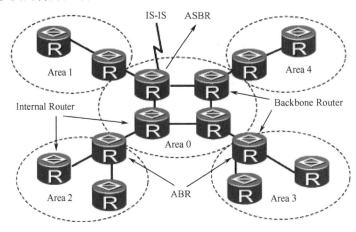

图 16-11　OSPFv3 区域

OSPFv3 通过报头的 Type 字段来标识 5 种报文类型，OSPFv3 报文类型和作用如表 16-4 所示。

表 16-4　OSPFv3 报文类型和作用

| 报 文 类 型 | 报 文 功 能 |
|---|---|
| Hello 报文 | 周期性发送，用来发现和维持 OSPFv3 邻居关系 |
| DBD（DataBase Description，数据库描述）报文 | 描述本地 LSDB 的摘要信息，用于两台设备进行数据库同步 |
| LSR（Link State Request，链路状态请求）报文 | 用于向对方请求所需的 LSA；设备只有在 OSPFv3 邻居双方成功交换 DBD 报文后才会向对方发送 LSR 报文 |
| LSU（Link State Update，链路状态更新）报文 | 向对方发送其所需要的 LSA，包含具体的更新内容 |
| LSACK（Link State ACKnowledgment，链路状态确认）报文 | 用来对收到的 LSA 进行确认，OSPF 中显式确认方式 |

一个 OSPFv3 报文由 OSPFv3 报头和具体的报文类型组成，OSPFv3 报头如图 16-12 所示。

| Version # | Type | Packet Length | |
|---|---|---|---|
| Router ID | | | |
| Area ID | | | |
| Checksum | | Instance ID | 0 |

图 16-12　OSPFv3 报头

OSPFv3 报头中各个字段描述如下。

① Version：1 字节，表示 OSPF 版本号，被设置为 3。

② Type：1 字节，该部分是表 16-4 所描述的内容。

③ Packet Length：2 字节，OSPF 数据包长度，单位为字节，包括 OSPF 标准报头长度。

④ Router ID：4 字节，发送此报文的路由器的 Router ID。

⑤ Area ID：4 字节，区域号，标识该数据报文属于哪个区域。每个 OSPF 数据包只能属于一个区域。通过 Virtual Link 传输的 OSPF 数据报文的 Area ID 为骨干区域号。

⑥ Checksum：2 字节，校验和。校验内容包括前导的 IPv6 伪头和 OSPF 报头。伪头中的 Upper-Layer Packet Length 字段值等于 OSPF 报头中的 Packet Length 字段值。如果 OSPF 数据报文长度不是 16 位的整数倍，则用 0 填充后进行计算。在计算校验和时，校验和字段本身被设置为 0。

⑦ Instance ID：1 字节，实例 ID，默认值为 0。允许在一个链路上运行多个 OSPFv3 的实例，每个实例应该具有唯一的 Instance ID。Instance ID 只在本地链路上有意义。如果接收到的 OSPF 数据报文的 Instance ID 和本接口的 Instance ID 不同，则丢弃该数据报文。

⑧ 保留位：8 位，必须为 0。

OSPFv3 的魅力所在集中于 LSA，OSPFv3 的重要的 LSA 类型包括 1 类、2 类、3 类、4 类、5 类、7 类 LSA，额外增加了新的 8 类和 9 类 LSA，关于这部分内容不在本书讨论范围之内请读者关注乾颐堂华为系列丛书，本书列出各种 LSA 的基本功能。

OSPFv3 的 LSA 类型及其作用如表 16-5 所示。

表 16-5　OSPFv3 的 LSA 类型及其作用

| LSA 类型 | LSA 作用 |
| --- | --- |
| Router-LSA（Type1） | 设备会为每个运行 OSPFv3 的接口所在的区域产生一个 LSA，描述设备的链路状态和开销，在所属的区域内传播 |
| Network-LSA（Type2） | 由 DR 产生，描述本链路的链路状态，在所属的区域内传播 |
| Inter-Area-Prefix-LSA（Type3） | 由 ABR 产生，描述区域内某个网段的路由，并通告给其他相关区域 |
| Inter-Area-Router-LSA（Type4） | 由 ABR 产生，描述到 ASBR 的路由，通告给除 ASBR 所在区域外的其他相关区域 |
| AS-External-LSA（Type5） | 由 ASBR 产生，描述到 AS 外部的路由，通告到所有的区域（除了 Stub 区域和 NSSA 区域） |
| NSSA LSA（Type7） | 由 ASBR 产生，描述到 AS 外部的路由，仅在 NSSA 区域内传播 |
| Link-LSA（Type8） | 每个设备都会为每个链路产生一个 Link-LSA，描述到此 Link 的 Link-Local 地址、IPv6 前缀地址，提供将会在 Network-LSA 中设置的链路选项，它仅在此链路内传播 |
| Intra-Area-Prefix-LSA（Type9） | 每个设备及 DR 都会产生一个或多个此类 LSA，在所属的区域内传播。<br>● 设备产生的此类 LSA：描述与 Route-LSA 相关联的 IPv6 前缀地址<br>● DR 产生的此类 LSA：描述与 Network-LSA 相关联的 IPv6 前缀地址 |

## 16.2.2　OSPFv3 报文格式

前文已经讨论了 OSPFv3 报头，接下来我们来介绍 OSPFv3 的具体报文格式。

### 1. Hello 报文

OSPFv3 的 Hello 报文作用参见表 16-4，其格式如图 16-13 所示。

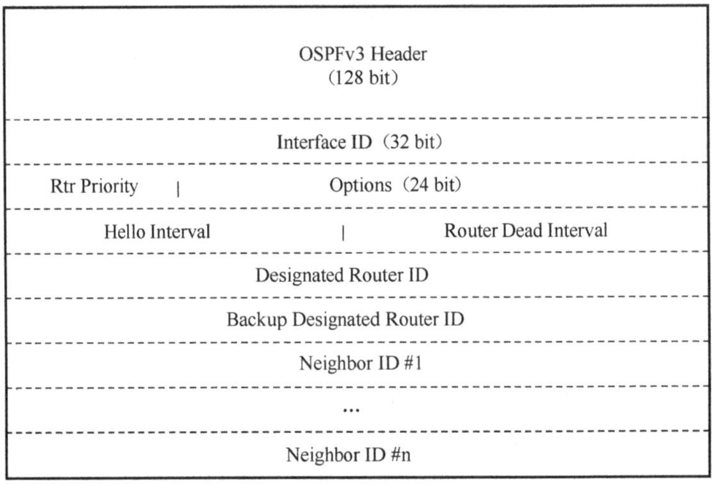

图 16-13　OSPFv3 的 Hello 报文格式

除了 OSPFv3 报头，OSPFv3 的 Hello 报文各字段含义如下。

① Interface ID：接口标识，在路由器上唯一标识接口。

② Rtr Priority：路由器优先级。

③ Options：选项，当该字段为 0 时，表示不参加路由计算，该字段有如下几个选项。

● E：当 E 为 0 时，表示此区域不传播 AS-External-LSA；当 E 为 0 时，表示接收 AS 外部 LSA。

● MC：用于表示是否支持组播。

● N：与 Type-7 LSA 的作用相关（NSSA 特殊区域，不在本书讨论范围）。

● R：表示源设备是否是活动的，如果该位被清除，那么该节点不参加 OSPF 路由计算。

● DC：表示路由器处理按需链路的能力。

④ Hello Interval：Hello 间隔，发送 Hello 报文的间隔。

⑤ Router Dead Interval：路由器 Dead 间隔，宣告邻居路由器无效之前等待的最长时间。

⑥ Designated Router ID：指定 Router ID，即 DR ID。

⑦ Backup Designated Router ID：备份指定 Router ID，即 BDR ID。

⑧ Neighbor ID：邻居 Router ID。

## 2. DBD 报文

OSPFv3 的 DBD 报文作用参见表 16-4，其格式如图 16-14 所示。

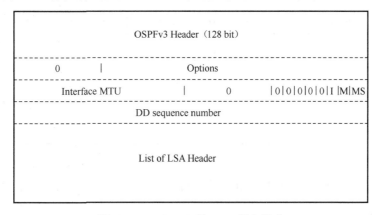

图 16-14　OSPFv3 的 DBD 报文格式

除了 OSPFv3 报头，OSPFv3 的 DBD 报文各字段含义如下。

① Options：与 Hello 报文中的 Options 长度相同，该字段有如下几个选项。

● I: Initial，初始化位，当为 1 时表明是第一个 DBD 报文。

● M: More，表明是否还有更多的 DBD 报文。

● MS：主 / 从（Master/Slave）位，为 1 时表明为主（Master）；为 0 时表明为从（Slave）。

② Interface MTU：本地接口的 MTU 值。

③ DD sequence number：DBD 报文序列号，用于隐式确认。

④ List of LSA Header：LSA 头部集合，用于接收者检查 LS 数据库。

## 3. LSR 报文

OSPFv3 的 LSR 报文的作用参见表 16-4，其格式如图 16-15 所示。

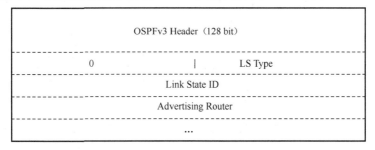

图 16-15　OSPFv3 的 LSR 报文格式

除了 OSPFv3 报头，OSPFv3 的 LSR 报文各字段含义如下。

① LS Type：链路状态类型（包括 1 类、2 类、3 类、4 类、5 类、7 类、8 类、9 类 LSA）。

② Link State ID：LSA 的标识。

③ Advertising Router：通告路由器，产生 LSA 的设备。

### 4．LSU 报文

OSPFv3 的 LSU 报文的作用参见表 16-4，其格式如图 16-16 所示。

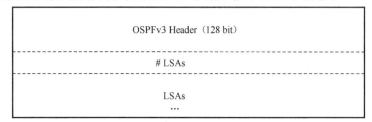

图 16-16　OSPFv3 的 LSU 报文格式

LSU 中的内容为 LSA 的数目及其具体条目。

### 5．LSACK 报文

OSPFv3 的 LSACK 报文作用参见表 16-4，其报文格式如图 16-17 所示。

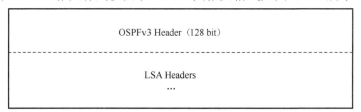

图 16-17　OSPFv3 的 LSACK 报文格式

## 16.2.3　OSPFv3 基本配置实验

OSPFv3 基本配置实验拓扑结构如图 16-18 所示，要求使全网所有路由器都能学习到相互的 IPv6 路由，在本实例中仅创建 Area 0。

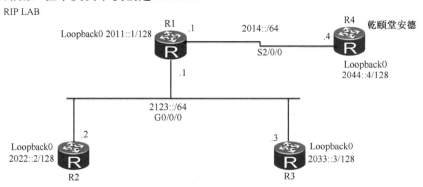

图 16-18　OSPFv3 基本配置实验拓扑结构

（1）完成 OSPFv3 基本配置

> [R1]OSPFv3　//启动 OSPFv3 进程，默认的进程 ID 为 1
> [R1-OSPFv3-1]router-id 11.1.1.1　//OSPFv3 的路由器 ID 为一个 IPv4 格式的标识，在默认情况下，
> 如果该设备仅配置了 IPv6 协议栈，而没有配置 IPv4 地址，那么 OSPFv3 不会得到 OSPFv3 的路由器 ID，
> 此时 OSPFv3 进程无法启动，强烈推荐读者在实际网络中手工创建路由器 ID
> [R1-OSPFv3-1]area 0　//创建 OSPFv3 的骨干区域
> [R1-OSPFv3-1]int s2/0/0
> [R1-Serial2/0/0]OSPFv3 1 area 0 ?
> 　instance　Interface instance
> 　<cr>　　　Please press ENTER to execute command
> [R1-Serial2/0/0]OSPFv3 1 area 0　//将被使能的物理接口放到 OSPFv3 骨干区域中，同时与该接
> 口相连的网络也会被通告出去
> [R1-Serial2/0/0]int lo0
> [R1-LoopBack0]OSPFv3 1 area 0
> [R1-LoopBack0]int g0/0/0
> [R1-GigabitEthernet0/0/0]OSPFv3 1 area 0
> #
> [R2]OSPFv3
> [R2-OSPFv3-1]router-id 22.1.1.1
> [R2-OSPFv3-1]area 0
> [R2-OSPFv3-1-area-0.0.0.0]int g0/0/0
> [R2-GigabitEthernet0/0/0]OSPFv3 1 area 0
> [R2-GigabitEthernet0/0/0]int lo0
> [R2-Loopback0]OSPFv3 1 area 0
> #
> [R3]OSPFv3
> [R3-OSPFv3-1]router-id 33.1.1.1
> [R3-OSPFv3-1]area 0
> [R3-OSPFv3-1-area-0.0.0.0]int lo0
> [R3-Loopback0]OSPFv3 1 area 0
> [R3-Loopback0]int g0/0/0
> [R3-GigabitEthernet0/0/0]OSPFv3 1 area 0
> #
> [R4]OSPFv3
> [R4-OSPFv3-1]router-id 44.1.1.1
> [R4-OSPFv3-1]area 0
> [R4-OSPFv3-1-area-0.0.0.0]int lo0
> [R4-Loopback0]OSPFv3 1 area 0

[R4-Loopback0]int s2/0/0

[R4-Serial2/0/0]OSPFv3 1 area 0

（2）验证 OSPFv3 的邻居

**&lt;R1&gt;display OSPFv3 peer**　//R1 有 3 个邻居

OSPFv3 Process (1)

OSPFv3 Area (0.0.0.0)

| Neighbor ID | Pri | State | Dead Time | Interface | Instance ID |
|---|---|---|---|---|---|
| 22.1.1.1 | 1 | Full/Backup | 00:00:31 | GE0/0/0 | 0 |
| 33.1.1.1 | 1 | Full/DROther | 00:00:35 | GE0/0/0 | 0 |
| 44.1.1.1 | 1 | Full/- | 00:00:36 | S2/0/0 | 0 |

&lt;R1&gt;display OSPFv3 lsdb　//验证 OSPFv3 数据库的状态

\* indicates STALE LSA

OSPFv3 Router with ID (11.1.1.1) (Process 1)

Link-LSA (Interface GigabitEthernet0/0/0)

| Link State ID | Origin Router | Age | Seq# | CkSum | Prefix |
|---|---|---|---|---|---|
| 0.0.0.3 | 11.1.1.1 | 1082 | 0x80000001 | 0xa563 | 1 |
| 0.0.0.3 | 22.1.1.1 | 0891 | 0x80000001 | 0x7c2b | 1 |
| 0.0.0.3 | 33.1.1.1 | 0866 | 0x80000001 | 0xf12d | 0 |

Link-LSA (Interface Serial2/0/0)

| Link State ID | Origin Router | Age | Seq# | CkSum | Prefix |
|---|---|---|---|---|---|
| 0.0.0.14 | 11.1.1.1 | 1094 | 0x80000001 | 0xe825 | 1 |
| 0.0.0.13 | 44.1.1.1 | 0956 | 0x80000001 | 0x2d2f | 1 |

Router-LSA (Area 0.0.0.0)

| Link State ID | Origin Router | Age | Seq# | CkSum | Link |
|---|---|---|---|---|---|
| 0.0.0.0 | 11.1.1.1 | 0860 | 0x80000009 | 0xff69 | 2 |
| 0.0.0.0 | 22.1.1.1 | 0860 | 0x80000006 | 0xf1fa | 1 |
| 0.0.0.0 | 33.1.1.1 | 0860 | 0x80000005 | 0x9052 | 1 |
| 0.0.0.0 | 44.1.1.1 | 0946 | 0x80000004 | 0x5342 | 1 |

Network-LSA (Area 0.0.0.0)

| Link State ID | Origin Router | Age | Seq# | CkSum |
|---|---|---|---|---|
| 0.0.0.3 | 11.1.1.1 | 0860 | 0x80000002 | 0x4681 |

Intra-Area-Prefix-LSA (Area 0.0.0.0)

| Link State ID | Origin Router | Age | Seq# | CkSum | Prefix | Reference |
|---|---|---|---|---|---|---|
| 0.0.0.1 | 11.1.1.1 | 0855 | 0x8000000c | 0x6709 | 2 | Router-LSA |
| 0.0.0.2 | 11.1.1.1 | 0859 | 0x80000002 | 0x4c13 | 1 | Network-LSA |
| 0.0.0.1 | 22.1.1.1 | 0860 | 0x80000004 | 0x55ac | 1 | Router-LSA |
| 0.0.0.1 | 33.1.1.1 | 0858 | 0x80000003 | 0xe4f5 | 1 | Router-LSA |
| 0.0.0.1 | 44.1.1.1 | 0940 | 0x80000004 | 0x847b | 2 | Router-LSA |

<R1>display IPv6 routing-table protocol OSPFv3    //验证 OSPFv3 的路由表

Public Routing Table : OSPFv3

Summary Count : 6

OSPFv3 Routing Table's Status : < Active >

Summary Count : 3

| | | | |
|---|---|---|---|
| Destination | : 2022::2 | PrefixLength | : 128 |
| NextHop | : FE80::2E0:FCFF:FEE9:98F | Preference | : 10 |
| Cost | : 1 | Protocol | : OSPFv3 |
| RelayNextHop : :: | | TunnelID | : 0x0 |
| Interface | : GigabitEthernet0/0/0 | Flags | : D |
| Destination | : 2033::3 | PrefixLength | : 128 |
| NextHop | : FE80::2E0:FCFF:FEE7:1F8A | Preference | : 10 |
| Cost | : 1 | Protocol | : OSPFv3 |
| RelayNextHop : :: | | TunnelID | : 0x0 |
| Interface | : GigabitEthernet0/0/0 | Flags | : D |
| Destination | : 2044::4 | PrefixLength | : 128 |
| NextHop | : FE80::E0:FCB3:3FCA:1 | Preference | : 10 |
| Cost | : 48 | Protocol | : OSPFv3 |
| RelayNextHop : :: | | TunnelID | : 0x0 |
| Interface | : Serial2/0/0 | Flags | : D |

OSPFv3 Routing Table's Status : < Inactive >    //如下几条 OSPFv3 学习的路由的状态是 Inactive 的，没有被放入 OSPFv3 的路由表。这是因为如下的路由是被通告到 OSPFv3 区域内的，由于 OSPFv3 的内部路由优先级为 10，不如直连路由的优先级 0 高，故而其状态为 Inactive

Summary Count : 3

| | | | |
|---|---|---|---|
| Destination | : 2011::1 | PrefixLength | : 128 |
| NextHop | : :: | Preference | : 10 |
| Cost | : 0 | Protocol | : OSPFv3 |
| RelayNextHop : :: | | TunnelID | : 0x0 |
| Interface | : LoopBack0 | Flags | : |
| | | | |
| Destination | : 2014:: | PrefixLength | : 64 |
| NextHop | : :: | Preference | : 10 |
| Cost | : 48 | Protocol | : OSPFv3 |
| RelayNextHop : :: | | TunnelID | : 0x0 |
| Interface | : Serial2/0/0 | Flags | : |
| | | | |
| Destination | : 2123:: | PrefixLength | : 64 |

| | | | | |
|---|---|---|---|---|
| NextHop | : :: | | Preference | : 10 |
| Cost | : 1 | | Protocol | : OSPFv3 |
| RelayNextHop : :: | | | TunnelID | : 0x0 |
| Interface | : GigabitEthernet0/0/0 | | Flags | : |

&lt;R2&gt;tracert IPv6 2044::4    //验证数据转发情况，此时 R2 的数据报文可以正确地转发到 R4 的环回口

traceroute to 2044::4    30 hops max,60 bytes packet
1 2123::1 20 ms    10 ms    10 ms
2 2044::4 40 ms    10 ms    10 ms

## 16.2.4  OSPFv3 实例 ID 实验

OSPFv3 报头增加了实例 ID 字段，该字段必须相同才可以建立邻居和更新路由，该字段可以用于在一个多点接入网络中控制邻居关系的多样性。

[R3-GigabitEthernet0/0/0]undo OSPFv3 1 area 0    //删除 R3 物理接口的 OSPFv3 配置，其中实例部分并没显示，它为整数形式，取值范围为 0～255，默认值是 0

[R3-GigabitEthernet0/0/0]OSPFv3 1 area 0 instance 1    //修改该接口的实例 ID（从默认的 0 变为实例 1），此时该设备发送的 OSPFv3 报文的实例 ID 与 R1 和 R2 的实例不同，所以邻居消失

[R3-GigabitEthernet0/0/0]dis OSPFv3 peer    //OSPFv3 的邻居已经消失

[R3-GigabitEthernet0/0/0]

[R3]display OSPFv3 interface GigabitEthernet 0/0/0    //通过该命令读者可以看到实例 ID

GigabitEthernet0/0/0 is up, line protocol is up

Interface ID 0x3

Interface MTU 1500

IPv6 Prefixes

FE80::2E0:FCFF:FEE7:1F8A (Link-Local Address)

OSPFv3 Process (1), Area 0.0.0.0, Instance ID 1    //此位置的 OSPFv3 实例 ID 为 1

Router ID 33.1.1.1, Network Type BROADCAST, Cost: 1

Transmit Delay is 1 sec, State DR, Priority 1

Designated Router (ID) 33.1.1.1

Interface Address FE80::2E0:FCFF:FEE7:1F8A

No backup designated router on this link

Timer interval configured, Hello 10, Dead 40, Wait 40, Retransmit 5

Hello due in 00:00:03

Neighbor Count is 0, Adjacent neighbor count is 0

Interface Event 2, Lsa Count 1, Lsa Checksum 0xf12d

Interface Physical BandwidthHigh 0, BandwidthLow 1000000000

在 R1 上查看邻居关系，预期 R1 将不会与 R3 建立邻居关系：

```
<R1>display OSPFv3 peer
OSPFv3 Process (1)
OSPFv3 Area (0.0.0.0)
Neighbor ID      Pri   State          Dead Time Interface           Instance ID
22.1.1.1          1    Full/Backup    00:00:40   GE0/0/0                  0
44.1.1.1          1    Full/-         00:00:37   S2/0/0                   0
```

由上可知，最后一列中的实例 ID 为 0。请读者修改 R1 和 R2 的接口实例 ID 为 1。

```
[R1-GigabitEthernet0/0/0]undo    OSPFv3 1 area 0.0.0.0
[R1-GigabitEthernet0/0/0]OSPFv3 1 area 0 instance 1
#
[R2-GigabitEthernet0/0/0]undo    OSPFv3 1 area 0.0.0.0
[R2-GigabitEthernet0/0/0]OSPFv3 1 area 0 instance 1
```

查看 OSPFv3 的邻居和路由情况：

```
[R2]display OSPFv3 peer
OSPFv3 Process (1)
OSPFv3 Area (0.0.0.0)
Neighbor ID      Pri   State          Dead Time Interface           Instance ID
11.1.1.1          1    Full/Backup    00:00:32   GE0/0/0                  1
33.1.1.1          1    Full/DR        00:00:36   GE0/0/0                  1
[R2]display IPv6 routing-table protocol ospf
Public Routing Table : OSPFv3
Summary Count : 6

OSPFv3 Routing Table's Status : < Active >
Summary Count : 4


Destination    : 2011::1                    PrefixLength   : 128
NextHop        : FE80::2E0:FCFF:FE51:9D1    Preference     : 10
Cost           : 1                          Protocol       : OSPFv3
RelayNextHop   : ::                         TunnelID       : 0x0
Interface      : GigabitEthernet0/0/0       Flags          : D


Destination    : 2014::                     PrefixLength   : 64
NextHop        : FE80::2E0:FCFF:FE51:9D1    Preference     : 10
```

| Cost | : 49 | Protocol | : OSPFv3 |
| RelayNextHop | : :: | TunnelID | : 0x0 |
| Interface | : GigabitEthernet0/0/0 | Flags | : D |

| Destination | : 2033::3 | PrefixLength | : 128 |
| NextHop | : FE80::2E0:FCFF:FEE7:1F8A | Preference | : 10 |
| Cost | : 1 | Protocol | : OSPFv3 |
| RelayNextHop | : :: | TunnelID | : 0x0 |
| Interface | : GigabitEthernet0/0/0 | Flags | : D |

| Destination | : 2044::4 | PrefixLength | : 128 |
| NextHop | : FE80::2E0:FCFF:FE51:9D1 | Preference | : 10 |
| Cost | : 49 | Protocol | : OSPFv3 |
| RelayNextHop | : :: | TunnelID | : 0x0 |
| Interface | : GigabitEthernet0/0/0 | Flags | : D |

OSPFv3 Routing Table's Status : < Inactive >
Summary Count : 2

| Destination | : 2022::2 | PrefixLength | : 128 |
| NextHop | : :: | Preference | : 10 |
| Cost | : 0 | Protocol | : OSPFv3 |
| RelayNextHop | : :: | TunnelID | : 0x0 |
| Interface | : LoopBack0 | Flags | : |

| Destination | : 2123:: | PrefixLength | : 64 |
| NextHop | : :: | Preference | : 10 |
| Cost | : 1 | Protocol | : OSPFv3 |
| RelayNextHop | : :: | TunnelID | : 0x0 |
| Interface | : GigabitEthernet0/0/0 | Flags | : |

## 16.2.5　OSPFv3 认证

OSPFv3 本身没有认证（Authentication）功能，因此，OSPFv3 报文头中去掉了 AuType 和 Authentication 字段。相应地，所有 OSPF 区域和接口数据结构都去掉了相关认证域（Field）。

OSPFv3 通过 IPv6 报文的认证报头和 IP 封装安全有效载荷报头实现认证功能，确保路由交换的完整性和认证 / 保密性。

　　OSPFv3 报文利用 IPv6 标准的 16 位完整校验和防止报文数据的随机错误，该校验和覆盖了整个 OSPF 报文和 IPv6 伪头。

　　很遗憾地告诉读者，在本书成稿时，eNSP 还不支持 OSPFv3 认证配置，其配置命令格式介绍如下。

　　（1）配置区域的认证方式

　　① 执行命令 system-view，进入系统视图。

　　② 执行命令 OSPFv3 [ process-id ]，进入 OSPFv3 进程视图。

　　③ 执行命令 area area-id，进入 OSPFv3 区域视图。

　　④ 执行命令 authentication-mode { hmac-sha256 key-id key-id { plain plain-text | [ cipher ] cipher-text } | keychain keychain-name }，配置 OSPFv3 区域的认证模式。

　　在使用区域认证时，一个区域中所有的路由器在该区域中的认证模式和口令必须一致。

　　（2）配置进程的认证方式

　　① 执行命令 system-view，进入系统视图。

　　② 执行命令 OSPFv3 [ process-id ]，进入 OSPFv3 进程视图。

　　③ 执行命令 authentication-mode { hmac-sha256 key-id key-id { plain plain-text | [ cipher ] cipher-text } | keychain keychain-name }，配置 OSPFv3 进程的认证模式。

　　（3）配置接口认证方式

　　① 执行命令 system-view，进入系统视图。

　　② 执行命令 interface interface-type interface-number，进入接口视图。

　　③ 执行命令 OSPFv3 authentication-mode { hmac-sha256 key-id key-id { plain plain-text | [ cipher ] cipher-text } | keychain keychain-name } [ instance instance-id ]，配置 OSPFv3 接口的认证模式。

　　接口验证方式的优先级高于区域验证方式的优先级。除 Keychain 认证模式外，同一网段的接口的认证模式和口令必须相同，不同网段可以不同。

## 16.3　小结

　　本章介绍了基本 IPv6 知识以及基本 IPv6 协议栈下的动态路由协议 OSPFv3。作为下一代网络技术的 IPv6 目前已被广泛部署和应用，并仍在不断稳步增长，很多大型公司（比如谷歌和亚马逊等）已经部署了 IPv6，国内的很多运营商也在逐步把 IPv6 商业化。IPv6 在 HCIA 认证考试以及 HCIE 认证考试中是必考项。

# 16.4　练习题

**选择题**

① RIPng 协议使用的端口号为____。

　　A. UDP 530　　　　　　　B. UDP 520 端口号　　　　　　C. UDP 521 端口号

② OSPFv3 是基于 TCP 的，这种说法____。

　　A. 正确　　　　　　　　B. 错误

③ IPv6 报头中的字段数与 IPv4 报头的字段数相比是____。

　　A. 减少了　　　　　　　B. 增加了

④ IPv6 报文中的 Hop Limit 字段的功能类似于 IPv4 报文中的____字段。

　　A. TTL　　　　　　　　B. 源地址　　　　　　　　C. 流标签

# 第 17 章　SDN 基础

近十年来，通信技术（Communication Technology）受信息技术（Information Technology，IT）的影响，逐渐将网络技术变得更加开放、灵活和简单，当然商业节奏的变化也让快速搭建网络、易于运维等需求变得迫切，这一切都需要 SDN（Software Defined Networking，软件定义网络）技术来完成。在传统网络中每台网络设备存在独立的 3 大平面：数据平面、控制平面和管理平面。设备的控制平面体现为路由协议，然后独立地生成数据平面指导报文转发。传统 IP 网络的优势在于设备与协议解耦，厂家之间兼容性较好且在故障场景中协议保证网络收敛，这与 IETF（The Internet Engineering Task Force，互联网工程任务组）发布的各种 RFC（Request For Comments，征求意见稿）有关，各个网络产品厂商基于 RFC 开发各自的产品。

然而，经典网络面临诸多问题：几乎所有 IGP（Interior Gateway Protocols，内部网关协议）都采用特定的算法以及开销来计算路由（转发路径），结果就是所有数据沿着 IGP 计算出的路由转发数据，本来最优的路径结果变成了最拥堵的路径，而备份路径几乎完全空闲。本质问题在于流量处理机制几乎没有发挥作用；网络技术过于复杂，RFC 文档过多，网络配置命令多、理论多；网络故障定位较难，需要专业的网络工程师才能判断、解决故障问题；另外一个突出的问题是网络业务部署速度过慢，周期长，长达几个月甚至半年以上，不利于业务快速上线。

软件定义网络（SDN）是由美国斯坦福大学 Clean Slate 研究组提出的一种新型网络创新架构，其最初的核心理念是将网络设备的控制平面与数据平面分离。该理念在 MPLS（Multi-Protocol Label Switching，多协议标签交换）中早已体现，后来随着 SDN 的发展，开放可编程接口理念也慢慢深入人心，在 SDN 中引入了被称为控制器的新组件，以集中的方式管理多台设备，同时，作为核心控制器，它利用北向协议与 SDN 应用联动，利用南向协议与网络设备应用联动。SDN 的架构如图 17-1 所示，整个 SDN 架构分为协同应用层、SDN 控制器层和网络设备层。其中，协同应用层提供协同功能；SDN 控制器层是网络的核心；网络设备层用于数据转发。

SDN 的本质诉求是让网络更加开放、灵活和简单，它的实现方式是为网络构建一个集中的大脑——SDN 控制器，通过全局视图集中控制网络，实现业务快速部署、流量调整优化、网络业务开放等目标。

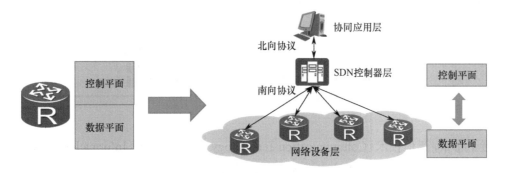

图 17-1　SDN 的架构

# 17.1　SDN 架构

SDN 与南、北向接口之间的关系示意图如图 17-2，该图展示了 SDN 的三层架构模型，具体说明如下。

① 协同应用层：包括专注于网络服务扩展的解决方案，比如已经用于华为数据中心架构中的华为 OpenStack 和 FusionCompute 等云系统。

② SDN 控制器层：包括一个逻辑上集中的 SDN 控制器，该控制器保持一个全局的网络视图，通过明确定义的应用层接口和标准协议对网络进行综合管理，对网络设备进行监控，其实现实体就是 SDN 控制器，比如华为公司的 iMaster NCE，思科公司的 ACI 等，这些控制器都部署在服务器上，而且通常占用巨量的硬件资源。SDN 控制器提供 Web 界面，可以实现图形化、人性化的、端到端的网络业务自动发放功能。

③ 网络设备层：包括物理网络设备，通常包含可以被控制器纳管的以太网交换机、路由器和防火墙等。防火墙是增值业务（Value-Added Service，VAS）系统中的重要设备。

在软件定义网络（SDN）中，控制平面和转发平面是分离的。控制器负责集中控制网元设备，转发设备负责接收控制器指令和配置，用于数据转发，这点很类似于科幻小说中很多虫族外星人的管理体系，在该管理体系中，某个领袖负责全权指挥，而作为工兵的虫族部队负责执行领袖的命令。那么领袖通过什么渠道向虫族部队下发指令呢？这时就需要用到南、北向接口了。

北向开放 API（Application Programming Interface，应用程序接口）是指 SDN 控制器与应用程序之间的软件模块接口，简称北向接口。这些接口开放给客户、合作伙伴和开源社区。应用程序和业务流程工具可以利用这些 API 与 SDN 控制器进行交互。当然还有一些其他的协同层应用程序，例如，安全 APP 和网络业务 APP 客户端等。网络设备层和 SDN 控制器层之间通过北向接口交互，实际上，北向接口决定了 SDN 的能力和价值。

相对而言，离网络工程师更近的是南向接口，它解决了 SDN 控制器和转发器之间的异构问题。南向接口支持多种协议，例如，NETCONF、PCEP、BGP-LS、OpenFlow、BGP、SNMP、IGP、OVSDB 和 CLI 等，最直观的体现就是，SDN 控制器通过 SNMP 获取设备信息并纳管网络设备，通过 NETCONF 向网络设备下发配置信息。当然，你还可以看到一些传统的终端配置方式，比如 CLI（Command Line Interface，命令行界面）。

图 17-2 展示了 SDN 与南、北向接口之间的关系示意图。

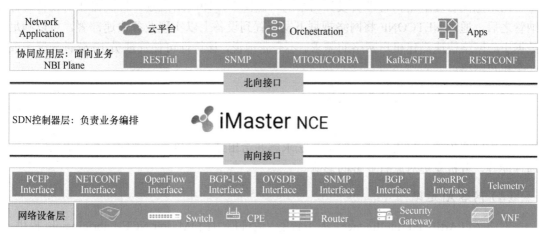

图 17-2　SDN 与南、北向接口之间的关系示意图

## 17.2　华为 iMaster NCE 系统

iMaster NCE 网络管理与控制系统是华为集管理、控制、分析和 AI 智能功能于一体的网络自动化与智能化系统，它的主要组件有网管系统 eSight、控制器系统 Agile Controller 和网络分析器 Insight，它的核心组件是 SDN 控制器，即 Agile Controller，主要用于数据中心网络（DCN）、企业园区（Campus）、企业分支互联（软件定义广域网，SD-WAN）等场景，相应的 3 个产品分别是 iMaster NCE-Fabric、iMaster NCE-Campus 和 iMaster NCE-WAN，限于篇幅，本书不对广域网相关内容做过多讨论。

### 1. 数据中心控制器 iMaster NCE-Fabric

关键特性：零接触配置、网络意图自理解与业务快速部署、网络变更仿真与预判变更风险、网络 AI 运维。

（1）零接触配置

零接触配置（Zero Touch Provisioning，ZTP）是指新出厂或空配置设备上电启动时采用的一种自动加载版本文件（包括系统软件、配置文件、License 文件、补丁文件、自定义文件）的功能，它可以解决部署量大、地域分散等问题，通过运行 ZTP 功能，可以从 U 盘或文件服务器上获取版本文件并自动加载，实现设备的免现场配置、部署，从而降低了人力成本，提升了部署效率。华为数据中心级别 CE 交换机支持 ZTP 功能。

（2）网络意图自理解与业务快速部署

网络意图自理解是指管理员设计网络的"意图"，即网络规划，控制器在对设备进行纳管之后，通过 NETCONF 将网络规划下发配置到设备上以实现业务快速部署，可以满足数据中心网络快速搭建租户网络的需求。不夸张地说，该特性可使管理员 10 分钟部署完成一个租户网络。

（3）网络变更仿真与预判变更风险

网络变更仿真与预判变更风险是指把需要变更的配置上传之后，通过建立物理 / 逻辑 / 应用网络模型，采用形式化验证算法求解并给出结论，以表明现网资源应用情况和连通性能等，分析变更对原有业务的影响。

（4）网络 AI 运维

网络 AI（Artificial Intelligence，人工智能）运维能力由 iMaster NCE-FabricInsight 提供，该功能借助数据清洗、异常识别和网络对象建模等应用，通过知识推理引擎，完成异常检测、根因分析（Root Cause Analysis，RCA）以及风险预判，最终给出运维和变更结论。

到本书完稿时，华为发布了 NCE-Fabric R19C10，它是之前的 AC-DCN（数据中心网络的 SDN 控制器）的全面升级版本。数据中心网络控制器架构如图 17-3 所示，在该图中，①的位置是业务呈现层，②的位置是 iMaster NCE 控制器，③的位置是作为 SPINE（核心交换机）和 Leaf（叶子交换机）以及增值业务的防火墙，这是经典的数据中心二层胖树架构。

## 2. 企业园区网 SDN 控制器 iMaster NCE-Campus

关键特性：设备即插即用、构建一网多用的虚拟化园区、基于安全组策略管理的业务随行、有线网络与无线网络融合、终端智能识别，安全接入与 LAN-WAN 融合。

（1）设备即插即用

设备即插即用，一般包括 APP 扫码开局、DHCP 开局和注册查询中心方式。比如 DHCP 开局方式包括预配置、通过 DHCP Server 获取注册信息、设备自动注册上线和配置自动化下发几个步骤。通过这几个步骤便可完成网络部署。华为 SDN 控制器支持对 1000+的物联网或者哑设备的识别。

（2）构建一网多用的虚拟化园区

构建一网多用的虚拟化园区是指通过引入虚拟化技术，在园区网络中，基于一张物理网络创建多张虚拟网络（Virtual Network，VN）。不同的虚拟网络（如生产网络、办公网络、业务网络等）支持不同的业务。

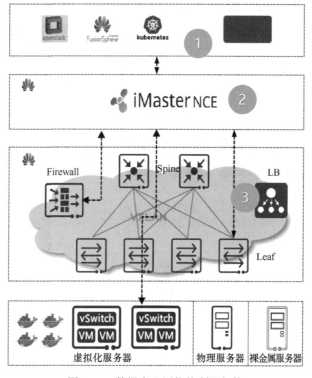

图 17-3  数据中心网络控制器架构

（3）基于安全组策略管理的业务随行

业务随行是敏捷网络中一种不管用户身处何地、使用哪个 IP 地址，都可以保证该用户获得相同的网络访问策略的解决方案。基于安全组（Security Group）策略管理的业务随行是指，在确定某用户特定的网络权限和用户策略后，用户做出位置移动或者 IP 变更都不影响之前确定的内容。这些权限和策略通过安全组来定义，当然这些策略会下发到对应的网络设备，对应用户的数据进入园区网后会根据安全组执行对应的策略。

（4）有线网络与无线网络融合

经典无线网络一般采用特定型号的无线 AC 或者交换机插卡 AC 方式实现，当下流行的无线架构是交换机携带随板卡 AC 控制器，无线流量转发不再成为瓶颈，并且故障减少了。有线无线集中管理体现在：有线与无线业务统一管理、融合转发；有线与无线用户融合管理、网关融合；有线与无线认证点融合；有线与无线统一策略执行。

（5）安全接入与 LAN-WAN 融合

LAN-WAN 融合是 NCE Campus 的软件定义广域网组件，通过 LAN-WAN 融合，实现一个平台统一管理、统一监控园区网和广域网。在广域网方面，主要通过 AR 路由器和 USG 防火墙互联完成安全接入。华为 NCE Campus 控制器架构如图 17-4 所示，在该图中，iMaster NCE 作为集中控制器，使用 NETCONF 或者 YANG 协议来管理和纳管分支与中大型园区网边界的 AR 路由器和 USG 防火墙。

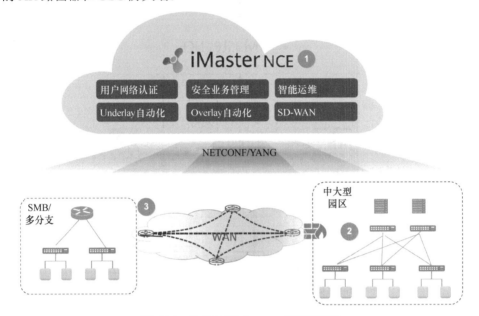

图 17-4　华为 NCE Campus 控制器架构

本书完稿时，华为的企业网络 NCE 版本为 NCEV1R20C00。

## 17.3　SDN 的转发实体技术 VXLAN

首先我们需要提及 Underlay（底层）网络和 Overlay（上层）网络，Underlay 网络即经典的路由和交换网络，SDN 并没有改变现有的协议实现方式，它改变的只是网络架构，所以经典协议并不过时，而且在 SDN 时代更加需要高层次的 Underlay 网络人才。Overlay 网络是再次虚拟化之后的逻辑网络，主要由 VXLAN 技术实现。

VXLAN（Virtual eXtensible LAN，虚拟扩展局域网）采用 MAC in UDP 的封装方式，是 NVo3（Network Virtualization over layer 3）中的一种网络虚拟化技术，采用 UDP 的 4789 端口实现。VXLAN 已经成为实际的业界标准，它具有如下优势：基于 IP 实现 Overlay 网络，仅需要边界设备间 IP 路由可达即可；网络变化可以实现实时侦听，且全网拓扑毫秒级别实现收敛；通过 VXLAN 构建虚拟网络，其报文结构中的 VNI 字段表示可以支持多达 1677 万个虚拟网络；可部署物理设备和 vSwitch 多种设备。VXLAN 实现方式可分为主机 Overlay、网络 Overlay 和混合 Overlay 架构。

## 17.3.1　VXLAN 基本概念

VXLAN 是一种将二层报文用三层协议进行封装的技术，可以对二层网络在三层范围内进行扩展，可以跨越三层来传输二层数据帧。VXLAN 可基于 IP 实现 Overlay 网络，Overlay 网络主要由边缘设备、控制平面和转发平面三部分组成。

① 边缘设备：是指与虚拟机或者终端直接相连的设备，或者指 VXLAN 封装或者解封装设备。

② 控制平面：主要负责虚拟隧道的建立、维护以及主机可达性信息的通告，比如 BGP EVPN 或者静态部署方式的 VXLAN。

③ 转发平面：是承载 Overlay 报文的物理网络，比如华为 CE 系列或者 CE S 系列交换机。通过 VXLAN 构建无处不在的全网 VXLAN Fabric，使得任意设备都可以在逻辑网络上转发数据。VXLAN 的底层与虚拟化网络如图 17-5 所示，该图为我们展示了底层网络以及通过 VXLAN 虚拟化后的 Overlay 网络。

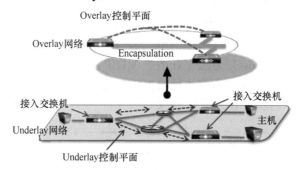

图 17-5　VXLAN 的底层与虚拟化网络

VXLAN 的相关概念如下所述。

① NVE（Network Virtual Edge）：网络虚拟化边界，是运行 VXLAN 的设备，其实体是一种虚拟逻辑接口，负责 VXLAN 数据的封装和解封装，其主要参数包括源 VTEP 以及实现方式，在华为设备上分为静态指定和 BGP 方式两种。

② VTEP（VXLAN Tunnel End Point）：VXLAN 隧道端点，用于标识 NVE。每个 NVE 至少包含一个 VTEP，通常，VTEP 使用 NVE 设备上的 IP 地址来表示，换言之，NVE 是设备，而 VTEP 就是 NVE 上的某个 IP 地址，该地址必须在设备之间通过路由到达。

③ VNI（VXLAN Network Identifier）：VXLAN 网络标识，共 24 比特。理论上，可以有 $2^{24} = 16777216$ 个 VXLAN。一般，每个 VNI 对应一个租户，这比 VLAN 的范围大了 $N$ 倍，它标识 VXLAN 中的二层广播域。2 个 VTEP 可以代表一个 VXLAN 隧道，即 VXLAN 需要由源目 VTEP 组成，通过隧道进行 Overlay 数据传输。

④ Bridge-Domain：桥接域（BD）。RFC 并未定义桥接域，它是华为设备上部署 VXLAN 时的实体，将虚拟网络（Virtual Network，VN）对应的 VNI 以 1∶1 方式映射到广播 BD，BD 是 VXLAN 网络的实体，通过 BD 转发业务流量。

## 17.3.2　VXLAN 数据封装与转发

在前边的章节我们讨论了 VXLAN 是一种 MAC in UDP 的封装，它会采用多层封装。图 17-6 展示了 VXLAN 的数据封装，其内容说明如下。

① Original L2 Frame：原始以太网报文，即业务应用的以太网帧。

② VXLAN Header：VXLAN 协议新定义的 VXLAN 头，长度为 8 字节。其中，VXLAN ID（VNI）为 24 比特，用于标识一个单独的 VXLAN 网络。

③ UDP Header：UDP 报文头，长度为 8 字节。其中，UDP 目的端口（UDP Destination Port）号固定为 4789，指示内层封装报文为 VXLAN 报文。UDP 源端口（UDP Source Port）号为随机任意值，可以用于 VTEP 之间多路径负载分担的计算。

④ Outer IP Header：封装的外层 IP 头，长度为 20 字节。其中，外层源 IP 地址（Outer Source IP Address）为源 VM 所属 VTEP 的 IP 地址；外层目的 IP 地址（Outer Destination IP Address）为目的 VM 所属 VTEP 的 IP 地址。协议字段为 0x11，指示内层封装的是 UDP 报文。

⑤ Outer MAC Header：封装的外层 MAC 头，长度为 14 字节。其中，外层源 MAC 地址（Outer Source MAC Address）为源 VM 所属 VTEP 的 MAC 地址；外层目的 MAC 地址（Outer Destination MAC Address）为到达目的 VTEP 的路径上下一跳设备的 MAC 地址。类型字段为 0x0800，指示内层封装的是 IP 报文。

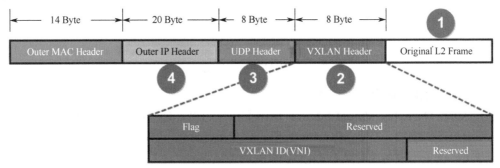

图 17-6　VXLAN 的数据封装

如图 17-7 展示了一个实际的 VXLAN 数据封装，其中：①处为内层的以太网封装（即 MAC 封装），它封装了 ARP 广播报文；②处为 VXLAN 封装，它很简单，此处可以看到 VNI，以及后续用于安全组的 Group Policy；③处为外层的 UDP 封装，VXLAN 的端口为 4789；④处为外层源目 IP 地址，即 VTEP 地址；⑤处为外层以太网封装。从该实际报文可以看出，VXLAN 确实是 MAC in UDP 的封装。读者可以将图 17-7 和图 17-6 作为参照，对比学习 VXLAN 封装相关知识。

| No. | Time | Source | Destination | Protocol | Info |
|---|---|---|---|---|---|
| 1 | 0.000000 | HuaweiTe_ff:24:6c | Broadcast | ARP | Who has 172.16.1.2? Tell 172.16.1.1 |
| 2 | 0.031000 | HuaweiTe_fb:77:95 | HuaweiTe_ff:24:6c | ARP | 172.16.1.2 is at 54:89:98:fb:77:95 |
| 3 | 0.063000 | 172.16.1.1 | 172.16.1.2 | ICMP | Echo (ping) request id=0x01d2, seq=1/256, |
| 4 | 0.094000 | 172.16.1.2 | 172.16.1.1 | ICMP | Echo (ping) reply id=0x01d2, seq=1/256, |
| 5 | 1.139000 | 172.16.1.1 | 172.16.1.2 | ICMP | Echo (ping) request id=0x02d2, seq=2/512, |
| 6 | 1.186000 | 172.16.1.2 | 172.16.1.1 | ICMP | Echo (ping) reply id=0x02d2, seq=2/512, |
| 7 | 2.231000 | 172.16.1.1 | 172.16.1.2 | ICMP | Echo (ping) request id=0x03d2, seq=3/768, |
| 8 | 2.262000 | 172.16.1.2 | 172.16.1.1 | ICMP | Echo (ping) reply id=0x03d2, seq=3/768, |

```
Frame 1: 110 bytes on wire (880 bits), 110 bytes captured (880 bits)
Ethernet II, Src: 38:4f:2b:01:01:00 (38:4f:2b:01:01:00), Dst: 38:4f:2b:02:01:00 (38:4f:2b:02:01:00)  ⑤
                                                                              外层源VTEP单播封装
Internet Protocol Version 4, Src: 1.1.1.1, Dst: 2.2.2.2  ④
User Datagram Protocol, Src Port: vxlan (4789), Dst Port: vxlan (4789)  ③
Virtual eXtensible Local Area Network  ②
  Flags: 0x0800, VXLAN Network ID (VNI)
  Group Policy ID: 0                     我们部署的VNI10
  VXLAN Network Identifier (VNI): 10                    ARP的广播报文从子接口接入, 被VXLAN封装  ①
  Reserved: 0
Ethernet II, Src: HuaweiTe_ff:24:6c (54:89:98:ff:24:6c), Dst: Broadcast (ff:ff:ff:ff:ff:ff)
Address Resolution Protocol (request)     内层业务数据, 此处为ARP
```

图 17-7　实际的 VXLAN 数据封装

在 VXLAN 封装数据中，对 BUM（Broadcast, Unknown-unicast, Multicast，广播、未知单播和组播）报文进行泛洪处理。VXLAN 封装并转发 ARP 广播实例如图 17-8 所示，该图展示了一个 ARP 广播数据帧的转发过程，具体步骤如下所述。

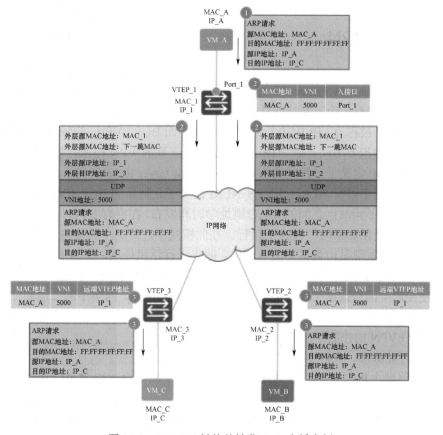

图 17-8　VXLAN 封装并转发 ARP 广播实例

① VM_A 发送 ARP 广播报文，数据封装格式是，源 MAC 地址为 MAC_A、目的 MAC 地址为全 F、源 IP 地址为 IP_A、目的 IP 为 IP_C 地址，请求 VM_C 的 IP 地址对应的 MAC 地址。

② 数据帧到达 NVE 设备，VTEP_1 收到 ARP 请求后，将数据封装并送入 VXLAN 隧道。封装的外层源 IP 地址为本地 VTEP 的 IP 地址，外层目的 IP 地址为对端 VTEP 的 IP 地址。此处有 2 个 VTEP（VTEP_2 和 VTEP_3），在整个数据转发过程中源目 IP 地址不变。外层源 MAC 地址为自身 VTEP 的 MAC 地址，外层目的 MAC 地址为去往目的 IP 地址的网络中下一跳设备的 MAC 地址。封装后的报文被按要求转发，直至到达对端 VTEP。

③ 报文到达远端 VTEP_2 和 VTEP_3，VTEP 对 VXLAN 报文进行解封装，得到 VM_A 发送的内层的 ARP 请求。同时，VTEP_2 和 VTEP_3 学习 VM_A 的 MAC 地址、VNI 和远端 VTEP 的 IP 地址（IP_1）的对应关系，并记录在本设备的 MAC 地址表中。之后，VTEP_2 和 VTEP_3 在对应的二层域内发送广播报文。

④ VM_B 和 VM_C 接收到 ARP 请求后，比较报文中的目的 IP 地址是否为本机的 IP 地址。VM_B 发现目的 IP 地址不是本机 IP 地址，则将该报文丢弃；VM_C 发现目的 IP 是本机 IP 地址，则对 ARP 请求做出应答。

# 17.4　BGP EVPN

BGP（Border Gateway Protocol，边界网关协议）是当下整个互联网的基石，它具有非常好的灵活性和扩展性，除了支持默认的 IPv4 单播路由，它还支持 IPv6、组播等功能，支持这些功能的 BGP 被称为 MP-BGP（多协议 BGP）。而 BGP EVPN（Ethernet Virtual Private Network，以太网虚拟专用网）是一种用于二层网络互联的 VPN 技术，被用作 VXLAN 的控制协议。MP-BGP 定义了一种新的 NLRI（Network Layer Reachability Information，网络层可达性信息），即 EVPN NLRI，EVPN NLRI 定义了几种新的 BGP EVPN 路由类型，用于处在二层网络的不同站点之间的 MAC 地址学习和发布。在没有 EVPN 之前，VXLAN 的 Overlay 网络在"泛洪和学习"模式下运行。在此模式下，终端主机信息（如 MAC 地址）学习以及 VTEP 的发现是由数据平面驱动的，即先进行泛洪处理，在 VTEP 之间没有控制协议分发终端主机的可达性信息。BGP EVPN 为远程 VTEP 背后的终端主机引入了控制平面学习，使控制平面与数据平面分离，并为 VXLAN Overlay 网络中的二层和三层转发提供统一的控制平面。

MP-BGP EVPN 的控制平面具有以下优势：

① 基于行业标准，允许多厂商之间的互操作性。

② 启用终端主机二层和三层可达性信息的控制平面学习，更容易创建具备扩展性的 VXLAN 重叠网络。

③ 使用已经非常成熟 MP-BGP VPN 技术支持可扩展的多租户 VXLAN 重叠网络。

④ EVPN 包含二层和三层可达性信息，可在 VXLAN 重叠网络中提供集成的桥接和

路由功能。

⑤ 通过主机 MAC/IP 路由分发和本地 VTEP 上的地址解析协议 （Address Resolution Protocol，ARP） 抑制功能，可最大限度地减少网络泛洪。

## 17.4.1　BGP EVPN 路由

BGP EVPN 定义了 3 种类型的路由，用以实现建立隧道、更新主机 MAC 地址，以及访问外部网络等功能。

（1）Type2 路由：MAC/IP 路由

该类路由在 VXLAN 控制平面中的作用是通告主机的 MAC 地址。要实现同子网主机的二层互访，两端 VTEP 需要相互学习主机 MAC 地址。作为 BGP EVPN 对等体的 VTEP 之间通过交换 MAC/IP 路由，可以相互通告已经获取的主机 MAC 地址。在分布式网关场景中，要实现跨子网主机的三层互访，两端 VTEP（作为三层网关的角色）需要互相学习主机 IP 路由。作为 BGP EVPN 对等体的 VTEP 之间通过交换 MAC/IP 路由，可以相互通告已经获取的主机 IP 路由。其中，IP Address Length 和 IP Address 字段为主机 IP 路由的目的地址，同时 MPLS Label2 字段必须携带三层 VNI，此时的 MAC/IP 路由也被称为 IRB（Integrated Routing and Bridge，集成路由和桥接）类型路由。

（2）Type3 路由：Inclusive Multicast 路由

该类型路由在 VXLAN 控制平面中主要用于 VTEP 的自动发现和 VXLAN 隧道的动态建立。作为 BGP EVPN 对等体的 VTEP，通过 Inclusive Multicast 路由互相传递二层 VNI 和 VTEP IP 地址信息。Originating Router's IP Address 字段为本端 VTEP IP 地址，MPLS Label 字段为二层 VNI。如果对端 VTEP IP 地址是三层路由可达的，则建立一条到对端的 VXLAN 隧道。

（3）Type5 路由

该类型路由的 IP Prefix Length 和 IP Prefix 字段既可以携带主机 IP 地址，也可以携带网段地址。如果携带主机 IP 地址，该类型路由在 VXLAN 控制平面中的作用与 IRB 类型路由是一样的，主要用于分布式网关场景中的主机 IP 路由通告；如果携带网段地址，通过传递该类型路由，可以实现 VXLAN 网络中的主机访问外部网络。

## 17.4.2　配置 BGP EVPN 实现 VXLAN 实例

【实验目的】

① 掌握 BGP 的 EVPN 方式，部署同一子网内的 VXLAN。

② 理解通过 VXLAN 完成数据在大二层的通信。

【实验环境与拓扑】

本部分实验使用 eNSP 的 CE 设备完成，通过 BGP 的 EVPN 方式部署 VXLAN，其中 SPINE 作为 BGP EVPN 的路由反射器，Leaf 作为路由反射器客户端，将 Leaf 设备部署为业务接入点，配置桥接域和 L2 子接口，如图 17-9 所示配置 BGP EVPN 方式的二层通信。

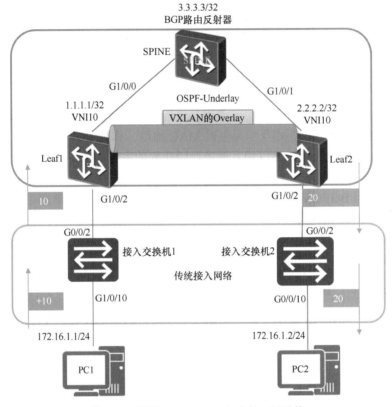

图 17-9　配置 BGP EVPN 方式的二层通信

【实验步骤】

步骤 1：基本 Underlay 网络和传统交换机配置

```
Spine
ospf router 3.3.3.3
area 0
int g1/0/0
undo shutdown
undo portswitch
ip address 10.1.13.3 24
ospf enable a 0
```

```
ospf network-type p2p
int g1/0/1
undo shutdown
undo portswitch
ip address 10.1.23.3 24
ospf enable a 0
ospf network-type p2p
int lo0
ip address 3.3.3.3 32
ospf enable a 0
commit
Leaf1:
ospf router-id 1.1.1.1
area   0
int lo0
ip address 1.1.1.1 32
ospf en a 0
int g1/0/0
undo shutdown
undo portswitch
ip address 10.1.13.1 24
ospf en a 0
ospf network-type p2p
Leaf2:
ospf router-id 2.2.2.2
area   0
int g1/0/1
un shutdown
undo portswitch
ip address 10.1.23.2 24
ospf enable a 0
ospf network-type p2p
int lo0
ip address 2.2.2.2 32
ospf enable a 0
ospf network-type p2p
commit
```

在本例中，分别将 PC1 和 PC2 接入到 S 系列交换机的 VLAN10，并完成接入交换机的

VLAN 和端口验证。

接入交换机 1：

```
interface GigabitEthernet0/0/2
port link-type trunk
port trunk allow-pass vlan 2 to 4094
interface GigabitEthernet0/0/10
port link-type access
port default vlan 10
```

接入交换机 2：

```
interface GigabitEthernet0/0/2
port link-type trunk port
trunk allow-pass vlan 2 to 4094
interface GigabitEthernet0/0/10
port link-type access port default vlan 1
```

步骤 2：配置基础 CE 设备的桥接域和子接口

```
interface GE1/0/2
  description Conn2ACCESS
  undo shutdown       //保证连接接入网络的接口开启
bridge-domain 10      //创建桥接域 10
vxlan vni ?
    INTEGER<1-16777215>   Value of VXLAN network identifier      //可以看到 VXLAN 的网络标
识范围是 16777215
vxlan vni 10      //配置 VLXAN 的 VNI 标记
encapsulation dot1q vid 10
Leaf2
interface GE1/0/2
  description Conn2ACCESS
  undo shutdown
bridge-domain 10
  vxlan vni 10
encapsulation dot1q vid 10       //允许携带 TAG 10 的数据帧进入 VXLAN，解封装后指定 VLAN
TAG 10
```

SPINE 无须配置桥接域，它只作为控制层面出现。

步骤 3：通过 BGP 的 EVPN 地址族来部署二层 VPN

```
[Leaf1]evpn-overlay enable   //使能 EVPN 作为 VXLAN 的控制平面，不仅可以使 VXLAN 具备
```

更高的安全性，还可以简化 VXLAN 的配置

```
[Leaf1]bgp 100
[Leaf1-bgp]router-id 1.1.1.1
[Leaf1-bgp]peer 3.3.3.3 as-number 100
[Leaf1-bgp]peer 3.3.3.3 connect-interface lo0     //Leaf1 与 SPINE 建立 BGP 邻居关系
[Leaf1-bgp]l2vpn-family evpn
[Leaf1-bgp-af-evpn]peer 3.3.3.3 enable     //在二层 VPN 地址族下的 EVPN 子地址族中激活 SPINE
```
的邻居。注意：此处会自动增加 policy vpn-target 命令，即只有 VPN-Target 匹配才学习对应二层 VPN 路由
```
    Warning: This operation will reset the peer session. Continue? [Y/N]:y !
```

Leaf2 的配置除了 BGP 的 RID 和 Leaf1 几乎完全一样。

```
[Leaf2]evpn-overlay enable     //使能 EVPN 作为 VXLAN 的控制平面
[Leaf2]bgp 100
[Leaf2-bgp] router-id 2.2.2.2
[Leaf2-bgp] peer 3.3.3.3 as-number 100
[Leaf2-bgp] peer 3.3.3.3 connect-interface Loopback0
[Leaf2-bgp]
#[Leaf2-bgp] ipv4-family unicast
[Leaf2-bgp-af-ipv4]  peer 3.3.3.3 enable
  [Leaf2-bgp-af-ipv4] l2vpn-family evpn
[Leaf2-bgp-af-evpn]  policy vpn-target
[Leaf2-bgp-af-evpn]  peer 3.3.3.3 enable
Warning: This operation will reset the peer session. Continue? [Y/N]:y
```

在 SPINE 上需要指定两个 Leaf 设备作为路由反射器的客户端。

```
[SPINE]evpn-overlay enable     //使能 EVPN 作为 VXLAN 的控制平面
[SPINE]bgp 100
[SPINE-bgp]router-id 3.3.3.3
[SPINE-bgp]peer 1.1.1.1 as-number 100
[SPINE-bgp]peer 1.1.1.1 connect-interface lo0
[SPINE-bgp]peer 2.2.2.2 as-number 100
[SPINE-bgp]peer 2.2.2.2 connect-interface lo0
[SPINE-bgp]l2vpn-family evpn
[SPINE-bgp-af-evpn]peer 1.1.1.1 enable
Warning: This operation will reset the peer session. Continue? [Y/N]:y
[SPINE-bgp-af-evpn]peer 1.1.1.1 reflect-client     //SPINE 指定 Leaf1 作为路由反射器的客户端
[SPINE-bgp-af-evpn]peer 2.2.2.2 enable
Warning: This operation will reset the peer session. Continue? [Y/N]:y   [SPINE-bgp-af-evpn]peer
2.2.2.2 reflect-client     //SPINE 指定 Leaf2 作为路由反射器的客户端
```

```
[SPINE-bgp-af-evpn]undo  policy  vpn-target    //SPINE 为了学习来自客户端的路由，关闭
VPN-Target 匹配功能，即使 VPN-Target 不匹配也可以学习路由。
```

查看 BGP 的 EVPN 地址族的邻居关系。此时，并没有任何的 BGP 前缀，这需要我们继续配置后续内容。

```
[SPINE]display bgp evpn peer
    BGP local router ID          : 3.3.3.3
    Local AS number              : 100
    Total number of peers        : 2
    Peers in established state : 2
    Peer            V        AS  MsgRcvd  MsgSent  OutQ  Up/Down        State  PrefRcv
    1.1.1.1         4       100       12       14     0 00:07:00 Established        0
//此时 SPINE 没有收取任何的前缀信息，数字 0 代表 BGP 邻居关系建立成功
    2.2.2.2         4       100       11       12     0 00:06:51 Established        0
```

步骤 4：配置 BGP 的 EVPN 实例作为 VXLAN 控制层面

```
Leaf1：
bridge-domain 10
vxlan vni 10
evpn
route-distinguisher 10:10
vpn-target 10:10 export-extcommunity    //export 属性为更新 BGP EVPN 时出方向的扩展团体属性
vpn-target 10:10 import-extcommunity    //import 属性必须和远端 export 匹配才会收取 EVPN 路
由，否则丢弃
interface Nve1
source 1.1.1.1
vni 10 head-end peer-list protocol bgp    //使用 BGP 作为 VXLAN 的控制层面
Leaf2：
bridge-domain 10
vxlan vni 10
evpn
route-distinguisher 10:10
vpn-target 10:10 export-extcommunity
vpn-target 10:10 import-extcommunity
interface Nve1
source 2.2.2.2
vni 10 head-end peer-list protocol bgp
```

查看 VXLAN 隧道已经在 Leaf1 和 Leaf2 之间成功建立：

```
[Leaf1]display vxlan tunnel
Number of vxlan tunnel : 1
Tunnel ID Source Destination State Type Uptime
-------------------------------------------------------------------------------
4026531843 1.1.1.1 2.2.2.2 up dynamic 00:55:35
[Leaf1]display vxlan vni 10 verbose
BD ID : 10

State : up
NVE : 22
Source Address : 1.1.1.1
Source IPv6 Address : -
UDP Port : 4789
BUM Mode : head-end
Group Address : -
Peer List : 2.2.2.2
IPv6 Peer List : -
```

在数据测试时注意尝试从两侧 PC 发送数据，此时 PC1 可以和 PC2 通信，表明终端数据测试成功，如图 17-10 所示。

图 17-10　终端数据测试成功

查看 Leaf 设备的 MAC 地址表，可以看到 Leaf 已经成功学习到了远端终端的 MAC 地址。

```
[Leaf2]dis mac-address
```

```
Flags: * - Backup
BD : bridge-domain Age : dynamic MAC learned time in seconds
------------------------------------------------------------
MAC Address VLAN/VSI/BD Learned-From Type Age
------------------------------------------------------------
5489-98b3-675e -/-/10 GE1/0/2.1 dynamic -
5489-9823-5b2d -/-/10 1.1.1.1 dynamic -
5489-98b3-675e -/-/10 GE1/0/2.1 dynamic -
5489-9823-5b2d -/-/10 1.1.1.1 dynamic -
------------------------------------------------------------
```

至此，本实验完成了在同一子网中的终端通过 BGP EVPN 方式建立 VXLAN 隧道通信。

# 17.5　练习题

**选择题**

① 软件定义网络的主要理念是什么？＿＿＿

　　A. 灵活网络　　　　　　　　　B. 控制平面和转发平面分离

　　C. 构建简单网络　　　　　　　D. 全局视图

② SDN 网络的控制层指什么？＿＿＿

　　A. 路由协议　　　B. 北向协议　　　D. 南向协议　　　D. SDN 控制器

③ VXLAN 技术是一种大二层技术，它工作在 UDP 层面，其端口号多少？＿＿＿

　　A. 4338　　　　　B. 4789　　　　　D. 4331　　　　　D. 65535

④ 在华为的 SDN 网络中，VXLAN 的控制层面通过什么实现？＿＿＿

　　A. 静态方式　　　　　　　　　B. 中间系统到中间系统协议

　　C. OSPF　　　　　　　　　　D. BGP EVPN

# 第 18 章　网络编程与自动化基础

## 18.1　什么是网络自动化

　　网络自动化是指一个网络中的物理和虚拟设备可自动完成配置、管理、测试、部署和操作过程，可将网络生命周期各个阶段执行的手动任务和流程转换为一些软件应用，而这些应用能够可靠地重复完成这些任务和流程。

　　在网络自动化技术支持下，网络可每天自动执行制定好的任务和功能，通过协作、自动化和网络编排简化涉及复杂配置和设备管理的网络操作，以适应不断变化环境的业务灵活性。

　　在日常工作中，你是否遇到过以下重复性的、稍显浪费人力的场景。

- 设备升级：现网有数千台网络设备，你需要周期性、批量性地对设备进行升级。
- 配置审计：企业年度需要对设备进行配置审计。例如，要求所有设备开启 SSH 功能和以太网交换机配置生成树安全功能，你需要快速地找出不符合要求的设备。
- 配置变更：因为网络安全要求，需要每三个月修改设备账号和密码。你需要在数千台网络设备上删除原有账号并新建账号。

　　对于大型网络来说，网络设备的数量可能指数级增长，这时自动化配置显然能起到更重要的作用，其作用可以概括为如下几点。

　　首先，网络自动化可以减少人为失误，通过在整个网络和服务生命周期中使用高效、基于意图的闭环运维，你可以减少执行常见操作任务所需的时间，尽量减少与手动流程相关的错误，同时使用已有资源完成更多工作。

　　其次，网络自动化可以让网络更适合 IT 服务器环境。多年来，大量企业运维团队都在使用自动化功能来创建高度动态的服务器系统。自动化功能可及时提供所需的连接和安全性，支持 API，还可基于标准协议和开源自动化框架（例如，Ansible、SaltStack、Puppet 和 Chef）实现开放性和互操作性。此外，服务提供商和企业往往利用这些自动化框架来加速其网络自动化实施。

　　最后，网络自动化功能可以提高配置效率，使得业务网络快速上线。

　　网络的自动化和无人驾驶一样，能够把网络操作人员从复杂的日常管理工作中解放出来，让他们把有限的资源运用于更重要的任务优化。在本书中仅介绍网络自动化运维基础知识，其他中高级内容欢迎关注乾颐堂的专业课程。

## 18.2　基于编程实现的网络自动化概述

以 Python 为主的编程能力成为网络工程师新的技能要求，采用 Python 编写的自动化脚本能够很好地执行重复、耗时、有规则的操作，所以它成为业界实际的网络自动化脚本语言。同时它具有非常多的网络自动化库来自动完成多种任务。

网络自动化最直观的一个例子就是自动配置网络设备，该过程分为以下两个步骤：

① 用命令行方式编写配置文件或者脚本。

② 使用远程管理协议（比如 SSH 和 Telnet）将 Python 代码配置文件推送到设备上运行。

当然以上的例子仅仅是初级阶段的网络自动化，高阶段的网络自动化利用网络设备的 API（Application Programming Interface，应用程序接口）作为实现方式，通过 API 可实现机器与机器的通信，节省了人力资源。在 API 出现之前，用于配置和管理网络设备的两个主要机制是命令行接口（Command Line Interface，CLI）和简单网络管理协议（Simple Network Management Protocol，SNMP）。请注意，SNMP 不为设备提供实时编程接口，也没办法提供快速配置服务。

Python 可以通过套接字（Socket）编程和套接字模块操纵底层网络，从而为 Python 所在的操作系统和网络设备之间搭建一个低层次的网络接口。当然，Python 模块还可以通过 Telnet、SSH 和 API 与网络设备进行更高级别的交互。另外，SDN 控制器已经开始被部署在商用网络中，SDN 是一种"基于意图"的网络，你可这样理解其含义：在一个 Web 页面（该页面是 SDN 控制器的登录方式和部署网络的方式）中，通过鼠标点击操作就可以将你对网络的"构想和意图"在由 SDN 控制器管理的多台设备上实现，其本质就是通过南向协议向网络设备推送配置，这也是一种网络自动化。常见自动化运维工具或者方式如图 18-1 所示，在网络自动化的关键词中，Python 出现的频率最高，另外一个较 Python 出现的频率稍低一点的关键词是 Ansible。

图 18-1　常见自动化运维工具或者方式

## 18.3　知名的 Ansible

Ansible 是开源环境里的一种最流行 IT 自动化和配置管理平台，是一个无须代理和可扩展的超级简单的自动化平台。Ansible 也是一个基于 Python 开发的新出现的自动化运维工具，经常被拿来与其他工具（如 Puppet、Chef 和 SaltStack）比较。Ansible 是一个由 Michael DeHaan 创建的开源项目，在 Ansible 上不需要安装特定软件，这是采用 Ansible 作为实现网络自动化最佳选择的主要原因。

对于网络自动化，采用 Ansible 的理由如下。

（1）无代理

在当下的网络环境中，绝大部分在网设备并不支持 API。从自动化的角度来看，API 可以使很多问题变得很简单，而 Ansible 这样的无代理平台更适合自动化地管理那些老旧（传统）设备。例如，仅支持 CLI 的设备已经集成到 Ansible 平台上，就像在设备上通过协议（如 Telnet、SSH 和 SNMP）实现远程访问一样，使用 Ansible，无论有或没有 API，任何类型的设备都可以实现自动化。

从后来的发展趋势看，作为一个独立的网络设备，路由器、交换机和防火墙等都相继增加了 API 功能，SDN 解决方案不断涌现。在 SDN 解决方案中，一个常见主题是，提供单点集成和策略管理，通常以 SDN 控制器的形式出现。

（2）自由开源软件

Ansible 是一个开源软件，它的全部代码在 GitHub 上可公开访问，使用 Ansible 是完全免费的。它可以在几分钟内完成安装并为网络工程师提供服务。

（3）可扩展性

Ansible 主要是为部署 Linux 应用程序而构建的自动化平台，虽然从早期开始已经扩展到 Windows，需要指出的是，Ansible 开源项目并没有"自动化网络基础设施"的目标。事实上，作为开源的一员，Ansible 生态社区更明白如何在底层的 Ansible 基础上灵活地开展网络自动化运维工作和拓展。本书不对 Ansible 展开深入讲解。

## 18.4　Python 语言基础

Python 是一种解释型（即不需要编译环节）的、面向对象（即支持面向对象的风格或代码）的、动态数据类型的高级程序设计语言。对于所谓的高级程序设计语言，你可以理解为"同声传译"的过程。Python 由 Guido van Rossum 于 1989 年发明，第一个公开发行版于 1991 年发行。官方宣布，2020 年 1 月 1 日，停止 Python 2 的更新。Python 2.7 被确定为最后一个 Python 2.x 版本。当下流行的 Python 版本是 3.0 版本，请注意 Python 3.0 在设计的时候没有考虑向下兼容，本书主要讨论和使用 3.0 版本。

Python 标准库很庞大，该库可以帮助你处理各种工作，包括正则表达式、文档生成、单元测试、线程、数据库、网页浏览器、FTP、电子邮件、XML、HTML、密码系统、GUI（图形用户界面）和其他与系统有关的操作。只要安装了 Python 程序，所有这些功能都是可用的。除了标准库，还有许多其他高质量的库，后期我们会介绍一些简单的库。另外，Python 拥有丰富的第三方库，这些库是 Python 最大的优势，它让人们在提高效率的同时做更少的事情，正是由于 Python 具有非常丰富的第三方库，加上 Python 语言本身的优点，所以 Python 可以在非常多的领域内使用，例如，人工智能、数据科学、APP、自动化运维脚本等。让我们体会一下 Python 的实用之处，比如你或许听说过云计算中的 OpenStack，它就是用 Python 来实现的。下面我们将介绍简单的 Python 基础和一个使用 Python 远程管理交换机的实例。

## 18.4.1　Python 语言的优缺点

（1）Python 优点

Python 在很多编程语言的排行榜中已经逐渐上升到第二名的位置，这是因为它具有如下的一些优点。

① 易于学习：Python 有相对较少的关键字和明确定义的语法，结构简单，学习起来更加简单。

② 易于阅读：Python 代码定义清晰。

③ 易于维护：Python 的源代码相当容易维护。

④ 具有一个广泛的标准库：Python 的最大的优势之一是具有一个丰富的标准库，且可以跨平台使用，在 UNIX、Windows 和 MAC 系统上的兼容性很好。

⑤ 互动模式：支持互动模式，你可以从终端上输入执行代码并获得互动测试结果和调试代码片段。

⑥ 可移植：基于其开放源代码的特性，Python 已经被移植到许多平台上。

⑦ 可扩展：如果你需要一段运行很快的关键代码，或者是想要编写一些不愿开放的算法，你可以使用 C 或 C++完成这部分程序，然后从你的 Python 程序中调用。

⑧ 数据库接口：Python 提供所有主要的商业数据库接口。

⑨ GUI 编程：Python 支持 GUI，可以在许多系统中被创建和移植并调用。

⑩ 可嵌入：你可以将 Python 嵌入 C/C++程序，让使用你的程序的用户获得"脚本化"的能力。

（2）Python 缺点

任何编程语言都不是完美的，作为一种高级解释型语言，Python 有如下缺点。

① 运行速度慢：Python 是解释型语言，不需要编译即可运行，但运行速度慢。

② 运行时间长：代码在运行时会逐行地被翻译成 CPU 能理解的机器码，该翻译过程非常耗时。

接下来我们来讨论 Python 运行过程。

计算机是不能够直接识别高级语言的，所以当运行一种高级语言程序时，就需要有一台"翻译机"将高级语言转变成计算机能读懂的机器语言，该操作有两种，一种是编译，另一种是解释。

编译型语言在程序执行之前会通过编译器对程序执行一个编译过程，将程序转变成机器语言，在运行时不需要翻译而直接执行就可以了。最典型的例子就是 C 语言，编译型语言在程序运行之前就已经对程序进行了"翻译"，所以在运行时就少掉了"翻译"的过程，通常效率比较高。

解释型语言没有编译过程，而是在程序运行时，通过解释器对程序逐行进行解释，然后直接运行，典型例子有 Java 等语言。Java 首先通过编译器将程序编译成字节码文件，然后在运行时通过解释器将其解释为机器文件。Java 是一种先编译后解释的语言。Python 也是一种基于虚拟机的语言，它也是一种先编译后解释的语言，其运行过程如图 18-2 所示，具体步骤如下所述。

① 程序员在操作系统上安装 Python 程序和运行环境之后编写 Python 源码。

② 编译器运行 Python 源码，生成 pyc 文件即字节码，该编译过程自动完成。字节码可以节省加载模块的时间，提高效率。对于 Python 而言，Python 源码不需要被编译成二进制代码，Python 可以直接从源代码运行程序。

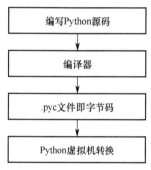

图 18-2　Python 运行过程

③ Python 虚拟机执行字节码，完成将字节码转换成机器语言的过程。Python 虚拟机（Python VM）不是一个独立的程序，不需要独立安装。

④ 硬件设备执行机器语言并完成对应的功能。

## 18.4.2　Python 在 Windows 系统下的运行环境

对于 Python 语言而言，有 2 种基本的运行方式：交互式方式和脚本式方式。当然运行 Python 的前提是安装了 Python 运行环境，Python 可以在 Windows 系统平台、Linux 系统平台以及 MAC 系统平台上运行。限于篇幅本书仅以 Windows 系统平台为例，为读者演示如何安装 Python 运行环境。

读者可以进入站点 www.python.org/downloads 获得 Python 安装包，Python 运行环境的

下载页面如图 18-3 所示。在本书完稿时，Python 的最新版本是 Python 3.9.5，请注意阅读 Python 运行环境的系统平台要求，本书使用 Python 3.8.10 作为示例，下载 Python 3.8.10 的过程如图 18-4 所示。当下载完毕之后，双击安装程序包即可。如图 18-5 所示，安装 Python，该图演示了安装程序时的必要选项，请选中①处（它并不是默认选项），表示将 Python 添加到路径中。非常推荐选中该选项，它可以帮助你设置好环境变量，日后在命令行运行 Python 脚本时，可以在任意盘符和文件夹下输入命令 Python 名字.py 来运行脚本，而无须输入 Python 执行程序所在完整路径，可以节约很多时间。②处表示安装路径，单击②处就会进入安装过程，图 18-6 展示了 Windows 系统下安装 Python 示例。

图 18-3　Python 运行环境的下载页面

### Stable Releases

- Python 3.9.5 - May 3, 2021
  **Note that Python 3.9.5 *cannot* be used on Windows 7 or earlier.**

  - Download Windows embeddable package (32-bit)
  - Download Windows embeddable package (64-bit)
  - Download Windows help file
  - Download Windows installer (32-bit)
  - Download Windows installer (64-bit)

- Python 3.8.10 - May 3, 2021
  **Note that Python 3.8.10 *cannot* be used on Windows XP or earlier.**

  - Download Windows embeddable package (32-bit)
  - Download Windows embeddable package (64-bit)
  - Download Windows help file
  - Download Windows installer (32-bit)
  - Download Windows installer (64-bit)

图 18-4　下载 Python 3.8.10 的过程

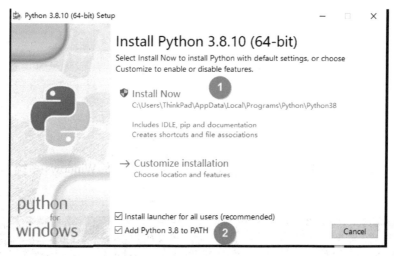

图 18-5　安装 Python

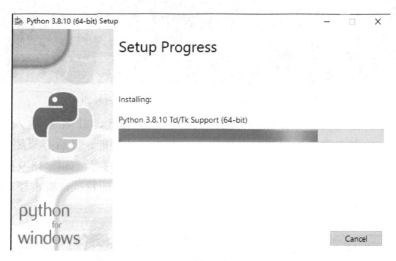

图 18-6　Windows 系统下安装 Python 示例

## 18.4.3　Python 代码运行方式

在安装完毕 Python 程序之后，我们来讨论在 Windows 系统下如何使用 Python。Python 的运行模式分为解释器的交互模式和运行脚本的脚本模式，具体介绍如下。

（1）在 Windows 系统下采用交互模式运行 Python

请使用 Windows 键+R 的组合键输入 cmd，回车后打开 Windows 的命令行，如图 18-7 所示，开启 Windows 的运行模块。

图 18-7　开启 Windows 的运行模块

之后再键入命令"python"或者"py"，如图 18-8 所示，在 Windows 系统下打开 Python 解释器。

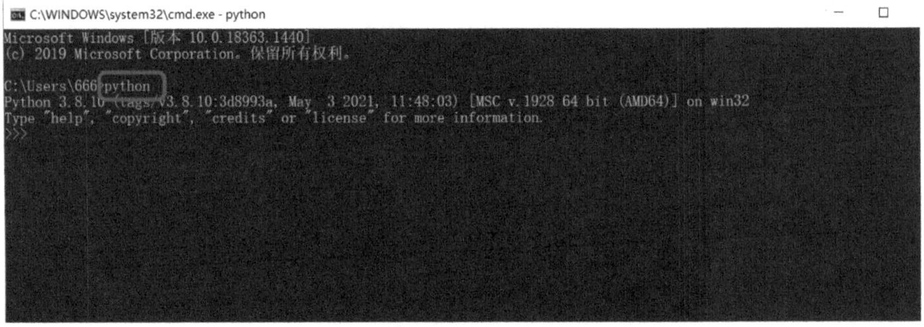

图 18-8　在 Windows 系统下打开 Python 解释器

下面就可以在 Python 解释器中输入代码了，来吧，让我们输入如下源代码 print('Hello,Qytang HCIE')，然后回车，此处 print 代表打印功能，其后必须加上（），'间'代表需要打印的内容。解释器会打印出 Hello,Qytang HCIE 的内容，如图 18-9 所示，在解释器下运行简单代码。这是一种即时反馈特性，它是交互模式的特征，脚本模式则不具备该特征。但是，在一般情况下，这种方式不能保存文件。

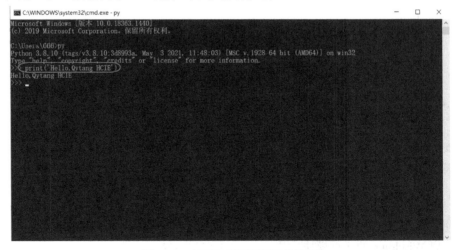

图 18-9　在解释器下运行简单代码

（2）使用 IDLE 进入 Python 解释器

IDLE（Integrated Development and Learning Environment，集成开发和学习环境）是
Python 的集成开发环境。在安装完毕 Python 程序之后，在 Windows 系统中，可以在系统
左下角的"开始"菜单中直接输入 idle，如图 18-10 所示，找到并运行 IDLE。

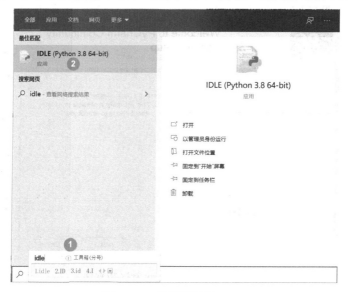

图 18-10　找到并运行 IDLE

IDLE 方式的交互模式作用与解释器并无其他不同，其输出结果和解释器相同，其界面
和源代码如图 18-11 所示，该图展示了一个 IDLE 方式的交互模式示例。

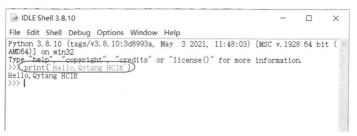

图 18-11　IDLE 方式的交互模式示例

还可以在 IDLE 中把现有的源代码保存，默认保存为扩展名为.py 的文件，以便于下次
继续使用或者编辑。

（3）第三方编辑器的脚本模式

在业界比较著名的可以运行 Python 的第三方编辑器有很多，比如 Pycharm、Sublime
Text、Notepad++、Anaconda 等。本书以 Pycharm 为例为大家介绍使用第三方编辑器编写脚

本的方式，它有免费的社区版本，也有收费的专业版本，大家使用社区版本即可，请读者自行在网站下载并安装，链接为 https://www.jetbrains.com/zh-cn/pycharm/download/#section=windows，如图 18-12 所示，安装 Pycharm 社区版软件，该安装过程较为简单，此处不再做过多介绍。

图 18-12　安装 Pycharm 社区版软件

　　下面，我们来创建一个 Python 文件，如图 18-13 所示。在图 18-13 中，右键单击左侧的"venv"就会出现"NEW"（新建），选择"Python File"即可。

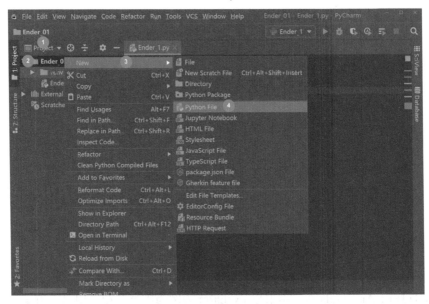

图 18-13　创建一个 Python 文件

在这里我们依旧将使用"Print"（打印函数），但是这里我们额外多增加了一个 Python 变量"name"；另外，我们还使用了"#"，它代表注释，即不运行代码，但可以帮助理解代码的含义。完整代码如下：

```
name = "交换机柜"
state = "状态"
print(""+name+"1，CPU"+state+"正常") #此处的+代表用字符串表示，太麻烦，后期可以用"字符串格式化"替代
print("交换机柜 2，CPU 状态告警")
```

可以使用"CTRL+SHIFT+F10"组合键运行该字符串代码，Pycharm 运行脚本如图 18-14 所示，读者可以看到，可使用变量"name"代表"交换机柜"，使用变量"state"代表"状态"。

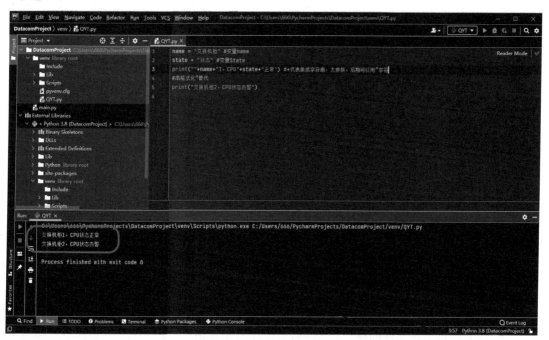

图 18-14　Pycharm 运行脚本

由以上读者可以看到使用第三方 IDE（Integrated Development Environment，集成开发环境）的好处是语法高亮，智能提示，当然也便于保存和编辑脚本。读者可以选择任意的方式来编辑代码。

Python 的脚本模式还可以使用任意的记事本文件，将代码键入后，保存为扩展名为.py 的文件（注意：在保存时选择"所有文件"），便于后期的修改和维护。读者可以自行尝试，此处不再赘述。

## 18.4.4　Python 编码规范

良好的编码规范有助于提高代码的可读性，便于代码的维护和修改。编码规范是当使用 Python 编写代码时应遵守的命名规则、代码缩进规则、代码和语句分割方式等。Python 采用 PEP 8（Python Enhancement Proposal，Python 8，Python 增强建议书 8）作为编码规范，8 代表 Python 代码的样式指南。

PEP 8 的规则很多，对于初学者而言，养成良好的代码习惯非常重要，本书列出了一些良好的编码规范。

### 1. 代码布局

（1）空格

① 空格是首选的缩进方法。
② Python 3 不允许混合使用制表符和空格来缩进。
③ 不建议在括号内使用空格。
④ 对于运算符，可以按照个人习惯决定是否在两侧加空格。

（2）空白行

① 用两个空白行分隔顶层函数和类定义。
② 类中的方法定义用一个空行分隔。
③ 在函数中使用空行来节省逻辑部分。
④ 恰当地使用空白行可以提高代码的可读性。

（3）导入库函数

① 若是导入多个库函数，应该分开依次导入，比如，

```
import requests
import csv
```

② 导入总是放在文件的顶部，在任何模块注释和文档字符串之后，在模块全局变量和常量之前。

（4）分号

① Python 程序允许在行尾添加分号，但是不建议使用分号隔离语句。
② 建议每条一句单独一行。

（5）代码缩进

① 如果一个代码块包含两个或更多的语句，则这些语句必须具有相同的缩进量。对于

Python 而言，代码缩进是一种语法规则，它使用代码缩进和冒号来区分代码之间的层次。

② 在编写代码时，建议使用 4 个空格来生成缩进。

### 2. 标识符命名

Python 标识符用于表示常量、变量、函数以及其他对象的名称。

标识符通常由字母、数字和下画线组成，但不能以数字开头。标识符大小写敏感，不允许重名。如果标识符不符合规则，编译器在运行代码时会输出 SyntaxError 语法错误。数字开头的变量错误示例如图 18-15。

变量名应用常规的有意义的单词来表示，而非数字开头，下面是一个错误的例子，源代码如下：

```
name = "交换机柜" #变量 name
state = "状态" #变量 state
9527 = "qytang"
print(""+name+"1，CPU"+state+"正常")
print("交换机柜 2，CPU 状态告警")
print(9527)
```

第 3 行的变量名（9527）出现错误，因为不能使用数字开头。

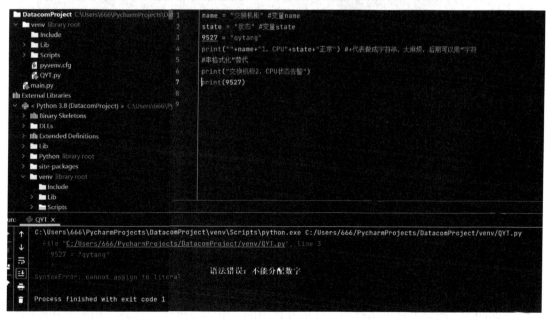

图 18-15　数字开头的变量错误示例

Python 最基本的数据类型有布尔型（True/False）、整数型、浮点型、字符串型。Python 里的所有数据（布尔值、整数、浮点、字符串，甚至大型数据结构、函数以及程序）都是以对象（Object）的形式存在的。这使得 Python 语言有很强的统一性。

### 3. 注释

注释就是在程序中添加解释说明，能够增强程序的可读性。当代码更改时，相应的注释也要随之更改。在 Python 程序中，注释分为单行注释和多行注释。

单行注释以 # 字符开始直到行尾结束。

多行注释内容可以包含多行，多行注释（以 3 个单引号或者 3 个双引号作为定界符），中间的多行代码不能运行，很多时候为版权注释'''内容'''。如下是一个注释的例子及其源代码，使用变量表示一个字符串，使用三引号作为版权注释，它不会运行。另外单行注释也不会运行，完全可以把它理解为一个描述。

```
'''乾颐堂军哥版权所有'''
QYT='网络工程师专家资深培训机构'
#这是一个单行注意，不会运行
print(QYT)
```

使用"CTRL+SHIFT+F10"运行代码，其结果如图 18-16 所示，该图展示了一个注释实例。

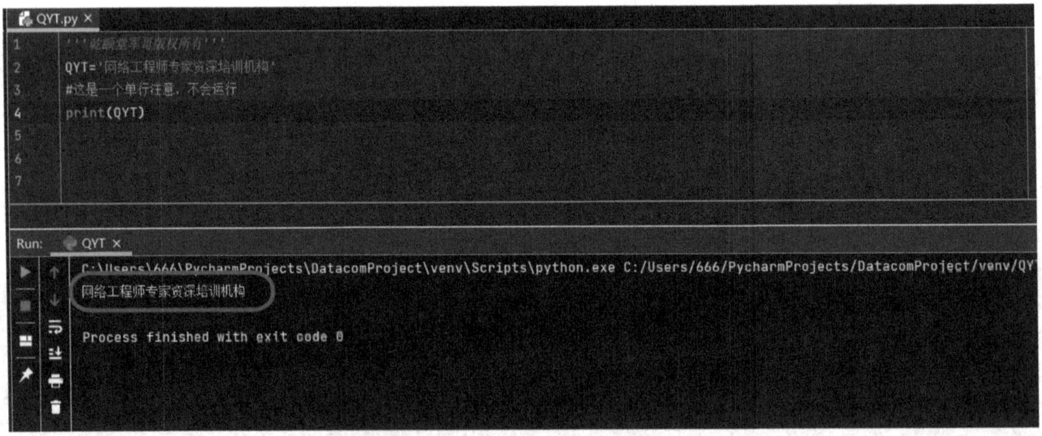

图 18-16　注释实例

## 18.4.5　Python 函数与模块

Function（函数）是组织好的、可重复使用的、用来实现单一或具有相关联功能的代码段。

函数能提高应用的模块性和代码的重复利用率。我们已经知道 Python 提供了许多内建函数，比如 print()，但你也可以自己创建函数，自己创建的函数被称为用户自定义函数。

- 函数使用关键字 def 定义。
- 函数代码块以 def 关键词开头，后接函数标识符名称和圆括号()。
- 任何传入参数和自变量必须放在圆括号中间。圆括号之间可以用于定义参数。
- 函数的第一行语句可以选择性地使用文档字符串——用于存放函数说明。
- 函数内容以冒号起始，并且缩进。
- return [表达式] 结束函数，选择性地返回一个值给调用方。不带表达式的 return 相当于返回 None。

我们来看一个函数的例子，如下为源代码：

```
'''乾颐堂军哥版权所有'''
print('hi，男神')
#通过函数来打印相同内容
def sayHi():#def 这个关键字代表开始创建一个函数，然后会有缩进块产生
    print('hi,互联网专家')
sayHi() #调用前边定义的函数
```

我们来看一下运行结果，如图 18-17 所示，打印函数执行的结果是"hi，男神"，自定义函数打印的结果是"hi,互联网专家"，图 18-17 展示了一个简单的函数实例。

图 18-17　一个简单的函数实例

Python 模块（Module）是一个 Python 文件，以.py 结尾，包含 Python 对象定义和 Python 语句。模块让你能够有逻辑地组织你的 Python 代码段。把相关的代码分配到一个模块里能让你的代码更好用，更易懂。模块能定义函数、类和变量，模块里也能包含可执行的代码，模块和常规 Python 程序之间的唯一区别是用途不同：模块用于被其他程序调用。

现在我们新建一个名为模块的.py 文件，键入如下代码并运行，运行结果如图 18-18 所示，该图展示了一个调用模块实例，从图中可知，在调用并执行 QYT 这个模块后，又运行了一个新的自定义函数，故而打印出了 3 行内容。

```
import QYT #导入 QYT 这个模块
def HCIE(): #定义另外一个函数
    print('你可以成为一名 HCIE')
    return #结束函数
HCIE()#调用函数
```

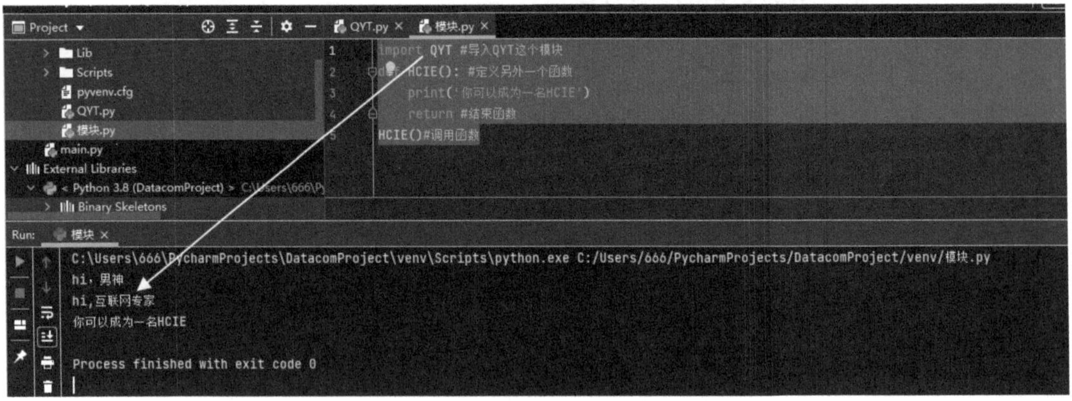

图 18-18    调用模块实例

注意：import 即调用，可以调用标准模块库，也可以调用第三方模块库。例如，如图 18-19 所示，调用随机数模块并使用。在图 18-19 中，调用了随机值模块并随机输出 0 到 100 的数值。

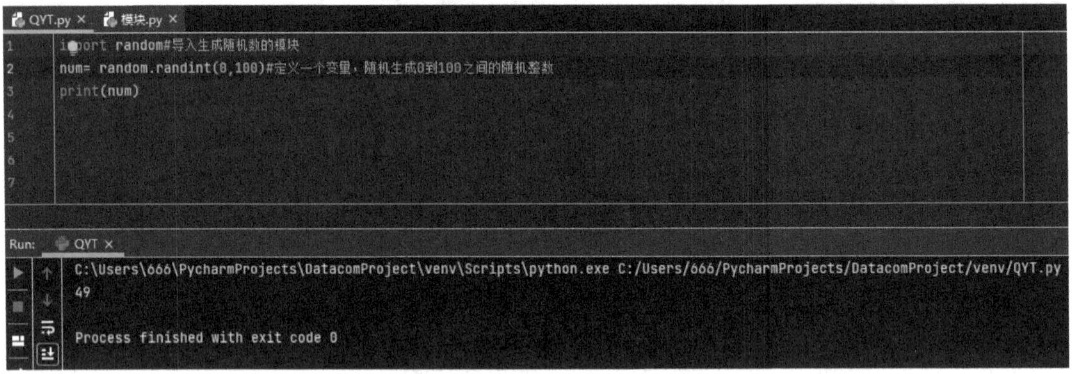

图 18-19    调用随机数模块并使用

## 18.4.6  Python 的变量与赋值

所谓变量是指在程序运行过程中赋值会发生变化的量。如果非要说得专业一点，变量就是内存中的一个值。

需要特殊说明的是：

① 在 Python 中变量和其他语言有所不同，Python 语言中的变量就是一个名字，也可以理解为它就是一个变量标识符。

② 变量标识符用于表示常量、变量、函数以及其他对象的名称。

③ Python 中变量标识符的格式要求必须以字母表中的字母或者下画线开头，区分大小写，不能和 Python 环境关键字冲突，不能有空格，不允许重名。

④ 通过=给变量赋值，比如 a = 2 。

⑤ 与 C 语言不同，Python 的变量赋值无须指定数据类型。通过 tpye（标识符）函数可以确认变量标识的数据类型。

⑥ 如果我们想知道某个变量的值是什么，只需要在交互式 shell 中输入变量名然后回车即可。

⑦ 比较基础的两种数据类型是字符串（str）和整数（int）。

```
>>> a =1    #定义变量标识符 a =数学数值 1 #
>>> b ='1'#定义变量标识符 b =字符串 1 #
>>> a
1
>>> b
'1'
>>> type(a)    #type()函数用于查看数据类型#
<class 'int'>    #整数#
>>> type(b)
<class 'str'>  #字符串#
>>> a == b   #两个等号用于判断是否相等#
False
```

# 18.5　Python 基础运维实例

## 18.5.1　实验目的

本实验的目的：掌握使用 Pyhton 脚本的方法，通过 Telnet 远程控制华为交换机。

## 18.5.2　实验原理

Python 提供了非常多的模块或者"库"，这是其最大的魅力所在，这些模块也区分 Python 自带的模块或者第三方模块。

Python 实现 Telnet 客户端远程登录的几个关键问题如下所述。

① 使用什么库实现 Telnet 客户端？

答案：Telnetlib。

② 怎么连接主机？

答案：在实例化时传入 IP 地址连接主机（tn = telnetlib.Telnet(host_ip,port=23)），是本实例使用的方法。

③ 怎么输入用户名密码？

答案：使用 read_untilb 函数监听，在出现标识后使用 write 方法向服务端传送用户名密码，本实例仅输入了密码。

④ 怎么执行命令？

答案：仍然使用 write 方法向服务端传送命令，不管向服务端传送什么数据都用 write，不过要注意，需要将其编码成 byte 类型。

Telnetlib 库定义的方法一览如表 18-1 所示，该表中解释了后续需要使用的几种方法。

表 18-1　Telnetlib 库定义的方法一览

| 方　　法 | 功　　能 |
| --- | --- |
| Telnet.read_until (expected, timeout = None) | 读取直到给定的字符串 expected 或起始秒数 |
| Telnet.read_all () | 读取所有数据直到 EOF(End Of File)；阻塞直到连接关闭 |
| Telnet.read_very_eager () | 读取从上次 IO 阻断到现在所有的内容，返回字节串；连接关闭或者没有数据时触发 EOFError 异常 |
| Telnet.write(buffer) | 写入数据。在套接字（Socket）上写一个字节串，写入任何 IAC（Interpret As Command）字符 |
| Telnet.close() | 关闭连接 |

## 18.5.3　实验环境

实验拓扑及 IP 地址设置如图 18-20 所示。

实验拓扑说明：在本实例中使用了 eNSP 仿真平台上的模拟 5700 交换机，VLANIF1 的 IP 地址如图 18-20 所示；虚拟网卡是笔者计算机上的已经存在的虚拟网卡，IP 地址如图 18-20 所示，两台设备的 IP 地址属于同一子网，这样才能完成基础通信，以便于 Python 脚本登录交换机。读者可以根据自己计算机上的虚拟网卡的 IP 地址设置交换机上的 VLANIF1 的 IP 地址。

图 18-20　实验拓扑及 IP 地址设置

### 18.5.4　实验步骤

（1）在 eNSP 仿真平台上部署交换机与 PC 机虚拟网卡桥接

为了便于 Python 程序登录交换机，请在 eNSP 仿真平台上配置 5700 交换机和云（Cloud），关键步骤是配置云桥接。右键单击云，如图 18-21 所示，使用云桥接 ENSP 和 PC 的虚拟网卡。

图 18-21　使用云桥接 ENSP 和 PC 的虚拟网卡

（2）在交换机上配置对应的 IP 地址并开启 Telnet 登录

使用 eNSP 仿真平台上的模拟交换机（本例采用 S5700）完成本实验。

```
interface Vlanif1
  ip address 192.162.29.2 255.255.255.0   //设置交换机上的 VLANIF1 的 IP 地址，该地址和 PC 上
虚拟网卡地址需要在同一子网内才可以进行通信
user-interface con 0
  screen-length 0   //配置该命令是为了使得后续脚本命令 dis cu 可以一次性完成输出
user-interface vty 0 4
user privilege level 15   //必须设置 Telnet 登录的权限，否则无法成功登录设备
  set authentication password simple Huawei@123   //设置交换机的 VTY，即 Telnet 登录认证方式
为简单密码认证，密码为 Huawei@123
  screen-length 0
```

```
[Huawei]display ip int brief
Vlanif1                          192.162.29.2/24        up          up
```

如图 18-22 所示，测试交换机与虚拟网卡间的通信。请关闭 Windows 防火墙或者允许 ICMP 报文，确保通信成功。

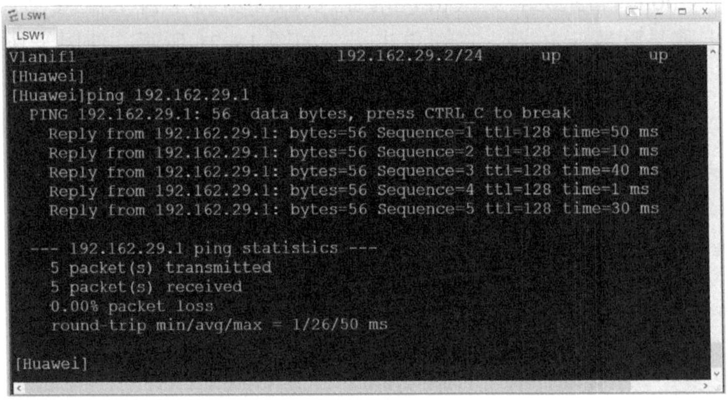

图 18-22　测试交换机与虚拟网卡间的通信

（3）采用 PyCharm 编写脚本

原始脚本如下，注意不需要读者逐字键入，PyCharm 具有很好的帮助工具，即 TAB 键，这一点类似于 VRP 系统。运行结果如图 18-23 所示，该图展示了一个远程登录并输出配置脚本的运行实例。

import telnetlib　#导入 Python 自带的 Telnetlib 模块，该模块用于 Telnet，后续的变量行为基于该模块

import time　#导入时间模块

host = '192.162.29.2'　#定义 host 变量，其值为交换机的 IP 地址

password = 'Huawei@123'　　#定义 password 变量，其值为预先在交换机上配置的密码

Denglu=telnetlib.Telnet(host)　#定义变量 Denglu，其功能为实例化 Telnet 能力，用于 Telnet 主机地址

Denglu.read_until(b'Password:')　#Denglu 这个变量开始读取数据，直到读取到 Password 的字样，此处的 b 指将 byte 类型转成字符串

Denglu.write(password.encode('ascii') + b"\n")　#Denglu 这个变量开始写入数据，写入的数据为 password 变量数值，\n 代表回车

Denglu.read_until(b'<Huawei>').decode('ascii')　#Denglu 这个变量开始读取数据，直到读取到 <Huawei>这个内容

Denglu.write("dis cu ".encode('ascii') + b'\n')　#Denglu 这个变量开始写入数据，键入 dis cu（查看配置命令）

conf=Denglu.read_until(b'<Huawei>').decode('ascii')　#定义了一个名为 conf 的变量，定义为读取到<Huawei>内容

print(conf)　#打印该变量

time.sleep(3)　#为了给设备输出配置，暂停 3 s，这是 time 模块中的行为

Denglu.close()　#关闭 Denglu 这个变量的行为

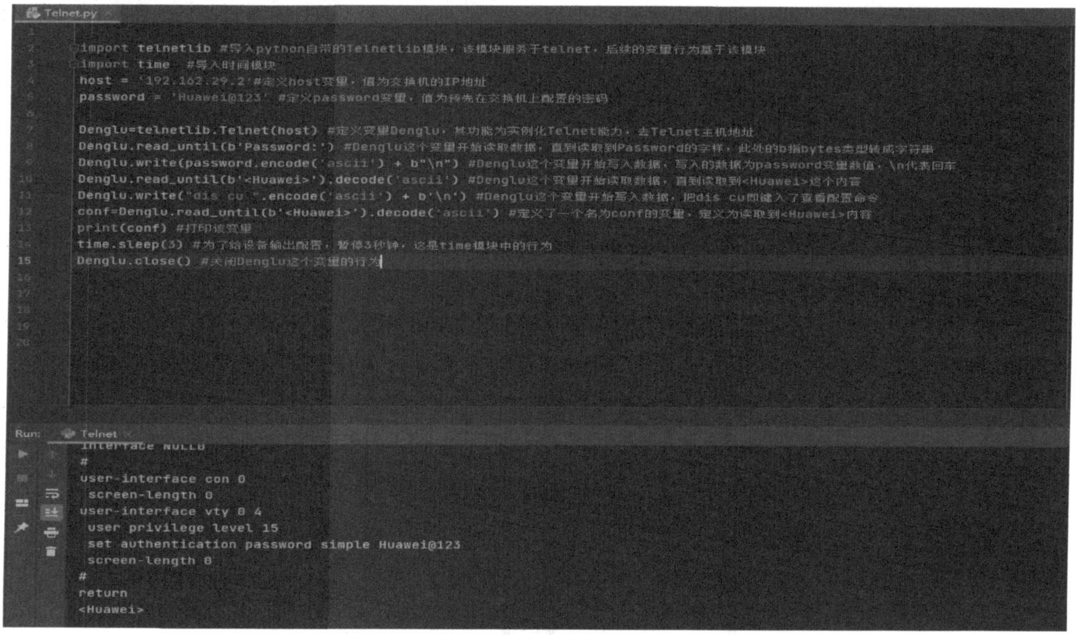

图 18-23　远程登录并输出配置脚本的运行实例

本实例演示完毕。

# 18.6　练习题

**判断题**

① Python 是一种高级的解释型语言，该说法正确吗？＿＿＿

　　A. 正确　　　　　　　　B. 错误

② Python 是一种基于虚拟机的编程语言，需要独立安装虚拟机，该说法正确吗？＿＿＿

　　A. 正确　　　　　　　　B. 错误

③ 根据 Python 编码规范标准 PEP 8，推荐使用制表符来完成缩进，该说法正确吗？＿＿＿

　　A. 正确　　　　　　　　B. 错误

# 第19章 HCIA 企业网综合实战

在本章中，我们会将前面学习的知识与现实网络中常用技术相结合进行综合运用，借助相关设备满足客户的不同要求。一个能够动手操作的网络工程师才是称职的网络工程师。

## 19.1 网络拓扑描述

在如图 19-1 所示的网络拓扑结构中，路由器 BORDER 为企业边界路由器，其接口 G0/0/0 连接运营商，通过 PPPoE 方式获取 IP 地址，接口 G0/0/2 连接核心交换机 CORE1。

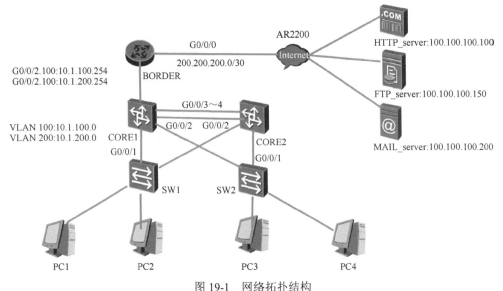

图 19-1 网络拓扑结构

① 将子接口 G0/0/2.100 和 G0/0/2.200 分别配置为 VLAN100 和 VLAN200 的网关。

② 核心交换机 CORE1 和 CORE2 通过接口 G0/0/3 和 G0/0/4 相连，通过接口 G0/0/1 和 G0/0/2 与接入层交换机 SW1 和 SW2 相连。

③ 接入层交换机 SW1 的接口 E0/0/1 属于 VLAN100，与连接 PC1，SW1 的接口 E0/0/2 属于 VLAN200，与连接 PC2；接入层交换机 SW2 的接口 E0/0/3 属于 VLAN100，与连接 PC3，接入层交换机 SW2 的接口 E0/0/4 属于 VLAN200，与连接 PC4；PC1、PC2、PC3 和 PC4 通过 DHCP 方式获取 IP 地址。

　　④ 采用路由器 AR2200 模拟 Internet，AR2200 与 HTTP_server、FTP_server、MAIL_server 通过交换机进行连接。

## 19.2　网络实施需求描述

　　读者可以通过 eNSP 搭建图 19-1，然后通过完成相关配置满足企业网如下需求：

　　① BORDER 为边界路由器，通过 PPPoE 方式连接到运营商。

　　② 要求 BORDER 在 G0/0/2 使用子接口：G0/0/2.100 地址为 10.1.100.254，作为 VLAN100 的网关；G0/0/2.200 地址为 10.1.200.254，作为 VLAN200 的网关。

　　③ 两台核心交换机通过接口 G0/0/3 和 G0/0/4 组成 Eth-Trunk 链路。

　　④ 将 4 台交换机之间相连接口配置成 Trunk 模式，只允许 VLAN100 和 VLAN200 的数据通过。

　　⑤ 在 4 台交换机上起用生成树，模式为 RSTP，要求 CORE1 为所有生成树的根，CORE2 为备份根。

　　⑥ 在 SW1 和 SW2 连接客户端的接口上起用 EDGE-PORT 模式，并且当连接客户端的接口收到 BPDU 报文时立即关闭相应接口。

　　⑦ 使 PC1 和 PC3 属于 VLAN100，使 PC2 和 PC4 属于 VLAN200；PC1、PC2、PC3 和 PC4 通过 DHCP 方式获取 IP 地址。

　　⑧ 在 BORDER 上配置 DHCP 服务，为所有客户端分配 IP 地址。要求 VLAN100 的地址池为 VLAN100 提供服务，IP 地址为 10.1.100.0，网关的 IP 地址为 10.1.100.254，DNS 服务器的 IP 地址为 100.100.100.100，其中 IP 地址 10.1.100.200～10.1.100.253 作为保留地址，PC1 获取的 IP 地址为 10.1.100.100；VLAN200 的地址池为 VLAN200 提供服务，地址为 10.100.200.0，网关的 IP 地址为 10.1.200.254，DNS 的 IP 地址为 100.100.100.100，PC4 获取的 IP 地址为 10.1.200.200。

　　⑨ 在 BORDER 与 ISP 之间使用静态路由。

　　⑩ 使用 Easy NAT 配置模式——要求 PC1 和 PC4 可以访问 FTP 服务器，所有的 PC 均可以进行正常的域名解析，正常访问 HTTP_server、FTP_server、MAIL_server。

## 19.3　网络配置与实施

　　网络是要区分层次化的，正如读者在了解网络基础时学习的 TCP/IP 模式一样，要在不同的设备上实施二层、三层、四层技术。请读者按照如下步骤来满足企业网的需求。需要注意的是，在 eNSP 上也可以模拟一些服务。

## 19.3.1　配置 BORDER 接口实现 PPPoE 拨号连接

释注：PPPoE 服务器的配置参见 19.4 节部分，当然读者也可以自行尝试查阅之前章节内容完成 PPPoE 服务器的配置。

本步骤的目的是成功地从服务器上获得公网 IP 地址。

```
[BORDER]interface Dialer1
[BORDER-Dialer1] link-protocol ppp
[BORDER-Dialer1] ppp chap user QYT
[BORDER-Dialer1] ppp chap password cipher QYT
[BORDER-Dialer1] ip address ppp-negotiate    //配置接口，通过 PPP 协商获取 IP 地址
[BORDER-Dialer1] dialer user user2
[BORDER-Dialer1] dialer bundle 1
[BORDER-Dialer1] dialer-group 1    //配置接口所属的拨号访问组
```

在 CORE1 上验证拨号是否成功，是否可以获取到服务器的 IP 地址。使用命令 display ip interface brief 进行验证，显示信息如下：

```
——————————————————————
Interface                  IP Address//Mask      Physical    Protocol
Dialer1                    200.200.200.2/32      up          up(s)
GigabitEthernet0/0/0       unassigned            up          down
GigabitEthernet0/0/1       unassigned            down        down
GigabitEthernet0/0/2       unassigned            up          down
NULL0                      unassigned            up          up(s)
```

## 19.3.2　配置单臂路由

本步骤的目的是使路由器 BORDER 成为主机的网关。

配置 BORDER 路由器：

```
[BORDER]interface GigabitEthernet0/0/2.100
[BORDER-GigabitEthernet0/0/2.100] dot1q termination vid 100    //配置子接口 dot1q 的单层 VLAN ID
[BORDER-GigabitEthernet0/0/2.100] ip address 10.1.100.254 255.255.255.0
[BORDER-GigabitEthernet0/0/2.100] arp broadcast enable    //使能子接口的 ARP 广播功能
[BORDER]interface GigabitEthernet0/0/2.200
[BORDER-GigabitEthernet0/0/2.200] dot1q termination vid 200
[BORDER-GigabitEthernet0/0/2.200] ip address 10.1.200.254 255.255.255.0
[BORDER-GigabitEthernet0/0/2.200] arp broadcast enable
```

配置 CORE1：

```
<Huawei>system-view
[Huawei]sysname CORE_1
[CORE_1]interface GigabitEthernet0/0/24
[CORE_1-GigabitEthernet0/0/24] port link-type trunk
[CORE_1-GigabitEthernet0/0/24] port trunk allow-pass vlan 100 200    //允许 VLAN100 和 VLAN200
的数据通过
```

使用验证命令 display ip interface brief，验证 CORE1 的配置。

```
--------------------------------------------------------------------
Interface                   IP Address/Mask      Physical      Protocol
Dialer1                     200.200.200.2/32     up            up(s)
GigabitEthernet0/0/0        unassigned           up            down
GigabitEthernet0/0/1        unassigned           down          down
GigabitEthernet0/0/2        unassigned           up            down
GigabitEthernet0/0/2.100    10.1.100.254/24      up            up
GigabitEthernet0/0/2.200    10.1.200.254/24      up            up
NULL0                       unassigned           up            up(s)
--------------------------------------------------------------------
```

查看 CORE1 的 G0/0/24 接口是否被配置成 Trunk 模式，是否允许 VLAN100 和 VLAN200 的数据通过。使用命令 display port vlan active g0/0/24 验证。

```
--------------------------------------------------------------------
Port            Link Type        PVID        VLAN List
--------------------------------------------------------------------
GE0/0/24        trunk            1           U: 1
                                             T: 100 200
```

## 19.3.3　配置两台核心交换机采用 Eth-Trunk 连接

采用 Eth-Trunk 连接的目的是增强核心交换机的转发能力和冗余能力。
配置 CORE1：

```
<Huawei>system-view
[Huawei]sysname CORE_1
[CORE_1-Eth-Trunk12] mode lacp-static    //指定 Eth-Trunk 工作模式为 LACP 模式
[CORE_1-Eth-Trunk12] lacp preempt enable    //开启抢占功能
```

```
[CORE_1-Eth-Trunk12] lacp preempt delay 10    //设置抢占延迟为 10 s
[CORE_1]interface GigabitEthernet0/0/3
[CORE_1-GigabitEthernet0/0/3] eth-trunk 12
[CORE_1]interface GigabitEthernet0/0/4
[CORE_1-GigabitEthernet0/0/4] eth-trunk 12
```

配置 CORE2：

```
<Huawei>system-view
[Huawei]sysname CORE_2
[CORE_2]interface Eth-Trunk 12
[CORE_2-Eth-Trunk12] mode lacp-static
[CORE_2-Eth-Trunk12] lacp preempt enable
[CORE_2-Eth-Trunk12] lacp preempt delay 10
[CORE_2]interface GigabitEthernet0/0/3
[CORE_2-GigabitEthernet0/0/3] eth-trunk 12
[CORE_2]interface GigabitEthernet0/0/4
[CORE_2-GigabitEthernet0/0/4] eth-trunk 12
```

分别在两台核心交换机上验证 Eth-Trunk 是否正常工作，验证命令为 display eth-trunk 12。
在 CORE1 验证：

```
--------------------------------------------------------------------------------
Eth-Trunk12's state information is:
Local:
LAG ID: 12                        WorkingMode: STATIC
Preempt Delay Time: 10            Hash arithmetic: According to SIP-XOR-DIP
System Priority: 100              System ID: 4c1f-ccc7-4664
Least Active-linknumber: 1        Max Active-linknumber: 8
Operate status: up               Number Of Up Port In Trunk: 2
--------------------------------------------------------------------------------
ActorPortName         Status     PortType PortPri PortNo PortKey PortState Weight
GigabitEthernet0/0/3  Selected 1GE       32768    4      3121    10111100  1
GigabitEthernet0/0/4  Selected 1GE       32768    5      3121    10111100  1

Partner:
--------------------------------------------------------------------------------
ActorPortName         SysPri   SystemID        PortPri PortNo PortKey PortState
GigabitEthernet0/0/3  32768    4c1f-cc51-7e05  32768   4      3121    10111100
GigabitEthernet0/0/4  32768    4c1f-cc51-7e05  32768   5      3121    10111100
```

在 CORE2 上验证：

```
--------------------------------------------------------------------
[CORE_2]display eth-trunk 12
Eth-Trunk12's state information is:
Local:
LAG ID: 12                    WorkingMode: STATIC
Preempt Delay Time: 10        Hash arithmetic: According to SIP-XOR-DIP
System Priority: 32768        System ID: 4c1f-cc51-7e05
Least Active-linknumber: 1    Max Active-linknumber: 8
Operate status: up            Number Of Up Port In Trunk: 2
--------------------------------------------------------------------
ActorPortName          Status     PortType PortPri PortNo PortKey PortState Weight
GigabitEthernet0/0/3   Selected 1GE    32768    4      3121    10111100    1
GigabitEthernet0/0/4   Selected 1GE    32768    5      3121    10111100    1

Partner:
--------------------------------------------------------------------
ActorPortName          SysPri   SystemID        PortPri PortNo PortKey PortState
GigabitEthernet0/0/3   100      4c1f-ccc7-4664  32768    4      3121    10111100
GigabitEthernet0/0/4   100      4c1f-ccc7-4664  32768    5      3121    10111100
```

## 19.3.4　在交换机上创建 VLAN 并修改相连接口的模式

分别在 4 台交换机上创建 VLAN100 和 VLAN200，并将 4 台交换机相连的接口配置为 Trunk 模式，允许 VLAN100 和 VLAN200 的数据通过。

配置 CORE1：

```
[CORE_1]vlan batch 100 200
[CORE_1] interface Eth-Trunk12
[CORE_1-Eth-Trunk12]port link-type trunk
[CORE_1-Eth-Trunk12]port trunk allow-pass vlan 100 200
[CORE_1-Eth-Trunk12]interface GigabitEthernet0/0/1
[CORE_1-GigabitEthernet0/0/1] port link-type trunk
[CORE_1-GigabitEthernet0/0/1] port trunk allow-pass vlan 100 200
[CORE_1-GigabitEthernet0/0/1]#
[CORE_1-GigabitEthernet0/0/1]interface GigabitEthernet0/0/2
[CORE_1-GigabitEthernet0/0/2] port link-type trunk
[CORE_1-GigabitEthernet0/0/2] port trunk allow-pass vlan 100 200
```

配置 CORE2：

```
[CORE_2]vlan batch 100 200
[CORE_2] interface Eth-Trunk12
[CORE_2-Eth-Trunk12]port link-type trunk
[CORE_2-Eth-Trunk12]port trunk allow-pass vlan 100 200
[CORE_2-Eth-Trunk12]interface GigabitEthernet0/0/1
[CORE_2-GigabitEthernet0/0/1] port link-type trunk
[CORE_2-GigabitEthernet0/0/1] port trunk allow-pass vlan 100 200
[CORE_2-GigabitEthernet0/0/1]#
[CORE_2-GigabitEthernet0/0/1]interface GigabitEthernet0/0/2
[CORE_2-GigabitEthernet0/0/2] port link-type trunk
[CORE_2-GigabitEthernet0/0/2] port trunk allow-pass vlan 100 200
```

配置 SW1：

```
<Huawei>system-view
[Huawei]sysname SW1
[SW1]vlan batch 100 200
[SW1]interface GigabitEthernet0/0/1
[SW1-GigabitEthernet0/0/1] port link-type trunk
[SW1-GigabitEthernet0/0/1] port trunk allow-pass vlan 100 200
[SW1-GigabitEthernet0/0/1]interface GigabitEthernet0/0/2
[SW1-GigabitEthernet0/0/2] port link-type trunk
[SW1-GigabitEthernet0/0/2] port trunk allow-pass vlan 100 200
```

配置 SW2：

```
<Huawei>system-view
[Huawei]sysname SW2
[SW2]vlan batch 100 200
[SW2]interface GigabitEthernet0/0/1
[SW2-GigabitEthernet0/0/1] port link-type trunk
[SW2-GigabitEthernet0/0/1] port trunk allow-pass vlan 100 200
[SW2-GigabitEthernet0/0/1]interface GigabitEthernet0/0/2
[SW2-GigabitEthernet0/0/2] port link-type trunk
[SW2-GigabitEthernet0/0/2] port trunk allow-pass vlan 100 200
```

验证命令如下。

- display vlan：查看 VLAN 是否创建成功；
- display port vlan active：查看 Eth-Trunk 接口是否允许 VLAN100 和 VLAN200 数

据通过。

相关显示信息如下：

```
CORE1：display vlan
-------------------------------------------------------------------
The total number of vlans is : 3
-------------------------------------------------------------------
U: Up;          D: Down;          TG: Tagged;          UT: Untagged;
MP: Vlan-mapping;                 ST: Vlan-stacking;
#: ProtocolTransparent-vlan;      *: Management-vlan;
-------------------------------------------------------------------
VID   Type     Ports

100   common   TG:GE0/0/1(U)     GE0/0/2(U)      GE0/0/24(U)     Eth-Trunk12(U)
200   common   TG:GE0/0/1(U)     GE0/0/2(U)      GE0/0/24(U)     Eth-Trunk12(U)
VID   Status   Property      MAC-LRN Statistics Description
-------------------------------------------------------------------
1     enable   default       enable  disabled    VLAN 0001
100   enable   default       enable  disabled    VLAN 0100
200   enable   default       enable  disabled    VLAN 0200
CORE1: display port vlan active
-------------------------------------------------------------------
[CORE_1]display port vlan active
T=TAG U=UNTAG
-------------------------------------------------------------------
Port             Link Type    PVID      VLAN List
-------------------------------------------------------------------
Eth-Trunk12      trunk        1         U: 1
                                        T: 100 200
GE0/0/1          trunk        1         U: 1
                                        T: 100 200
GE0/0/2          trunk        1         U: 1
                                        T: 100 200
GE0/0/5          hybrid       1         U: 1
GE0/0/6          hybrid       1         U: 1
 ⋮（省略）
CORE2：display vlan
-------------------------------------------------------------------
[CORE_2]display vlan
```

```
The total number of vlans is : 3
-------------------------------------------------------------------------
U: Up;            D: Down;            TG: Tagged;            UT: Untagged;
MP: Vlan-mapping;                     ST: Vlan-stacking;
#: ProtocolTransparent-vlan;         *: Management-vlan;
-------------------------------------------------------------------------


VID   Type     Ports
-------------------------------------------------------------------------
100   common   TG:GE0/0/1(U)        GE0/0/2(U)        Eth-Trunk12(U)
200   common   TG:GE0/0/1(U)        GE0/0/2(U)        Eth-Trunk12(U)


VID   Status   Property   MAC-LRN Statistics Description
-------------------------------------------------------------------------
1     enable   default        enable   disabled   VLAN 0001
100   enable   default        enable   disabled   VLAN 0100
200   enable   default        enable   disabled   VLAN 0200
[CORE_2]
CORE2：display port vlan active
-------------------------------------------------------------------------

[CORE_2]display port vlan a
[CORE_2]display port vlan active
T=TAG U=UNTAG
-------------------------------------------------------------------------

Port                Link Type     PVID        VLAN List
-------------------------------------------------------------------------
Eth-Trunk12         trunk         1           U: 1
                                              T: 100 200
GE0/0/1             trunk         1           U: 1
                                              T: 100 200
GE0/0/2             trunk         1           U: 1
                                              T: 100 200
GE0/0/5             hybrid        1           U: 1
⋮（省略）
SW1：display vlan
-------------------------------------------------------------------------

[SW1]display vlan
The total number of vlans is : 3
-------------------------------------------------------------------------
```

U: Up;　　　　　D: Down;　　　　　TG: Tagged;　　　　UT: Untagged;

MP: Vlan-mapping;　　　　　　　ST: Vlan-stacking;

#: ProtocolTransparent-vlan;　　*: Management-vlan;

------------------------------------------------------------

VID　Type　　Ports

------------------------------------------------------------

100　common　UT:Eth0/0/1(U)

　　　　　　TG:GE0/0/1(U)　　　GE0/0/2(U)

200　common　UT:Eth0/0/2(U)

　　　　　　TG:GE0/0/1(U)　　　GE0/0/2(U)


VID　Status　Property　　MAC-LRN Statistics Description

------------------------------------------------------------

1　　enable　default　　　enable　disabled　VLAN 0001

100　enable　default　　　enable　disabled　VLAN 0100

200　enable　default　　　enable　disabled　VLAN 0200

[SW1]

SW1：display port vlan active

------------------------------------------------------------

[SW1]display port vlan active

T=TAG U=UNTAG

------------------------------------------------------------

Port　　　　　Link Type　　PVID　　VLAN List

------------------------------------------------------------

Eth0/0/1　　　access　　　1　　　U: 1

Eth0/0/2　　　access　　　1　　　U: 1

GE0/0/1　　　trunk　　　　1　　　U: 1

　　　　　　　　　　　　　　　　T: 100 200

GE0/0/2　　　trunk　　　　1　　　U: 1

　　　　　　　　　　　　　　　　T: 100 200

[SW1]

SW2：display vlan

------------------------------------------------------------

[SW2]display vlan

The total number of vlans is : 3

------------------------------------------------------------

U: Up;　　　　　D: Down;　　　　　TG: Tagged;　　　　UT: Untagged;

MP: Vlan-mapping;　　　　　　　ST: Vlan-stacking;

#: ProtocolTransparent-vlan;　　*: Management-vlan;

```
--------------------------------------------------------------------

VID   Type     Ports
--------------------------------------------------------------------
100   common   UT:Eth0/0/3(U)
               TG:GE0/0/1(U)        GE0/0/2(U)
200   common   UT:Eth0/0/4(U)
               TG:GE0/0/1(U)        GE0/0/2(U)


VID   Status  Property   MAC-LRN Statistics Description
--------------------------------------------------------------------
1     enable  default        enable  disabled  VLAN 0001
100   enable  default        enable  disabled  VLAN 0100
200   enable  default        enable  disabled  VLAN 0200
[SW2]
SW2：display port vlan active
[SW2]display port vlan active
T=TAG U=UNTAG

--------------------------------------------------------------------

Port               Link Type   PVID    VLAN List
--------------------------------------------------------------------

Eth0/0/1           hybrid      1       U: 1
Eth0/0/2           hybrid      1       U: 1
Eth0/0/3           access      1       U: 1
Eth0/0/4           access      2       U: 2
GE0/0/1            trunk       1       U: 1
                                       T: 100 200
GE0/0/2            trunk       1       U: 1
                                       T: 100 200
```

## 19.3.5　配置交换机的生成树模式

在 4 台交换机上起用 STP，模式为 RSTP，并配置 CORE1 为生成树的根，CORE2 为备份根。虽然生成树是默认开启的，但对生成树进行管理是必要的行为。

配置 COR1：

```
[CORE_1]stp enable
[CORE_1]stp mode rstp
[CORE_1]stp instance 0 root primary
```

配置 CORE2：

```
[CORE_2]stp enable
[CORE_2]stp mode rstp
[CORE_2]stp instance 0 root secondary
```

配置 SW1：

```
[SW1]stp mode rstp
[SW1]stp mode rstp
```

配置 SW2：

```
[SW2]stp enable
[SW2]stp mode rstp
```

将接入层交换机 SW1 和 SW2 配置为 EDGE-PORT 模式，并在全局下配置 bpud-prodection，将连接 PC 的接口划入相应的 VLAN。

```
[SW1-Ethernet0/0/1] port link-type access
[SW1-Ethernet0/0/1] port default vlan 100
[SW1-Ethernet0/0/1] stp edged-port enable     //配置当前接口为边缘接口
[SW1-Ethernet0/0/1]#
[SW1-Ethernet0/0/1]interface Ethernet0/0/2
[SW1-Ethernet0/0/2] port link-type access
[SW1-Ethernet0/0/2] port default vlan 200
[SW1-Ethernet0/0/2] stp edged-port enable
[SW1]stp bpdu-protection   //使能设备的 BPDU 保护功能
```

配置 SW2：

```
[SW2]interface Ethernet0/0/3
[SW2-Ethernet0/0/3] port link-type access
[SW2-Ethernet0/0/3] port default vlan 100
[SW2-Ethernet0/0/3] stp edged-port enable
[SW2-Ethernet0/0/3]interface Ethernet0/0/4
[SW2-Ethernet0/0/4] port link-type access
[SW2-Ethernet0/0/4] port default vlan 200
[SW2-Ethernet0/0/4] stp edged-port enable
[SW2]stp bpdu-protection
```

验证相关配置：

```
-------------------------------------------------------------------
[CORE_1]dis stp brief
 MSTID   Port                    Role    STP State      Protection
    0    GigabitEthernet0/0/1    DESI    FORWARDING     NONE
    0    GigabitEthernet0/0/2    DESI    FORWARDING     NONE
    0    GigabitEthernet0/0/24   DESI    FORWARDING     NONE
    0    Eth-Trunk12             DESI    FORWARDING     NONE
[CORE_2]display stp brief
 MSTID   Port                    Role    STP State      Protection
    0    GigabitEthernet0/0/1    DESI    FORWARDING     NONE
    0    GigabitEthernet0/0/2    DESI    FORWARDING     NONE
    0    Eth-Trunk12             ROOT    FORWARDING     NONE
[CORE_2]
[SW1]display stp brief
 MSTID   Port                    Role    STP State      Protection
    0    Ethernet0/0/1           DESI    FORWARDING     BPDU
    0    Ethernet0/0/2           DESI    FORWARDING     BPDU
    0    GigabitEthernet0/0/1    ROOT    FORWARDING     NONE
    0    GigabitEthernet0/0/2    ALTE    DISCARDING     NONE


[SW2]display stp brief
 MSTID   Port                    Role    STP State      Protection
    0    Ethernet0/0/3           DESI    FORWARDING     BPDU
    0    Ethernet0/0/4           DESI    FORWARDING     BPDU
    0    GigabitEthernet0/0/1    ALTE    DISCARDING     NONE
    0    GigabitEthernet0/0/2    ROOT    FORWARDING     NONE
```

## 19.3.6　在路由器 BORDER 上配置 DHCP 服务

在路由器 BORDER 上配置 DHCP 服务，为 VLAN100 和 VLAN200 配置 IP 地址池；配置网关和 DNS 服务器的 IP 地址，将相关地址与 PC1 和 PC4 进行绑定。DHCP 服务可以灵活、快速地部署企业网中主机的 IP 地址和网关等属性。

```
[BORDER]dhcp enable
[BORDER]ip pool vlan100
[BORDER-ip-pool-vlan100]  gateway-list 10.1.100.254
[BORDER-ip-pool-vlan100] network 10.1.100.0 mask 255.255.255.0
[BORDER-ip-pool-vlan100] static-bind ip-address 10.1.100.100 mac-address 5489-98c4-26d2
```

//将 IP 地址 10.1.100.100 与 PC1 的 MAC 地址进行绑定

[BORDER-ip-pool-vlan100] excluded-ip-address 10.1.100.200 10.1.100.253

[BORDER-ip-pool-vlan100] dns-list 100.100.100.100

[BORDER-ip-pool-vlan100] domain-name qytang.com

[BORDER] ip pool vlan200

[BORDER-ip-pool-vlan200]gateway-list 10.1.200.254

[BORDER-ip-pool-vlan200]network 10.1.200.0 mask 255.255.255.0

[BORDER-ip-pool-vlan200]static-bind ip-address 10.1.200.200 mac-address 5489-98d0-5803

//将 IP 地址 10.1.200.200 与 PC4 的 MAC 地址绑定

[BORDER-ip-pool-vlan200]dns-list 100.100.100.100

[BORDER-ip-pool-vlan200]domain-name huawei.com

在接口下启用 DHCP 全局模式：

```
interface GigabitEthernet0/0/2.100
    dhcp select global    //使能接口采用全局地址池的 DHCP 服务器功能
interface GigabitEthernet0/0/2.200
    dhcp select global
```

验证：在 PC1 上查看是否获取到 IP 地址 10.1.100.100。

将 PC1 与 PC4 的 IPv4 配置修改为 DHCP 并应用，可在 eNSP 上完成相关配置。图 19-2 所示为将 PC4 的 IPv4 配置修改为 DHCP 并应用。

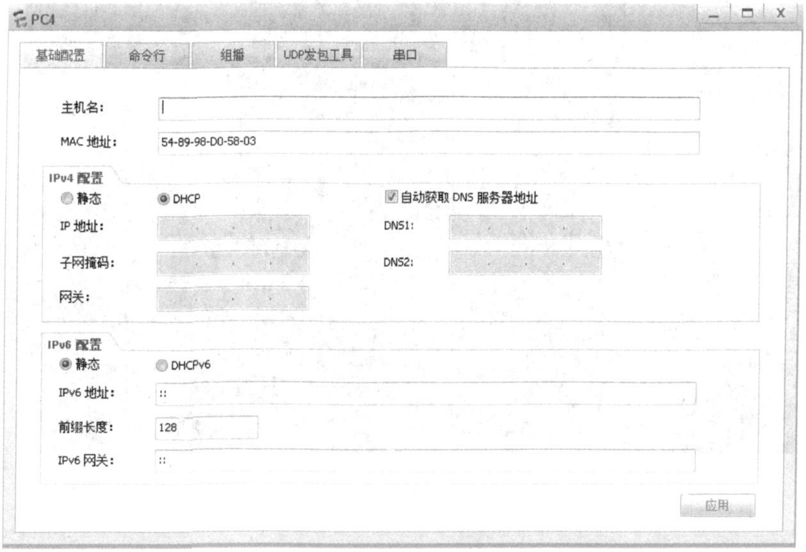

图 19-2　将 PC4 的 IPv4 配置修改为 DHCP 并应用

采用命令行方式输入 ipconfig 命令，分别在 PC1 和 PC4 上验证 IP 地址配置结果，如

图 19-3 和图 19-4 所示。

图 19-3　在 PC1 上验证 IP 地址配置结果

图 19-4　在 PC4 上验证 IP 地址配置结果

　　由于 PC2 和 PC3 使用 Client 设备模拟客户端，无法使用 DHCP 方式获取 IP 地址，可以采用手动方式添加 IP 地址。

　　分别在 PC2 和 PC3 上手动添加 IP 地址，如图 19-5 和图 19-6 所示。

图 19-5　在 PC2 上手动添加 IP 地址

图 19-6　在 PC3 上用手动添加 IP 地址

使用命令 ping 10.1.100.200，测试 PC1 与 PC3 是否可以通信。在 PC1 上 ping PC3，在 PC1 上显示的 ping 程序测试信息如图 19-7 所示。

使用命令 ping 10.1.200.100，测试 PC2 与 PC4 是否可以通信。在 PC4 上 ping PC2，在 PC4 上显示的 ping 程序测试信息如图 19-8 所示。

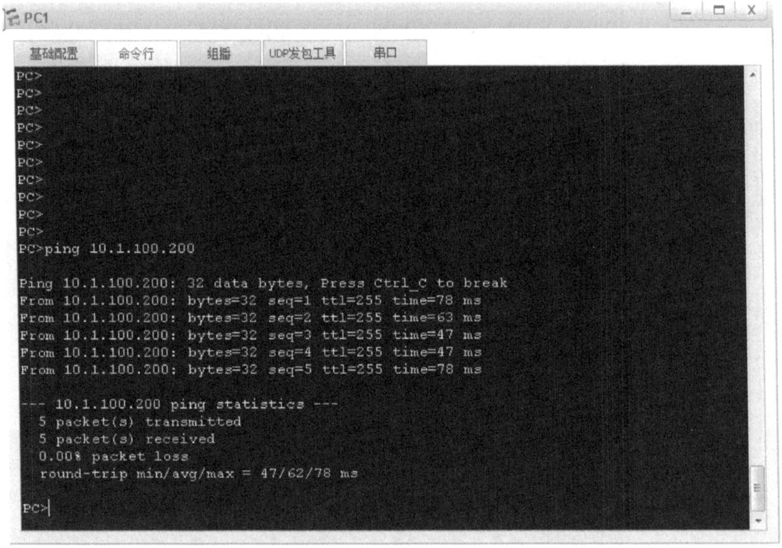

图 19-7　PC1 上显示的 ping 程序测试信息

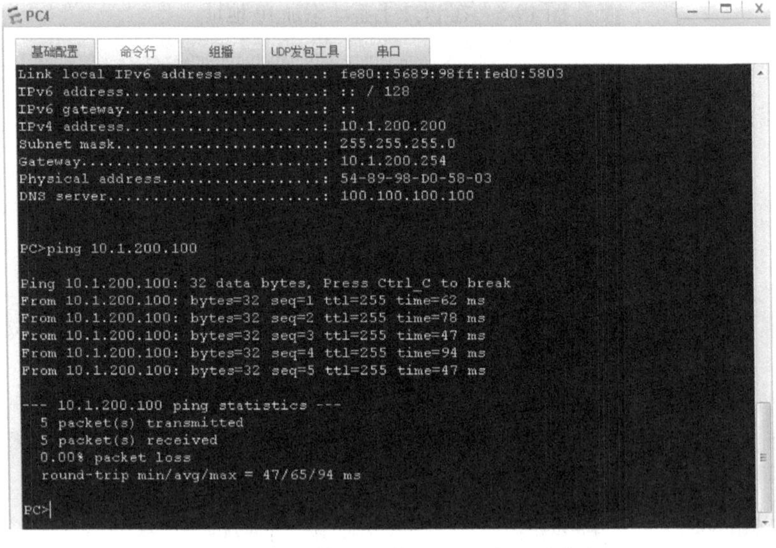

图 19-8　PC4 上显示的 ping 程序测试信息

## 19.3.7　配置 NAT 功能

配置 NAT 功能的目的是将私网 IP 地址转化为公网 IP 地址去访问 Internet。

在路由器 BORDER 上配置 ACL，允许相关 IP 地址访问 HTTP_server 和 FTP_server，配置模式为 Easy NAT 模式。

```
acl number 3001
[BORDER-acl-adv-3001]rule 5 permit icmp source 10.1.100.0 0.0.0.255 any
[BORDER-acl-adv-3001]rule 6 permit icmp source 10.1.200.0 0.0.0.255 any
[BORDER-acl-adv-3001] rule 10 permit tcp source 10.1.100.0 0.0.0.255 destination-port eq www
//允许为 10.1.100.0 网段提供 HTTP 服务
[BORDER-acl-adv-3001]rule 15 permit tcp source 10.1.100.0 0.0.0.255 destination-port eq domain
//允许为 10.1.100.0 网段提供 DNS 服务
[BORDER-acl-adv-3001] rule 20 permit tcp source 10.1.100.0 0.0.0.255 destination-port eq ftp
//允许为 10.1.100.0 网段提供 FTP 服务
[BORDER-acl-adv-3001] rule 25 permit tcp source 10.1.100.0 0.0.0.255 destination-port eq smtp
//允许为 10.1.100.0 网段提供 SMTP 服务
[BORDER-acl-adv-3001]rule 30 permit tcp source 10.1.100.0 0.0.0.255 destination-port eq pop3
//允许为 10.1.100.0 网段提供 POP3 服务
[BORDER-acl-adv-3001] rule 35 permit tcp source 10.1.200.0 0.0.0.255 destination-port eq www
[BORDER-acl-adv-3001] rule 40 permit tcp source 10.1.200.0 0.0.0.255 destination-port eq domain
[BORDER-acl-adv-3001]rule 45 permit tcp source 10.1.200.0 0.0.0.255 destination-port eq ftp
[BORDER-acl-adv-3001]rule 50 permit tcp source 10.1.200.0 0.0.0.255 destination-port eq smtp
[BORDER-acl-adv-3001]rule 55 permit tcp source 10.1.200.0 0.0.0.255 destination-port eq pop3
[BORDER]interface Dialer 1
[BORDER-Diale]nat outbound 3001    //在出接口 Dialer 上进行 Easy IP 方式的 NAT
```

验证：使用 dis nat outbound 命令查看配置的 NAT Outbound 信息。

```
[BORDER]dis nat outbound interface Dialer 1
NAT Outbound Information:
--------------------------------------------------------------------
Interface              Acl      Address-group/IP/Interface     Type
--------------------------------------------------------------------
Dialer1                3001     200.200.200.2                  easyip
--------------------------------------------------------------------
  Total : 1
```

## 19.3.8　在路由器 BORDER 上配置默认路由

需要注意的是，从私网访问公网需要先完成 NAT（地址转换），再通过路由决策转发报文，所以默认路由必不可少。

```
[BORDER]ip route-static 0.0.0.0 0.0.0.0 Dialer1 200.200.200.1
```

测试验证方法如下所述。

## 1. 在 PC1 上 ping DNS 的 IP 地址 100.100.100.100

在 PC1 上 ping DNS 的 IP 地址 100.100.100.100 的显示信息如图 19-9 所示。

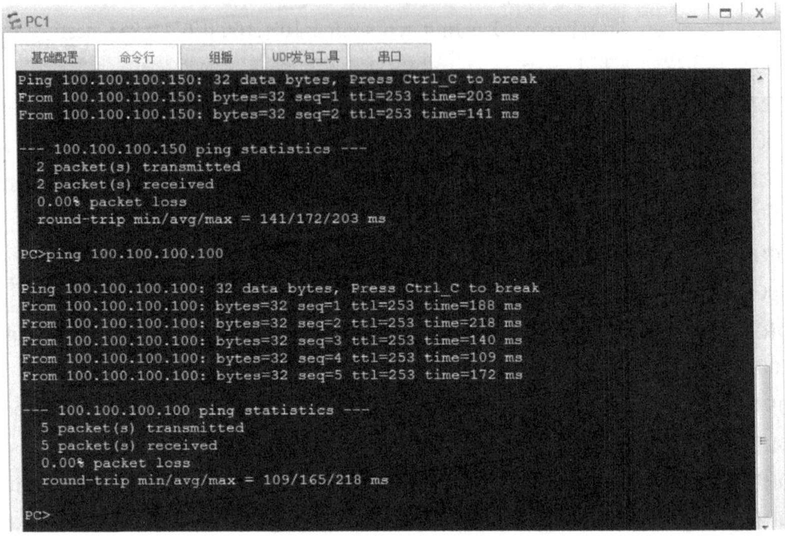

图 19-9　在 PC1 上 ping DNS 的 IP 地址 100.100.100.100 的显示信息

## 2. 在 PC4 上 ping DNS 的 IP 地址 100.100.100.100

在 PC4 上 ping DNS 的 IP 地址 100.100.100.100 的显示信息如图 19-10 所示。

图 19-10　在 PC4 上 ping DNS 的 IP 地址 100.100.100.100 的显示信息

### 3．在 PC2 和 PC3 上分别访问 HTTP HTTP_server 和 FTP_server

PC2 访问 HTTP HTTP_server 如图 19-11 所示。

图 19-11　PC2 访问 HTTP HTTP_server

PC2 访问 FTP_server 如图 19-12 所示。

图 19-12　PC2 访问 FTP_server

PC3 访问 HTTP_server 如图 19-13 所示。

图 19-13    PC3 访问 HTTP_server

PC3 访问 FTP_server 如图 19-14 所示。

图 19-14    PC3 访问 FTP_server

### 4. 用 ping 方式测试网络连通性

由于 MAIL_server 不支持 eNSP，只能用 ping 的方式测试网络连通性。

在 PC1 上 ping MAIL_server 的显示信息如图 19-15 所示。

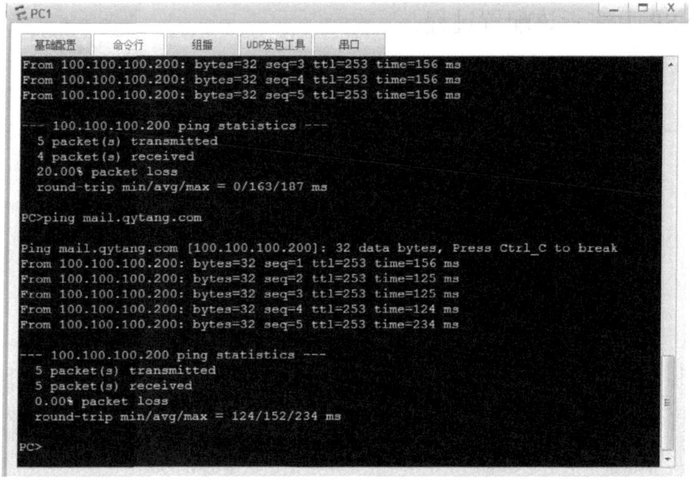

图 19-15　在 PC1 上 ping MAIL_server 的显示信息

在 PC4 上 ping MAIL_server 的显示信息如图 19-16 所示。

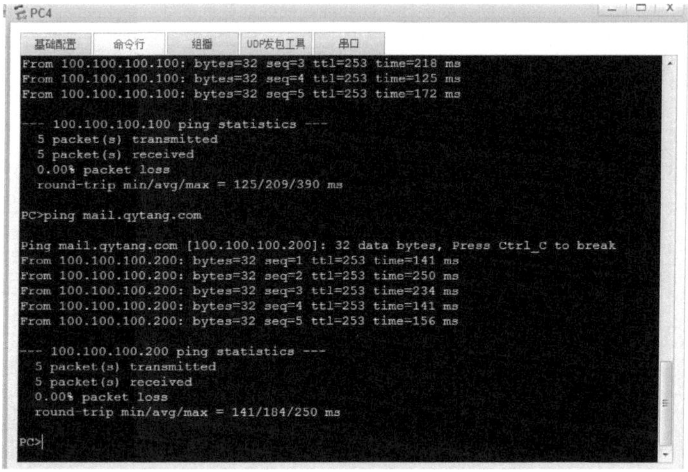

图 19-16　在 PC4 上 ping MAIL_server 的显示信息

至此，一个基本的企业网络已经搭建完毕。

# 19.4　服务器相关配置和 PPPoE 服务器端配置

## 19.4.1　配置 DNS 服务器

配置 DNS 服务器，将主机域名与 IP 地址进行绑定。配置 DNS 服务器的界面如图 19-17

所示。可以在 eNSP 上演示该配置过程。

（a）

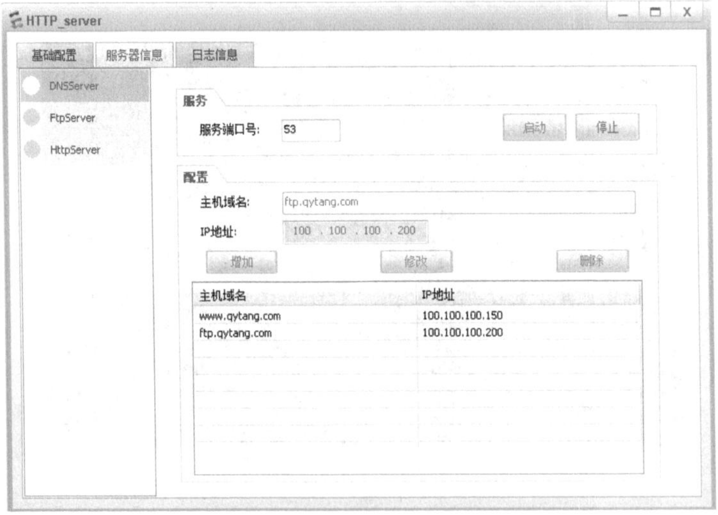

（b）

图 19-17　配置 DNS 服务器的界面

## 19.4.2　配置 HTTP 服务器

在配置 HTTP 服务器之前，需要先建立文件夹并在文件夹下建立 default.htm 文件（可用记事本输入英文字母，保存名字为 default，文件类型为 htm），在 HTTP_server 上，将文件夹根目录路径设置为之前建立的文件夹路径。eNSP 上的 HTTP 服务器如图 19-18 所示。

图 19-18　eNSP 上的 HTTP 服务器

## 19.4.3　配置 FTP 服务器

在配置 FTP 服务器之前，需要建立文件夹并在文件夹下放置一些普通文件夹或文件，将 FTP_server 的文件夹根目录路径设置为之前创建的文件夹路径。eNSP 上的 FTP 服务器如图 19-19 所示。

（a）

图 19-19　eNSP 上的 FTP 服务器

（b）

图 19-19　eNSP 上的 FTP 服务器（续）

配置 Internet 路由器：

```
<INTERNET>dis cu
[V200R003C00]
#
 sysname ISP
#
 snmp-agent local-engineid 800007DB03000000000000
 snmp-agent
#
 clock timezone China-Standard-Time minus 08:00:00
#
portal local-server load flash:/portalpage.zip
#
 drop illegal-mac alarm
#
 wlan ac-global carrier id other ac id 0
#
 set cpu-usage threshold 80 restore 75
#
```

```
ip pool ISP
  gateway-list 200.200.200.1
  network 200.200.200.0 mask 255.255.255.252
  dns-list 100.100.100.100
#
aaa
  authentication-scheme default
  authentication-scheme QYT
  authorization-scheme default
  accounting-scheme default
  domain default
  domain default_admin
  local-user qyt password cipher qyt
  local-user qyt service-type ppp
  local-user admin password cipher %$%$K8m.Nt84DZ}e#<0`8bmE3Uw}%$%$
  local-user admin service-type http
#
firewall zone Local
  priority 15
#
interface Virtual-Template1
  ppp authentication-mode chap domain qytang.com
  remote address pool ISP
  ppp ipcp dns 100.100.100.100
  ip address 200.200.200.1 255.255.255.0
#
interface GigabitEthernet0/0/0
  pppoe-server bind Virtual-Template 1
#
interface GigabitEthernet0/0/1
  ip address 100.100.100.254 255.255.255.0
#
interface GigabitEthernet0/0/2
#
interface NULL0
#
user-interface con 0
  authentication-mode password
```

```
user-interface vty 0 4
user-interface vty 16 20
#
wlan ac
#
return
<INTERNET>
```

# 附录 A 部分练习题答案

**第 1 章**
选择题
① D ② B ③ C ④ C ⑤ B

**第 2 章**
选择题
① B ② D ③ AD ④ C

**第 3 章**
1. 选择题
① D ② B ③ A ④ B
2. 思考题
请读者独立思考

**第 4 章**
1. 选择题
① A ② A ③ C ④ A ⑤ A
2. 思考题
请读者独立思考

**第 5 章**
1. 选择题
① D ② D ③ D ④ D ⑤ C
2. 思考题
请读者独立思考

**第 6 章**
选择题
① A ② ABE ③ F

**第 7 章**
选择题
① C ② DE ③ A ④ B ⑤ C

第 8 章

1．选择题

A

2．判断题

A

第 9 章

1．选择题

① B　② A　③ A

2．判断题

B

第 10 章

选择题

① BC　② A　③ B

第 11 章

思考题

① 不能构建 Eth-Trunk。

② LACP 方式。

③ 三层聚合可以实现 IP。

④ LACP 基于标准协议 IEEE 802.3ad，通过链路聚合控制协议数据单元（Link Aggregation Control Protocol Data Unit，LACPDU）与对端交互信息，当原端口加入 Eth-Trunk 后，这些端口将通过发送 LACPDU 向对端通告自己的系统优先级、MAC 地址、端口优先级、端口号和操作 Key 等信息。对端接收到这些信息后，将这些信息与自身端口所保存的信息进行比较以选择能够聚合的端口，当双方对哪些端口能够成为活动端口达成一致后，确定活动链路。

第 12 章

选择题

① D　② A　③ D　④ B　⑤ A

第 13 章

选择题

① B　② C

第 14 章

选择题

① B　② B　③ AD

## 第 15 章

请读者独立完成

## 第 16 章
选择题

① C　② B　③ A　④ A

## 第 17 章
选择题

① B　② D　③ B　④ D

## 第 18 章
判断题

① A　② B　③ B